设施园艺作物栽培技术研究

王彩君　封薇　何新红◎著

吉林科学技术出版社

图书在版编目（CIP）数据

设施园艺作物栽培技术研究 / 王彩君，封薇，何新红著．—长春：吉林科学技术出版社，2023.6

ISBN 978-7-5744-0372-7

Ⅰ. ①设… Ⅱ. ①王… ②封… ③何… Ⅲ. ①园艺－设施农业－栽培技术 Ⅳ. ① S62

中国国家版本馆 CIP 数据核字（2023）第 087820 号

设施园艺作物栽培技术研究

著 王彩君 封 薇 何新红
出版人 宛 霞
责任编辑 蒋雪梅
封面设计 易出版
制 版 易出版
幅面尺寸 170mm×240mm
开 本 16
字 数 252 千字
印 张 15.75
印 数 1–1500 册
版 次 2023年6月第1版
印 次 2024年1月第1次印刷

出 版 吉林科学技术出版社
发 行 吉林科学技术出版社
地 址 长春市南关区福祉大路5788号出版大厦A座
邮 编 130118
发行部电话/传真 0431-81629529 81629530 81629531
81629532 81629533 81629534
储运部电话 0431-86059116
编辑部电话 0431-81629510
印 刷 廊坊市印艺阁数字科技有限公司

书 号 ISBN 978-7-5744-0372-7
定 价 72.00 元

设施园艺是我国农业领域的一个重要组成部分。在自然生产的条件下，园艺作物的产量受品种、环境条件、栽培措施的制约。遇到自然条件恶劣，其产量和质量均受到严重的影响。而设施栽培提供的是比较稳定的环境条件和比较优良的栽培措施，即便是和自然条件相同的品种也会获得较高的产量和质量。利用设施栽培，既可以抵御自然界不利气象因素（如暴雨、高低温等）的影响，还可以在设施内人为地调节影响园艺植物生长的气象因素，创造园艺植物良好的生长条件，使得园艺植物稳产、高产、优质成为可能，满足人们的消费需求。随着人们生活水平的提高，对设施园艺产品的需求日益增长，加上园艺产品的附加值很高，从事园艺作物生产具有显著的经济效益。设施园艺业对促进农业增效、农业增收、繁荣农村经济能够发挥主导作用。

随着设施园艺业的飞速发展，也暴露出了一些问题，有不少农民不懂技术，管理措施不当，致使设施内的园艺作物药害、病虫害、冻害、肥害、有毒气体危害、土壤盐渍化等问题层出不穷。从而造成投资高，经济效益不显著，这些问题大大制约了设施园艺作物栽培经济效益的发挥，阻碍了设施园艺的进一步发展。

本书由唐山职业技术学院王彩君、河北工程技术学院封薇和唐山职业技术学院何新红共同编写。具体编写分工如下：王彩君编写了第一章至第八章（约计15.2万字）；封薇编写了第十一章（约计5.6万字）；何新红编写了第五章至第十章和参考文献（约计15.2万字）。全书由王彩君负责统稿。

本书尽可能全面地涵盖了主栽园艺作物的栽培技术，以体现“基本”、“新”和“实用”的原则，力求做到理论联系实际，服务于生产。

编　者

2023年1月

目录

第一章 设施建造技术

第一节 地膜覆盖技术

地膜覆盖栽培是20世纪70年代末期从国外引进的一项现代农业增产技术，其特点是用透明的塑料薄膜把适播农田从地面上封盖起来，造成不同于露地栽培的农田土壤环境，增温保墒，蓄水防旱，保持土壤疏松，在一定程度上起到抑制杂草生长、压碱、促进作物根系发育等作用，从而促进增产和改善品质，提高经济效益。它不仅在蔬菜等园艺作物上，而且在我国粮、棉、油、烟、糖、麻、药材、茶、林、果等40多种作物上应用，能普遍增产30%～40%，成为我国发展高效农业先进实用的技术之一。

一、地膜类型

目前生产上应用的地膜大多为聚乙烯树脂。地膜的种类很多，根据其性质和功能可大致分为普通地膜、有色膜和特殊地膜等类型。

（一）普通地膜

普通地膜是指无色透明的聚乙烯薄膜，透明膜的透光率高，土壤增温效果好，主要有以下几种。

1．高压低密度聚乙烯（LDPE）地膜（简称高压膜）

高压膜，用LDPE树脂经挤出吹塑成型制得，为蔬菜生产上最常用的地膜。厚度（0.014±0.003）mm，幅宽有40～200cm多种规格，每667m^{2}用量8～10kg（按70%的覆盖面计算），主要用于蔬菜、瓜类、棉花及其他多种作物。该膜透光性好，地温高，容易与土壤黏着，适用于北方地区。

2．低压高密度聚乙烯（HDPE）地膜（简称高密度膜）

高密度膜，用HDPE树脂经挤出吹塑成型制得，厚度0.006～0.008mm，每667m²用量4～5kg，用于蔬菜、棉花、瓜类、甜菜，也适用于经济价值较低的作物，如玉米、小麦、甘薯等。该膜强度高，光滑，但柔软性差，不易黏着土壤，故不适于沙土地覆盖，其增温保水效果与LDPE基本相同，但透明性及耐候性稍差。

3．线型低密度聚乙烯（LLDPE）地膜（简称线型膜）

线型膜，由LLDPE树脂经挤出吹塑成型制得，厚度0.005～0.009mm，适用于蔬菜、棉花等作物。其特点除了具有LDPE的特性外，机械性能良好，拉伸强度比LDPE提高50%～75%，伸长率提高50%以上，耐冲击强度、穿刺强度、撕裂强度均较高。其耐候性、透明性均好，但易粘连。

（二）有色膜

在聚乙烯树脂中加入有色物质，可以制成各种不同颜色的地膜，由于它们对太阳辐射光谱的透射、反射和吸收性能不同，进而对作物生长产生不同的影响。有色膜主要有以下几种：

1．黑色膜

黑色膜，在聚乙烯树脂中加入2%～3%的炭黑，一般厚度为0.01～0.03mm，每公顷用量105～180kg，透光率仅10%。由于黑色地膜使透光率降低，地膜下覆盖的杂草因光弱而黄化死亡。黑色地膜增温效果差，能使土温提高1～3℃。因此，黑色地膜适宜夏天高温季节使用。

2．绿色膜

绿色地膜不透紫外光，能减少红橙光区的透过率。绿色光谱不能被植物所利用，因而能抑制杂草的生长。绿色地膜对土壤的增温作用不如透明地膜，但优于黑色地膜。由于绿色颜料对聚乙烯有破坏作用，因而这种地膜使用时间短，并且在较强的光照下很快褪色。一般仅限于在蔬菜、草莓、瓜类等经济价值较高的作物上应用。

3．银灰色地膜

在生产过程中，把银灰粉的薄层粘接在聚乙烯的两面，制成夹层膜，或在聚乙烯树脂中掺入2%～3%的铝粉制成含铝地膜。该种地膜具有隔热和反光作用，能提高植株内的光照强度。银灰色反光地膜的增温效果较差，覆盖后可比透明地膜土温低0.5～3℃；银灰色反光地膜具有驱避蚜虫的作用，因而能减轻蚜虫危害和控制病毒病的发生。这种地膜一般在夏季高温季节使用，在透明或黑色地膜栽培部位，纵向均匀地刷6～8条宽2cm的银灰色条带，同样具有避蚜、

防病毒病的作用。

4. 双色膜

地膜用一条宽 10 ～ 15cm 透明膜，相接一条同样宽度的黑色膜或银灰色反光膜，如此两色相间成为双色条膜，它既能透光增温，又不影响根系生长，还有抑制杂草的作用。

5. 双面膜

双面膜是一面为乳白色或银灰色，另一面为黑色的复合地膜。覆膜时乳白色或银灰色的一面向上，黑色的一面向下。它弥补了黑膜的缺点，一般可降低土温 0.5 ～ 5℃，多用于夏季覆盖。该种地膜有反光、降温、驱蚜、抑草的作用。

（三）特殊功能性地膜

1. 除草膜

除草膜是在聚乙烯树脂中，加入适量的除草剂，经挤出吹塑制成。除草膜覆盖土壤后，其中的除草剂会迁移析出并溶于地膜内表面的水珠之中，含药的水珠增大后会落入土壤中杀死杂草。除草地膜不仅降低了除草的投入，而且因地膜保护，杀草效果好，药效持续期长。因不同药剂适用于不同的杂草，所以使用除草地膜时要注意各种除草地膜的适用范围，切莫弄错，以免除草不成反而造成作物药害。

2. 耐老化长寿地膜

耐老化长寿地膜是在聚乙烯树脂中加入适量的耐老化助剂，经挤出吹塑制成，厚度 0.015mm，每公顷用量 120 ～ 150kg。该膜强度高，使用寿命较普通地膜长 45d 以上。适用于“一膜多用”的栽培方式，且便于旧地膜的回收加工利用，不致使残膜留在土壤中，但该膜价格较高。

3. 降解地膜

到目前为止，可控性降解地膜有三种类型：一种是光降解地膜，该种地膜是在聚乙烯树脂中添加光敏剂，在自然光的照射下，加速降解，老化崩裂。这种地膜的不足之处是：只有在光照条件下才有降解作用，土壤之中的膜降解缓慢，甚至不降解，此外降解后的碎片也不易碎化。另一种是生物降解地膜，该种地膜是在聚乙烯树脂中添加高分子有机物，如淀粉、纤维素和甲壳素或乳酸脂等，借助土壤中的微生物（细菌、真菌、放线菌）将塑料彻底分解重新进入生物圈。该种地膜的不足之处在于耐水性差，力学强度低，虽能成膜但不具备普通地膜的功能。有的甚至采用造纸工艺成膜，造成环境污染。再一种就是光生可控双降解地膜，该种地膜就是在聚乙烯树脂中既添加了光敏剂，又添加了高分子有机物，从而具备光降解和生物降解的双重功能。地膜覆盖后，经一定时间（如 60d、80d 等），由于自然光的照射，薄膜自然崩裂成为小碎片，这些残膜可为微生物吸收

利用，对土壤、作物均无不良影响。中国于20世纪70年代末引入降解地膜覆盖技术，20世纪80年代中开始自行研制，已取得一定进展，生产出光解地膜、银灰色光解膜和光/生双解膜等多种降解地膜，用于棉花、烟草、玉米、花生和蔬菜等作物，并取得了一定的效果。

4. 有孔膜及切口膜

为了便于播种或定植，工厂在生产薄膜时，根据栽培的要求，在薄膜上打出直径3.5～4.5cm的圆孔，用以播种。如果用于栽苗，则打出直径10～15cm的定植孔，孔间距离可根据作物种类不同而有所差异。

5. 红外膜

在聚乙烯树脂中加入透红外线的助剂，使薄膜能透过更多的红外线，可使增温效果提高20%。

6. 保温膜

醋酸乙烯树脂膜，能降低光线透过率8%，有较好的保温效果。

二、地膜覆盖形式

地膜覆盖有垄面、畦面覆盖，高畦沟、高畦穴覆盖、沟畦覆盖、地膜+小拱棚覆盖等多种形式。在设施栽培条件下，通常推广膜下滴灌供水供肥。

三、地膜手工覆盖技术

第一，做好土地平整、施肥、起垄等工作，要求垄面、畦面平、直、光。

第二，在风向一方挖压膜沟，顺风向将膜压入沟内，将膜拉展覆于垄面、畦面，一般在膜未展至垄面、畦面顶端50～100cm时，利用膜的延伸性将膜拉至顶端。

第三，膜两边开挖压膜沟，将膜边压入沟内，压实。北方春季多大风天气，若膜面较长，每3～5m应压一条土腰带。大风天应及时检查，防止大风刮破地膜。

四、地膜机械化覆盖技术

地膜机械化覆盖技术就是在已耕整好的土地上，用地膜覆盖机把单幅成卷厚度为0.005～0.015mm的塑料薄膜平展地铺放在已播种或未播种的畦垄面上，同时在膜的两边覆土，盖严压实。

（一）机械铺膜的优势

与人工铺膜相比，地膜覆盖机械化技术有许多优点，概括起来主要是：

1．作业质量好

依靠机器的性能和正确的使用操作来实现铺放作业“展得平，封得严，固定得牢固”的质量要求。

2．作业效率高

一般情况下，用人力牵引的地膜覆盖机能提高工效 3 ～ 5 倍，用畜力牵引的能提高 5 ～ 8 倍，用小型拖拉机带动的能提高 5 ～ 15 倍，用大中型拖拉机带动的能提高 20 ～ 50 倍，甚至更多。若采用联合作业工艺，则用小型拖拉机带动的工效能提高 20 ～ 30 倍，用大中型拖拉机带动的能提高 80 ～ 100 倍。

3．能够在刮风天进行作业

地膜覆盖机一般能在五级风条件下作业，并保持稳定的作业质量，特别适合早春干旱多风的地区作业。

4．节省地膜

机械铺膜能使地膜均匀受力，充分伸展，所以能节省地膜。据测定，若选用 0.008mm 厚的微膜，每公顷可节省 6kg；铺 0.015mm 的地膜，覆盖程度为 70% ～ 80% 时，每公顷可节省 12 ～ 22kg。

5．作业成本低

从单一铺膜作业的、人力牵引的铺膜机到大中型拖拉机带动的铺膜播种机，作业成本比铺膜低 4 ～ 18 元，促进增产增收。据测定，地膜棉一般比露地棉平均每公顷增产皮棉 225 ～ 300kg。

（二）地膜覆盖机及其作业

1．地膜覆盖机的种类

（1）简易铺膜机。具有机械铺膜三个基本作业环节（放膜、展膜和封固）用的工作部件，即膜卷装卡装置、压膜轮和铧铲（或曲面圆盘），再加上开埋膜沟的铧铲或曲面圆盘，牵引装置，用机架把这些部件和装置按一定的相关位置连接固定起来。它是结构最简单的地膜覆盖机，整机重 30kg 左右，使用操作简便，由人力或畜力牵引，适用范围较广。

（2）加强型铺膜机。在简易铺膜机的基础上，适当强化各工作部件，相应提高机架的强度和刚性，以适应不同土壤情况和风天作业，提高作业质量和速度。如舒展地膜控制纵向拉力和防风用的铺膜辊，起土埋膜的工作部件及膜卷装卡装置和压膜轮的调整装置等。

（3）作畦铺膜机。它有犁铧或曲面圆盘起土堆畦和整形工作部件，还有机械铺膜成套装置，中小型拖拉机配套的作业一畦铺一幅地膜，大中型拖拉机配套的作业一次可完成两个畦铺两幅地膜。作业是在已翻耕的土地上先起土筑畦，紧

接着铺盖好地膜。

（4）旋耕（作畦）铺膜机。一般由定型的旋耕机和作畦铺膜机组合而成，由具有动力输出轴的拖拉机带动。与中型拖拉机配套的一次可完成铺膜一畦或两垄，与大型拖拉机配套的铺两畦或三垄。作业是先在已耕翻的土地上旋耕，使土壤疏松细碎均匀，并使事先撒布在地面上的农家肥与土壤掺和搅拌均匀，然后进行作畦、整形和铺膜。

（5）播种铺膜机。它由播种和铺膜成套装置组成，有畜力牵引的，有拖拉机带动的。作业是在已耕耙的土地上播种（条播或穴播），然后平铺作膜。由于播种和铺膜一次进行，因此作业效率较高，利于争取农时和土壤保墒。

（6）铺膜播种机。它有铺膜成套装置和膜上扣孔穴播装置以及膜上种孔覆土装置。小型拖拉机带动的铺一幅地膜播两行，大中型拖拉机带动的可铺 2 ～ 4 幅播 4 ～ 8 行。作业是在已耕耙的土地上平作铺膜，然后在膜上打孔穴播，并起土封盖膜侧边和膜上的种孔。

2．地膜覆盖机的选择

由于地理环境，农艺要求及地膜覆盖栽培的作物不同，因此应从实际出发，因地制宜地选择适用机型。选择时应考虑以下几方面的因素：

（1）土壤墒情、农艺要求及天气情况等因素。一般来说，在干旱、多风和没有灌溉条件的地区，宜采用平作铺膜，利于保墒。而土壤墒情好或有灌溉条件的地方，则采用畦、垄作铺膜，利用土壤尽快升温。

（2）农艺要求。根据农艺对先播后铺或先铺后播流程和分段或连续作业的要求，决定选择单一铺膜作业的机型或土壤加工、播种、施肥及喷施除草剂联合作业的机型。

（3）经营规模。根据作业地块情况和生产经营规模形式来决定选择大型、中型或小型简易轻便的机型。

（4）优选机具。根据机型的成熟程度和试验鉴定情况来选择适合本地区的情况和具体要求机型并要求符合本地种植幅宽等习惯。

3．机械铺膜作业技术规范

采用一定型号的地膜覆盖机，必须依照相应的作业技术规范进行作业，只有如此，才能达到和获得较好的作业效果和效益。

（1）机械铺膜对土地的要求。

①机械铺膜要尽量在作物种植集中、地块较长的农田内进行。

②要选择土壤墒情较好的农田，铺膜前应施足底肥。

③铺膜前要对农田土壤进行准备性加工，松土层要大于 10cm，土壤要疏松细碎均匀，地面要平整，无残茬及其他杂物。

④对畦、垄作铺膜，在使用单一铺膜作业机器时，要先起好畦或垄。

⑤进行机械铺膜的农田要有（或安排好）机器进地和作业完毕后出来的通道。

（2）机械铺膜对地膜的要求。

①地膜应是单幅成卷的，并有芯棒（管）支撑。

②地膜幅宽应与农艺要求一致，一般应是覆盖土床面宽度再加上20～30cm。

③膜卷应成圆柱形，缠绕紧实均匀，卷内地膜不应有断裂、破损和皱折，不应夹带料头或废物。膜卷外径一般应为15～20cm，膜卷在芯棒上左右侧边应整齐，外串量不得大于2cm。

④膜卷棒芯应是坚实并有一定刚性的直通管，在膜卷内不应断裂，两端应整齐完好，相对膜卷侧端面的外伸量一般不应大于3cm。

（3）机械铺膜前的准备。

①地膜、化肥、除草剂要按需要量准备充足，并有一定的备用量。要检查这些农用物资的质量是否合乎农艺和具体机器的要求。

②种子要按作业量及播量准备充足，并有一定的备用量，按农艺要求做好种子处理，并做发芽率试验。

③准备好地膜覆盖机，检查各工作部件及装置是否配备齐全，有无结构上的缺陷，运动件是否灵活可靠，整机是否处于正常状态。

④与拖拉机配套的机组，要准备好合适的处于正常状态的拖拉机和油料。

⑤操作机手及辅助人员应进行机械铺膜基本知识和机器操作、调整的培训。

⑥按农艺要求和使用说明书调整好地膜覆盖机的工作状态，然后在田间试验，确保使用。

⑦准备机器的调整、检修工具和更换零部件。

（4）机械铺膜操作技术及注意事项。

①开始作业时，机器停在地头，先装好膜卷或其他物资，如种子、肥料、除草剂、药剂等。从膜卷上抽出端头，绕过铺膜辊等工作装置，膜两侧边压在压膜轮下，膜端头及侧边用土封埋好，然后开始作业。每一个行程开始时，均应封埋好地膜于地头。

②作业中要按机器使用说明书规定的作业速度进行，不要忽快忽慢，机器要直线前进。人畜力牵引时，行走要同步，牲畜要由专人牵管。

③作业中要掌握好机器的换行，使作业的幅宽和沟间距（畦、垄间距）一致。一次铺两幅以上地膜或单幅地膜机隔行迂回作业时，可以加用划行器。

④作业过程中机手和辅助人员要随时注意作业质量和机器工作状况，发现问

题及时停机。作业一定时间后，在换行地头应停机检查地膜、种子、肥料、药液的耗用情况，及时补充。

⑤大风天作业时，辅助人员可及时用铁锹往床面（畦、垄面）上铺盖压膜土，每隔一定距离盖一横条土腰带。

⑥安全作业，防止人身事故。绝对不允许在机器工作时调整或排除故障，也不允许人员上下机器。进行检查时，拖拉机应切断动力传递或停车，牲畜由专人牵好。在地头或空地检查时，悬挂的机器或提升状态的部件应落在地面。每行程开始前，在地头封埋膜端头及把膜侧边压于压膜轮下时，整机或压膜轮或覆土部件（圆盘或铧铲）提升后，要防止其失控突然下落砸伤操作人员。风天作业时，机手、辅助人员均应带上风镜，并注意观察和协调作业，防止误伤。

第二节　电热温床建造技术

电热线主要由绝缘层、电热丝和引出线等组成，电热丝是发热元件，塑料绝缘层主要起绝缘和导热作用，引出线为普通铜芯电线，基本上不发热。接头连接加温线和引出线，也以塑料套管封口。使用电热线时应配套使用控温仪，这样不但可以节约用电，而且可使温度不超过作物许可的范围。控温，仪是通过继电器的通知和断电来控制温度的，以热敏电阻作测温，以继电器的触点作输出。

一、电热线性能

利用电热线把电能转变为热能进行土壤加温，可自动调节温度，且能保持温度均匀，可进行空气加温和土壤加温。

二、电热温床结构

电热温床，一般床宽 1.2 ～ 1.5m，长度依需而定，床底深 15 ～ 20cm。电热线铺设时，先按要求取出苗床土，整平床底，铺 5 ～ 10cm 厚的隔热材料，以阻止热量向下传导。在隔热材料上铺 3 ～ 5cm 的床土，土壤整平后，就可以按要求布电热线。隔热材料可因地制宜，就地取材。

铺线前准备长 20 ～ 25cm 的小木棍，按设计的线距把小棍插到苗床两头，地上露出 6 ～ 7cm，然后从温床的一边开始，来回往返把线挂在小木棍上，线要拉紧、平直，线的两头留在苗床的同一端作为接头，接上电源和控温仪。

最后在电热线上面铺上床土，床土厚度 5 ～ 15cm，撒播育苗时床土厚

5cm，分苗床培育成苗时床土厚 10cm 左右，栽培时厚 10 ～ 15cm。

三、布线方法

电热线的功率及铺设密度，根据当地气候条件、蔬菜种类、育苗季节等不同来选定。一般播种床的功率为 80 ～ 100W/m²，分苗床功率为 50 ～ 70W/m²。线间距一般中间稍稀，两边稍密，以使温度均匀。

电热苗床总功率计算：

电热苗床的总功率 = 总加温面积 × 每平方米功率

电热线根数 = 电热线的额定功率 / 总功率

加热线行数和布线间距的计算：（单位：m）

行数 =（加热线长 - 床宽）/（床长 -0.1）

计算结果取偶数，若同一电热温床使用 2 根以上加热线时，每条加热线均计算一次，然后将总行数加在一起，进行间距的确定：

电热线布线间距 = 床宽 /（行数 +1）

布线要点：布线时可按规定的间距在苗床两端插上短木棒，把电热线回缠在木棒上，缠线时尽可能把线拉直，不让相邻的线弯曲靠拢以免局部温度过高，更不允许电热线打结、重叠、交叉，布完后覆上培养土。

具体布线时，还应考虑：两个出线端尽可能从苗床的同一边引出。假如所缠电热线的最后一个来回不够长时，可以不必延拉到苗床的端部，可以半途折回。其余的部分可由后一根线来补充，另外，苗床两边散热快中间慢，所以间距应两边小中间适当大些。

四、安装控温仪

（一）人工控温

在引出线前端装一把闸刀，专人观察管理，夜间土温低时合闸通电，白天土温高时断电保温。

（二）自动控温

据负载功率大小，正确选择连接方法和接线方法。控温仪应安装于控制盒内，置阴凉干燥安全处。感温探头插入床土层，其引线最长不得超过100m，控温仪使用前应核对调整零点，然后设定所需温度值（要按生产厂家说明书安装操作）。

五、注意事项

（1）每根电热线功率额定，使用时不得随意剪短或接长。

（2）严禁整盘试线，以免烧毁。

（3）电热线之间严禁交叉、重叠、扎结，以免烧断电热线。

（4）需温高和需温低的蔬菜育苗，不能用同一个控温仪。

（5）感温头插置部位对床温有一定影响，东西床，插置在床东边3m处，深度插入温度调控部位，播种时在种子处，出苗后移苗的应在根尖部深度为宜。

（6）送电前应浇透水，如果电热线处有干土层，热量损失慢，容易造成塑料皮老化或损坏。

第三节　中小拱棚建造技术

一、小拱棚

小拱棚的跨度一般为1.5～3m，高1m左右，单棚面积15～45m^2，它的结构简单、体形较小负载轻、取材方便，一般多用轻型材料建成，如细竹竿、毛竹片、荆条、直径6～8mm的钢筋等能弯成弓形的材料做骨架。小拱棚不同覆盖形式的结构稍有差别，结构比大棚简单。

（一）小拱棚的结构

1. 拱圆形小棚

棚架为半圆形，高度1m左右，宽1.5～2.5m，长度依地而定，骨架用细竹竿按棚的宽度将两头插入地下形成圆拱，拱杆间距30cm左右，全部拱杆插完后，绑3～4道横拉杆，使骨架成为一个牢固的整体。覆盖薄膜后可在棚顶中央留一条放风口，采用扒缝放风。因小棚多用于冬春生产，宜建成东西延长。为了加强防寒保温，棚的北面可加设风障，棚面上于夜间再加盖草苫。

2. 半拱圆小棚

棚架为拱圆形小棚的一半，北面为 1m 左右高的土墙或砖墙，南面为半拱圆的棚面。棚的高度为 1.1 ～ 1.3m，跨度为 2 ～ 2.5m，一般无立柱，跨度大时中间可设 1 ～ 2 排立柱，以支撑棚面及负荷草苫。放风口设在棚的南面腰部，采用扒缝放风，棚的方向以东西延长为好。

3. 单斜面小棚

棚形是三角形（或屋脊形），适用于多雨的地区。中间设一排立柱，柱顶上拉一道 8 号铁丝，两侧用竹竿斜立绑成三角形，可在平地立棚架，棚高 1 ～ 1.2m，宽 1.5 ～ 2m。也可在棚的四周筑起高 30cm 左右的畦框，在畦上立棚架，覆盖薄膜即成，一般不覆盖草苫。建棚的方位，东西延长或南北延长均可。

（二）小拱棚的性能

1. 温度

热源为阳光，所以棚内的气温随外界气温的变化而改变，并受薄膜特性、拱棚类型以及是否有外覆盖的影响。温度的变化规律与大棚相似，由于小棚的空间小，缓冲力弱，在没有外覆盖的条件下，温度变化较大棚剧烈。晴天时增温效果显著，阴雨雪天增温效果差，棚内最低温度仅比露地提高 1 ～ 3℃，遇寒潮极易产生霜冻。冬春用于生产的小棚必须加盖草苫防寒，加盖草苫的小棚，温度可提高 2 ～ 12℃以上，可比露地提高 4 ～ 12℃左右。

2. 湿度

小拱棚覆盖薄膜后，因土壤蒸发、植株蒸腾造成棚内高湿，一般棚内空气相对湿度可达 70% ～ 100%，白天进行通风时相对湿度可保持在 40% ～ 60%，比露地高 20% 左右。棚内相对湿度的变化与棚内温度有关，当棚温升高时，相对湿度降低；棚温降低时，则相对湿度增高白天湿度低，夜间湿度高；晴天低，阴天高。

3. 光照

小拱棚的光照情况与薄膜的种类、新旧、水滴的有无、污染情况以及棚形结构等有较大的关系，并且不同部位的光量分布也不同，小拱棚南北的透光率差为 7% 左右。

（三）小拱棚的应用

1. 温度

热源为阳光，所以棚内的气温随外界气温的变化而改变，并受薄膜特性、拱棚类型以及是否有外覆盖的影响。温度的变化规律与大棚相似，由于小棚的空间小，缓冲力弱，在没有外覆盖的条件下，温度变化较大棚剧烈。晴天时增温效果显著，阴雨雪天增温效果差，棚内最低温度仅比露地提高 1 ～ 3℃，遇寒潮极易产生霜冻。冬春用于生产的小棚必须加盖草苫防寒，加盖草苫的小棚，温度可提高 2 ～ 12℃以上，可比露地提高 4 ～ 12℃左右。

2．湿度

小拱棚覆盖薄膜后，因土壤蒸发、植株蒸腾造成棚内高湿，一般棚内空气相对湿度可达 70%——100%，白天进行通风时相对湿度可保持在 40% ～ 60%，比露地高 20% 左右。棚内相对湿度的变化与棚内温度有关，当棚温升高时，相对湿度降低；棚温降低时，则相对湿度增高；白天湿度低，夜间湿度高；晴天低，阴天高。

3．光照

小拱棚的光照情况与薄膜的种类、新旧、水滴的有无、污染情况以及棚形结构等有较大的关系，并且不同部位的光量分布也不同，小拱棚南北的透光率差为 7% 左右。

（三）小拱棚的应用

小拱棚主要用作蔬菜花卉的春季早熟栽培，早春园艺作物的育苗和秋季蔬菜、花卉的延后栽培。

二、中棚

中棚通常跨度在 4 ～ 6m、棚高 1.5 ～ 1.8m，可在棚内作业，并可覆盖草苫。中棚有竹木结构、钢管或钢筋结构、钢竹混合结构，有设 1 ～ 2 排支柱的，也有无支柱的，面积多为 66.7 ～ 133m²。中棚的结构、建造近似于大棚。在跨度为 6m 时，以高度 2.0 ～ 2.3m、肩高 1.1 ～ 1.5m 为宜；在跨度为 4.5m 时，以高度 1.7 ～ 1.8m、肩高 1.0m 为宜；在跨度为 3m 时，以高度 1.5m、肩高 0.8m 为宜；长度可根据需要及地块长度确定。另外，根据中棚跨度的大小和拱架材料的强度，来确定是否设立柱。用竹林或钢筋作骨架时，需设立柱；而用钢管作拱架则不需设立柱。中棚由于跨度较小，高度也不是很高，可以加盖防寒覆盖物，这样可以大大提高其防寒保温能力，在这一方面中棚要优于大棚。

按材料的不同，拱架可分为竹木结构、钢架结构，以及竹木与钢材的混合结构。

（一）竹木结构

拱架所采用的材料与小棚相同，只是规格适当加大，长度不够可用铁丝进行绑接。按棚的宽度将拱架插入土中 25 ～ 30cm 深。拱架间距 1m 左右，各拱架间

用拉杆相连，共设置三道，绑在拱架的下面。每隔两道拱架用立柱或斜支棍支撑在横拉杆上。

（二）钢架结构

跨度较小的钢骨架中拱棚的主要特点是，两侧棚肩部以下直立，上部拱圆形，跨度较大的可以仿钢架大棚。材料用钢筋或管材均可，拱圆部分用桁架结构或双弦结构均可。如果做成每三个拱架一组，使用时可以对齐排列，根据需要确定长度，不用时就撤掉，非常利于整地和换茬。

（三）ZGP 型装配式镀锌钢管中棚

ZGP 型装配式镀锌钢管中棚，中棚跨度有 4m 和 6m 两种类型，面积有 $40m^2$ 和 $80m^2$ 两种。

中棚由于高度和跨度都比大棚小，可以加盖防寒覆盖物，这样就可以使其保温能力优于大棚。除了进行园艺作物的早熟、延后栽培外，还广泛地用于防虫网栽培和杂交育种中的机械隔离。

第四节　普通日光温室建造技术

日光温室是指北、东、西三面围墙，脊高在 2m 以上，跨度在 6 ～ 10m，热量来源（包括夜间）主要依靠太阳辐射能的园艺保护设施。它是我国特有的一种保护地生产设施；大多是以塑料薄膜为采光覆盖材料，以太阳辐射为热源，靠最大限度地采光、加厚的墙体和后坡，以及防寒沟、纸被、草苫等一系列保温御寒设备以达到增温、保温的效果，从而充分利用光热资源，减弱不利气象因子的影响。一般不进行加温，或只进行少量的补温。

一、日光温室的主要类型及结构

日光温室由三面围墙、后屋面、前屋面和保温覆盖物四部分组成。日光温室大多是以塑料薄膜为采光覆盖材料，以太阳辐射为热源以最大限度采光，加厚的墙体和后坡，以及防寒沟、纸被、草苫等一系列保温御寒设备以达到最小限度地散热，从而形成充分利用光热资源、减弱不利气象因子影响的一种我国特有的保护设施。主要类型有以下几种：

（一）长后坡矮后墙日光温室

长后坡矮后墙日光温室是一种竹木骨架温室。跨度6～7m，中柱高2.3～2.4m、脊高2.6～2.8m，后增高0.7～0.8m，土墙厚度0.7～1.0m，墙外培土，山墙为1m厚的土墙或用砖砌成50cm厚的空心墙。后坡长2.5～3.0m，由中柱、柁和檩子构成后坡骨架，后坡覆盖物有玉米秆（或麦草、稻草）、旧塑料薄膜和泥土等，覆盖厚度0.5m以上。前坡处立柱、腰柱、前柱、腰梁、前梁和竹片构成拱圆式骨架，覆盖物有塑料薄膜、压膜线、牛皮纸被、草苫子等。底脚外面设有防寒沟。该温室突出的优点是保温性能好，有利于茄子越冬和春季生育，在北方较寒冷地区（北纬40°以北）茄子长季节栽培尤为适用。

（二）短后坡高后墙日光温室

短后坡高后墙日光温室跨度5～7m，后坡面长1～1.5m，后墙高1.5～1.7m左右，作业方便，光照充足，保温性能较好。

（三）琴弦式日光温室

琴弦式日光温室跨度7.0m，后墙高1.8～2m，后坡面长1.2～1.5m，每隔3m设一道钢管桁架，在桁架上按40cm间距横拉8号铅丝固定于东西山墙。在铅丝上每隔60cm设一道细竹竿作骨架。

（四）钢竹混合结构日光温室

钢竹混合结构日光温室利用以上几种温室的优点，跨度6m左右，每3m设一道钢拱杆，矢高2.3cm左右，前面无支柱，设有加强桁架，结构坚固，光照充足，便于内保温。

（五）全钢架无支柱日光温室

跨度6～8m，矢高3m左右，后墙为空心砖墙，内填保温材料，钢筋骨架，有三道花梁横向拉接，拱架间距80～100cm。温室结构坚固耐用，采光好，通风方便，有利于内保温和室内作业。

二、日光温室的合理结构参数

日光温室主要作为冬春季生产应用，建一次少则使用3～5年，多则8～15年，所以在规划、设计、建造时，都要在可靠、牢固的基础上实施，达到一定的技术要求。日光温室由后墙、后坡、前屋面和两山墙组成，各部分的长宽、大

小、厚薄和用材决定了它的采光和保温性能，根据近年来的生产实践，温室的总体要求为采光好、保温好、成本低、易操作、高效益。

其中，日光温室的承载力在温室建造中最为关键。日光温室的承载力主要指的是日光温室各部位的荷载能力。为了保证日光温室大棚建造的坚固性，其各部位的承载力必须大于可能承受的最大荷载量。日光温室荷载量的大小主要依据当地 20 年一遇的最大风速、最大降雪量（或冬季降水量），以及覆盖材料的重量来计算。由于在日光温室大棚建造过程中，墙体的承载力一般都大于其可能承受的荷载量，因此，墙体承载力可以不予考虑，在设计过程中，主要考虑大棚骨架和后屋面的承载力等主要因素。以某地区为例，按其最大风速为 17.2m/s，最大积雪厚度为 190mm，干苫重量为 4 ～ 5kg/m^2（雨雪淋湿加倍计算），再加上作物吊蔓荷载、薄膜荷载以及人在温室上走动的局部荷载等因素考虑，该地区日光温室骨架结构的承载力标准，可按照每平方米平均荷载为 700 ～ 800N，局部荷载为 1000 ～ 1200N 进行设计，其他地区可根据这一标准适当进行调整。

其他结构的参数，可归纳为五度、四比、三材。

（一）五度

“五度”主要指角度、高度、跨度、长度和厚度，主要指各个部位的大小尺寸。

1. 角度

角度包括三方面的内容：屋面角、后屋面仰面及方位角。屋面角决定了温室采光性能，要使冬春阳光能最大限度地进入棚内，一般为当地地理纬度减少 6.5° 左右，如我国华北地区平均屋面角度要达到 25° 以上。后屋面仰角是指后坡内侧与地平面的夹角，要达到 35° ～ 40°，这个角度的加大是要求冬春季节阳光能射到后墙，使后墙受热后储蓄热量，以便晚间向温室内散热。方位角系指一个温室的方向定位，要求温室坐北朝南、东西向排列，向东或向西偏斜 1°，太阳光线直射温室的时间出现的早晚相差约 4min。作物上午光合作用最强，采取南偏东方位是有利的，但是，在严寒冬季揭开草帘过早，温室内室温容易下降，下午过早的光照减弱对保温不利，为此，北纬 38° ～ 40° 地区宜采用正南方位角或南偏西方位角，角度不应大于 7°。

2. 高度

高度包括矢高和后墙高度。矢高是指从地面到脊顶最高处的高度，一般要达到 3 左右。由于矢高与跨度有一定的关系，在跨度确定的情况下，高度增加，屋面角度也增加，从而提高了采光效果。6m 跨度的冬季生产温室，其矢高以 2.5 ～ 2.8m 为宜；7m 跨度的温室，其矢高以 3.0 ～ 3.1m 为宜，后墙的高度为

保证作业方便，以 1.8 左右为宜，过低时影响作业，过高时后坡缩短，保温效果下降。

3．跨度

跨度是指温室后墙内侧到前屋面南底脚的距离，以 6 ～ 7m 为宜。这样的跨度，配之以一定的屋脊高度，既可保证前屋面有较大的采光角度，又可使作物有较大的生长空间，便于覆盖保温，也便于选择建筑材料。如果加大跨度，虽然栽培空间加大了，但屋面角度变小，这势必采光不好，并且前屋面加大，不利于覆盖保温，保温效果差，建筑材料投资大，生产效果不好。近年来，根据栽培作物的不同，在日光温室的跨度上有所加大，如 8m 跨度的温室，但应把矢高提高到 3.3 ～ 3.5m，后墙提高到 2m。

4．长度

长度是指温室东西山墙间的距离，以 50 ～ 60m 为宜，也就是一栋温室净栽培面积为 350m² 左右，利于一个强壮劳力操作。如果太短，不仅单位面积造价提高，而且东西两山墙遮阳面积与温室面积的比例增大，影响产量，故在特殊条件下，最短的温室也不能小于 30m。但过长的温室往往温度不易控制一致，并且每天揭盖草苫占时较长，不能保证室内有充足的日照时数。另外，在连阴天过后，也不易迅速回苫，所以最长的温室也不宜超过 100m。

5．厚度

厚度包括三方面的内容：即后墙、后坡和草苫的厚度，厚度的大小主要决定保温性能。后墙的厚度根据地区和用材不同而有不同要求。在西北地区土墙应达到 80cm 以上，东北地区应达到 1.5m 以上，砖结构的空心异质材料墙体厚度应达到 50 ～ 80cm，才能起到吸热、贮热、防寒的作用。后坡为草坡的厚度，要达到 40 ～ 50cm，对预制混凝土后坡，要在内侧或外侧加 25 ～ 30cm 厚的保温层。草苫的厚度要达到 6 ～ 8cm，即 9m 长、1.1m 宽的稻草苫要有 35kg 以上，1.5m 宽的蒲草苫要达到 40kg 以上。

（二）四比

四比指各部位的比例，包括前后坡比、高跨比、保温比和遮阳比。

1．前后坡比

前后坡比指前坡和后坡垂直投影宽度的比例。在日光温室中前坡和后坡有着不同的功能，温室的后坡由于有较厚的厚度，起到贮热和保温作用；而前坡面覆盖透明覆盖物，白天起着采光的作用，但夜间覆盖较薄，散失热量也较多，所以，它们的比例直接影响着采光和保温效果。从保温、采光、方便操作及扩大栽培面积等方面考虑，前后坡投影比例以 4.5：1 左右为宜，即一个跨度为 6 ～ 7m

的温室，前屋面投影占 5 ～ 5.5m，后屋面投影占 1.2 ～ 1.5m。

2．高跨比

高跨比即指日光温室的高度与跨度的比例，二者比例的大小决定屋面角的大小，要达到合理的屋面角，高跨比以 1：2.2 为宜。即跨度为 6m 的温室，高度应达到 2.6m 以上；跨度为 7m 的温室，高度应为 3m 以上。

3．保温比

保温比是指日光温室内的贮热面积与放热面积的比例。在日光温室中，虽然各围护组织都能向外散热，但由于后墙和后坡较厚，不仅向外散热，而且可以贮热，所以在此不作为散热面和贮热面来考虑，则温室内的贮热面为温室内的地面，散热面为前屋面，故保温比就等于土地面积与前屋面面积之比。

日光温室保温比（R）= 日光温室前屋面面积（W）/ 日光温室内土地面积（S）。

保温比的大小说明了日光温室保温性能的大小，保温比越大，保温性能越高，所以要提高保温比，就应尽量扩大土地面积，减少前屋面的面积，但前屋面又起着采光的作用，还应该保持在一定的水平上。根据近年来日光温室开发的实践及保温原理，以保温比值等于 1 为宜，即土地面积与散热面积相等较为合理，也就是跨度为 7m 的温室，前屋面拱杆的长度以 7m 为宜。

4．遮阳比

遮阳比指在建造多栋温室或在高大建筑物北侧建造时，前面地物对建造温室的遮阳影响。为了不让南面地物、地貌及前排温室对建造温室产生遮阳影响，应确定适当的无阴影距离。

三、日光温室的性能

（一）光照特点

日光温室的光照状况，与季节、时间、天气情况以及温室的方位、结构、建材、棚模、管理技术等密切相关。不同棚型结构其采光量不同，温室内的光照分布、光强变化的规律和特点是基本一致的。

温室内光照存在明显的水平和垂直分布差异。

1．温室内光照的水平分布状况

温室内白天自南向北光照强度逐渐减弱，但自南沿至二道柱处（距南沿 3.7m）光照强度减弱不明显，构成日光温室强光区，同一时间二道柱（温室中部）和中柱两测点光强最大相差 25001x，最小相差 7501x，而自二道柱向北至中柱（栽培畦北沿），光照强度降低较多，最大相差 90001x，并且可以看出外界

光照强度越强，二者相差越明显，而在早晚弱直射光下差异不显著。

2．温室内光照的垂直分布

（1）在 12：00 ～ 12：10 强光条件下，尽管温室内各点光照强度几乎都在 30k1x 以上，但温室南部边柱处（距南沿 1.4m）较中柱处高 10k1x，在弱直射光条件下，温室二道柱、边柱处光照强度高于中柱处，但差别不明显，而在 16：00 ～ 16：10 时散射光条件下，整个温室内光照强度基本无差异。

（2）从温室中柱、二道柱处光照垂直分布情况看，表现为自下而上光照逐渐增强，而在温室上部近骨架处（距骨架 50cm），光照强度又变弱，分析这可能与骨架遮光有关。

（3）不同时间温室内不同部位光照强度与外界自然光强相比，13：00 时，温室中部二道柱处最强光强约占自然光强 80%，16：00 时中部最强光强也占自然光强 80% 左右，而在 9：00 时，当外界光强为 30.5k1x 时，温室中部最强光照强度仅为自然光强的 50% 左右。

（二）温度特点

1．气温日变化特征

在各种不同的天气条件下，日光温室的气温总是明显高于室外气温，严冬季节的旬平均气温室内比室外高 15 ～ 18C。

日光温室的日气温变化，晴天明显。晴天时，12 月和 1 月的最低气温出现在 8：30 左右。揭苫后，气温略有下降，而后迅速上升，11：00 前上升最快，在密闭不通风情况下，每小时可上升 6 ～ 10℃；12：00 后仍有上升趋势，但已渐缓慢；13：00 到高峰值，此后开始缓慢下降，15：00 后下降速度加快，直至 16：00 ～ 17：00。盖苫时，由于热传导、辐射暂时减少，气温略有回升，此后外界气温下降，室温则呈缓慢下降趋势，直至次日晨揭苫前降到最低值。

2．气温分布特点

不同时间，二道柱处不同垂直高度各点气温较中柱、二道柱处偏高，但不同部位各点温度相差不大，仅在 1 ～ 2℃范围内，故可以认为日光温室无明显低温区或高温区。不同时间在温室地表以上 50cm 处有一层相对较低的温度区，在白天强光高温时，分析这可能与上下层热量交换有关，在早晚外界气温偏低时，这可能与地面和骨架材料放热有关。

3．墙体保温特性

后墙不同测点可分为三个类型：0.5cm，10cm 处其温度变化随温室内温度升高而升高，随温室内温度降低而降低，是主要的蓄放热部位。内墙表面最大昼夜温差达 10.4℃。由外到内，由内到外 30cm 处温度已变化不大，可以认为 60cm

墙体已具备了保温能力，但要更多地载热，要达 80cm 以上。

4. 地温特性

日光温室中，12 月下旬，当室外 0 ～ 20cm 平均地温下降到 1.4℃时，室内平均地温为 13.4℃，比室外高 14.8℃。1 月下旬，室内 10cm、20cm 和 50cm 的地温比室外分别高 13.2℃、12.7℃和 10.3° ℃。一般的耕作层为地表至地下 20cm，因此，日光温室内的地温，完全可以满足作物生长过程中根系伸长和吸收水分、养分等生理活动的进行。

四、日光温室的建造

在建造温室前，需准备好所用的建筑材料、透光材料及保温材料，主要建造程序及方法如下：

（一）选址及场地规划

1. 选址原则

（1）选地势开阔、平坦，或朝阳缓坡的地方建造大棚，这样的地方采光好，地温高，灌水方便均匀。

（2）不应在风口上建造大棚，以减少热量损失和风对大棚的破坏。

（3）不能在窝风处建造大棚，窝风的地方应先打通风道后再建大棚，否则，由于通风不良，会导致作物病害严重，同时冬季积雪过多对大棚也有破坏作用。

（4）建造大棚以沙质壤土最好，这样的土质地温高，有利作物根系的生长。如果土质过粘，应加入适量的河沙，并多施有机肥料加以改良。土壤碱性过大，建造大棚前必须施酸性肥料加以改良，改良后才能建造。

（5）低洼内涝的地块不能建造大棚，必须先挖排水沟后再建大棚；地下水位太高，容易返浆的地块，必须多垫土，加高地势后才能建造大棚。否则地温低，土壤水分过多，不利于作物根系生长。

2. 场地规划

地块选好以后，要对它进行总体规划布局。首先就是要确定日光温室大棚的走向，日光温室大棚一般采取东西延长进行建造，因为日光温室三面有墙，其中一面墙要朝向阳面，而朝阳面必须要保证朝南方向，这样采光性能才比较好，保温效果也才更佳，所以说日光温室大棚一般多采用东西延长。

日光温室大棚适宜长度一般以 50 ～ 60m 为宜，最长不要超过 80m，如果过长，日光温室保温性能虽比较好，但是建造起来很不方便，散热能力也会大大降低。日光温室大棚的宽度目前以 8 ～ 10m 为宜。

在规划布局过程中，还要考虑温室与温室之间的间隔距离，温室与温室之间的间隔距离如果过小、前边的温室就会遮住后面温室的光线，这样后边温室的采光效果自然会受到影响。所以温室与温室之间的间隔距离，基本要求就是要做到相邻温室之间，不能相互遮光，因此在布局的过程中，温室间距离要根据当地纬度及冬季最冷月份的太阳高度角来加以计算，相邻温室之间的间隔距离一般以南排温室的脊高为基数，北方 38° ～ 40° 区域，温室间距一般等于南排温室脊高的 2.5 ～ 3 倍。布局规划好以后，就可以开始画线建棚了。

在规划好的场地内，首先要放线定位，先将准备好的线绳按规划好的方位拉紧，用石灰粉沿着线绳方向划出日光温室的长度，然后再确定日光温室的宽度，注意画线时，日光温室的长与宽之间要成 90℃夹角，划好线，超平地面就可以开始建造墙体基础了。

（二）墙体建造

墙体建造除用土墙外，在利用砖石结构时，内部应填充保温材料，如煤渣、锯末等。据测定，50cm 砖结构墙体（内墙 12cm，中间 12cm，外墙 24cm）内填充保温材料较中空墙体保温性要好。目前，日光温室大棚墙体建造大约有两类，一类是土墙，另一类是空心砖墙。

1. 土墙

土墙可采用板打墙、草泥垛墙的方式进行建造。生产实践中，一般以板打墙为主，板打墙的厚度直接决定了墙体的保温能力，板打墙基部宽通常为 100cm，向上逐渐收缩，至顶端宽度为 80cm。下宽上窄，这样墙体会比较坚固一些。

2. 空心砖墙

为了保证空心砖墙墙体的坚固性，建造时首先需要开沟砌墙基。挖宽约为 100cm 的墙基，墙基深度一般应距原地面 40 ～ 50cm，然后填入 10 ～ 15cm 厚的掺有石灰的二合土，并夯实，之后用红砖砌垒。当墙基砌到地面以上时，为了防止土壤水分沿着墙体上返，需在墙基上面铺上厚约 0.1mm 的塑料薄膜。

在塑料薄膜上部用空心砖砌墙时，要保证墙体总厚度为 70 ～ 80cm，即内、外侧均为 24cm 的砖墙，中间夹土填实，墙身高度为 2.5m，用空心砖砌完墙体后，外墙应用砂浆抹面找平，内墙用白灰砂浆抹面。

（三）后屋面

日光温室大棚的后屋面主要由后立柱、后横梁、檩条及上面铺制的保温材料四部分构成。

后立柱：主要起支撑后屋顶的作用，为保证后屋面坚固，后立柱一般可采

用水泥预制件做成。在实际建造中，有后排立柱的日光温室可先建造后屋面，然后再建前屋面骨架。后立柱竖起前，可先挖一个长为40cm、宽为40cm、深为40～50cm的小土坑，为了保证后立柱的坚固性，可在小坑底部放一块砖头，然后将后立柱竖立在红砖上部，最后将小坑空隙部分用土填埋，并用脚充分踩实压紧。

后横梁：日光温室的后横梁置于后立柱顶端，呈东西延伸。

檩条：主要是将后立柱、横梁紧紧固定在一起，它可采用水泥预制件做成，其一端压在后横梁上，另一端压在后墙上。檩条固定好后，可在檩条上东西方向拉60～90根10～12号的冷拔铁丝，铁丝两端固定在温室山墙外侧的土中。铁丝固定好以后，可在整个后屋面上部铺一层塑料薄膜，然后再将保温材料铺在塑料薄膜上，在我国北方大部分地区，后屋面多采用草苫保温材料进行覆盖，草苫覆盖好以后，可将塑料薄膜再盖一层，为了防止塑料薄膜被大风刮起，可用些细干土压在薄膜上面，后屋面的建造就完成了。

（四）骨架

日光温室的骨架结构可分为：水泥预件与竹木混合结构、钢架竹木混合结构和钢架结构。

水泥预件与竹木混合结构的特点为：立柱、后横梁由钢筋混凝土柱组成；拱杆为竹竿，后坡檩条为圆木棒或水泥预制件。其中立柱分为后立柱、中立柱、前立柱。后立柱可选择13cm×6cm钢筋混凝土柱，中立柱可选择10cm×5cm钢筋混凝土柱，中立柱因温室跨度不同，可由1排、2排或3排组成，前立柱可由9cm×5cm钢筋混凝土柱组成。后横梁可选择10cm×10cm钢筋混凝土柱。后坡檩条可选择直径为10～12cm圆木，主拱杆可选择直径为9～12cm圆竹进行建造。

钢架竹木混合结构特点为：主拱梁、后立柱、后坡檩条由镀锌管或角铁组成，副拱梁由竹竿组成。其中主拱梁由直径27mm国标镀锌管（6分管）2～3根制成，副拱梁由直径为5mm左右圆竹制成。立柱由直径为50mm国标镀锌管制成，后横梁由50mm×50mm×5mm角铁或直径60mm国标镀锌管（2寸管）制成，后坡檩条由40mm×40mm×4mm角铁或直径27mm国标镀锌管（6分管）制成。

钢架结构特点为：整个骨架结构为钢材组成，无立柱或仅有一排后立柱，后坡檩条与拱梁连为一体，中纵肋（纵拉杆）3～5根。其中主拱梁由直径27mm国标镀锌管2～3根制成，副拱梁由直径27mm国标镀锌管1根制成，立柱由直径50mm国标镀锌管制成。

（五）外覆盖物

日光温室大棚的外覆盖物主要由透明覆盖物和不透明覆盖物组成。

1. 透明覆盖物

透明覆盖物主要指前屋面采用的塑料薄膜，主要有聚乙烯和聚氯乙烯两种。近年来又开发出了乙烯－醋酸乙烯共聚膜，具有较好的透光和保温性能，且质量轻，耐老化，无滴性能好。

日光温室主要采用厚度为 0.08mm 的 EVA 膜透明覆盖物进行覆盖。这种薄膜优点为流滴防雾有效期大于 6 个月，寿命大于 12 个月，使用 3 个月后，透光率都不会低于 80%。在众多的透明覆盖物中，备受广大农户的喜爱。

利用 EVA 膜覆盖日光温室大棚，主要有三种覆盖方式：第一种就是一块薄膜覆盖法，第二种就是两块薄膜覆盖法，第三种就是三块薄膜覆盖法。

（1）一块薄膜覆盖方法：从棚顶到棚基部用一块薄膜把它覆盖起来。从覆盖方式的优点来说，它没有缝隙，保温性能也很好。它的不足之处就是，到了晚春的时候，棚内温度过高，需要散热时，不便于降温。

（2）两块薄膜覆盖法：采用一大膜、一小膜的覆盖方法，棚顶部用一大膜罩起来，前沿基部用一块小膜把它接起来，两块薄膜覆盖好以后，要用压膜线将塑料薄膜充分固定起来。在这需要特别提醒的是：压膜线的两端一定要系紧系牢。两块薄膜覆盖法的优点是：冬天寒冷的季节，大棚需要密封的时候，只需要把两个薄膜接缝的地方交叠起来，用东西把它压紧，大棚的保温性能就比较好，到了晚春季节，大棚需要通风的时候，再把两个薄膜的接缝处拨开一个小口，这样它就变成了一个通风口，便于散热。

（3）三块薄膜覆盖法：采用一大膜、两小膜的覆盖办法，具体就是顶部和基部采用两小膜，中间采用一大膜的覆盖方法。采用这种方法，通风降温能力明显优于两块薄膜覆盖法，但是薄膜覆盖起来比较困难。

2. 不透明覆盖物

不透明覆盖物用于前屋面的保温，主要是采用草苫加纸被进行保温，也可进行室内覆盖。对于替代草苫的材料有些厂家已生产了 PE 高发泡软片，专门用于外覆盖。用 300g/m^2 的无纺布两层也可达到草苫的覆盖效果，不同覆盖材料保温效果不同。

五、日光温室的应用

日光温室主要用作北方地区蔬菜的冬春茬长季节果菜栽培，还作为春季早熟和秋季延后栽培；花卉生产主要是鲜切花、盆花、观叶植物的栽培；此外还用作浆果类、核果类果树的促成、避雨栽培，以及园艺作物的育苗设施等。

第五节 连栋日光温室建造技术

现代温室（通常简称连栋温室或俗称智能温室）是设施园艺中的高级类型，设施内的环境实现了计算机自动控制，基本上不受自然气候条件下灾害性天气和不良环境条件的影响，能周年全天候进行设施园艺作物生产的大型温室。用玻璃或硬质塑料板和塑料薄膜等进行覆盖配备，可以根据作物生长发育的要求调节环境因子，进行温度、湿度、肥料、水分和气体等环境条件自动控制，能够大幅度地提高作物的产量、质量和经济效益的大型单栋或连栋温室。

一、温室的分类

温室（greenhouse）是指为了能调控温、光、水、气等环境因子，其栽培空间覆以透光性的覆盖材料，人可入内操作的一种设施。

依覆盖材料的不同通常分为玻璃温室（Glass greenhouse）和塑料温室（Plastic greenhouse）两大类。塑料温室依覆盖材料的不同，又分为硬质（PC 板、FRA 板、FRP 板、复合板等）塑料温室和软质塑料（PVC、PE、EVA 膜等）温室。后者我国通称塑料薄膜大棚，简称塑料大棚，实际上以塑料薄膜温室称呼较为妥当。

温室依形状分为单栋与连栋两类；若依屋顶的形式，则分为：双屋面、单屋面、不等式双屋面、拱圆屋面等。

二、现代温室的主要类型

（一）Venlo 式一跨双屋脊全 PC 板连栋温室（LPC80S4 型）结构

温室主体骨架：采用国产优质热镀锌钢管及钢板加工而成，正常使用寿命不低于 20 年。骨架各部件之间均采用镀锌螺栓、自攻钉连接，无焊点，整齐美观。温室配备了自然通风系统、防虫系统、内外遮阳系统、湿帘风扇强制通风系统、内循环系统、水暖加温系统、灌溉施肥系统、电动控制系统及照明配电系统。

（二）里歇尔（Richel）温室

法国瑞奇温室公司研究开发的一种流行的塑料薄膜温室。

（三）卷膜式全开放型塑料温室（Full open type）

连栋大棚除山墙外，顶侧屋面均通过手动或电动卷膜机将覆盖薄膜由下而上卷起通风透气的一种拱圆形连栋塑料温室，称为卷膜式全开放型塑料温室。

（四）屋顶全开启型温室（open-roof greenhouse）

屋顶全开启型温室最早是由意大利的 Serre Italia 公司研制成的一种全开放型玻璃温室，近五年在亚热带暖地逐渐兴起。其特点是以天沟檐部为支点，可以从屋脊部打开天窗，开启度可达到垂直程度，即整个屋面的开启度可从完全封闭直到全部开放状态，侧窗则用上下推拉方式开启，全开后达 1.5m 宽，全开时可使室内外温度保持一致。中午室内光强可超过室外，也便于夏季接受雨水淋洗，防止土壤盐类积聚。可依室内温度、降水量和风速而通过电脑智能控制自动关闭窗，结构与芬洛型相似。

三、现代温室的配套设备与应用

（一）自然通风系统

自然通风系统是温室通风换气、调节室温的主要方式，一般分为：顶窗通风、侧窗通风和顶侧窗通风等三种方式。侧窗通风有转动式、卷帘式和移动式三种类型，玻璃温室多采用转动式和移动式，薄膜温室多采用卷帘式。屋顶通风，其天窗的设置方式种类多。如何在通风面积、结构强度、运行可靠性和空气交换效果等方面兼顾，综合优化结构设计与施工是提高高湿、高温情况下自然通气效果的关键。

（二）加热系统

加热系统与通风系统结合，可为温室内作物生长创造适宜的温度和湿度条件。目前冬季加热方式多采用集中供热、分区控制方式，主要有热水管道加热和热风加热两种系统。

1．热水管道加热系统

由锅炉、锅炉房、调节组、连接附件及传感器、进水及回水主管、温室内的散热管等组成。温室散热管道按排列位置可分垂直和水平排列两种方式。

2．热风加热系统

利用热风炉通过风机把热风送入温室各部分加热的方式。该系统由热风炉、送气管道（一般用 PE 膜做成）、附件及传感器等组成。

（三）幕帘系统

1. 内遮阳保温幕

内遮阳保温幕是采用铝箔条或镀铝膜与聚酯线条间隔经特殊工艺编织而成的缀铝膜，具有保温节能、遮阳降温、防水滴、减少土壤蒸发和作物蒸腾从而节约灌溉用水的功效。

2. 外遮阳幕

外遮阳系统利用遮光率为 70% 或 50% 的透气黑色网幕或缀铝膜（铝箔条比例较少）覆盖于离顶通风温室顶上 30 ～ 50cm 处，比不覆盖的可降低室温 4 ～ 7℃，最多时可降 10℃，同时也可防止作物日灼伤，提高品质和质量。

（四）降温系统

1. 微雾降温系统

微雾降温系统使用普通水，经过微雾系统自身配备的两级微米级的过滤系统过滤后进入高压泵，经加压后的水通过管路输送到雾嘴，高压水流以高速撞击针式雾嘴的针，从而形成微米级的雾粒，喷入温室，迅速蒸发以大量吸收空气中的热量，然后将潮湿空气排出室外达到降温目的。适于相对湿度较低、自然通风好的温室应用，不仅降温成本低，而且降温效果好，其降温能力在 3 ～ 10℃间，是一种最新降温技术，一般适于长度超过 40m 的温室采用。

2. 湿帘降温系统

温帘降温系统利用水的蒸发降温原理实现降温。以水泵将水打至温室帘墙上，使特制的疏水湿帘能确保水分均匀淋湿整个降温湿帘墙，湿帘通常安装在温室北墙上，以避免遮光影响作物生长，风扇则安装在南墙上，当需要降温时启动风扇将温室内的空气强制抽出，形成负压；室外空气因负压被吸入室内的过程中以一定速度从湿帘缝隙穿过，与潮湿介质表面的水汽进行热交换，导致水分蒸发和冷却，冷空气流经温室吸热后经风扇排出而达降温目的。在炎夏晴天，尤其中午温度达最高值、相对湿度最低时，降温效果最好，是一种简易有效的降温系统，但高湿季节或地区降温效果受影响。

（五）补光系统

补光系统成本高，目前仅在效益高的工厂化育苗温室中使用，主要是弥补冬季或阴雨天的光照不足对育苗质量的影响。所采用的光源灯具要求有防潮专业设计、使用寿命长、发光效率高、光输出量比普通钠灯高 10% 以上。南京灯泡厂生产的生物效应灯和荷兰飞利浦的农用钠灯（400W），其光谱都近似日光光谱，

由于是作为光合作用能源补充阳光不足，要求光强在 1 万 1x 以上，悬挂的位置宜与植物行向垂直。

（六）补气系统

1. 二氧化碳施肥系统

二氧化碳气源可直接使用贮气罐或贮液罐中的工业制品用二氧化碳，也可利用二氧化碳发生器将煤油或石油气等碳氢化合物通过充分燃烧而释放二氧化碳。

2. 环流风机

封闭的温室内，二氧化碳通过管道分布到室内，均匀性较差，启动环流风机可提高二氧化碳浓度分布的均匀性，此外通过风机还可以促进室内温度、相对湿度分布均匀，从而保证室内作物生长的一致性，改善品质，并能将湿热空气从通气窗排出，实现降温的效果。

（七）计算机自动控制系统

自动控制是现代温室环境控制的核心技术，可自动测量温室的气候和土壤参数，并对温室内配置的所有设备都能实现优化运行而实行自动控制，如开窗、加温、降温、加湿、光照和二氧化碳补气，灌溉施肥和环流通气等。

（八）灌溉和施肥系统

灌溉和施肥系统包括水源、储水及供给设施、水处理设施、灌溉和施肥设施、田间管道系统、灌水器如滴头等。进行基质栽培时，可采用肥水回收装置，将多余的肥水收集起来，重复利用或排放到温室外面；在土壤栽培时，作物根区土层下铺设暗管，以利排水。

第二章

园艺植物的生物学特性

第一节　园艺植物的组织和器官

一、园艺植物的根系

根系是园艺植物的重要器官，起着固定植株、吸收、合成与转化、运输、贮存和繁殖的功能；生产上通过土壤管理、灌水和施肥等田间管理，创造有利于根系生长发育的良好条件，促进根系代谢活力，调节植株上下部平衡、协调生长，实现优质、高效的生产目的。

1．根的种类

（1）主根

种子萌发时，胚根首先突破种皮，向下生长形成的根称为主根，又叫初生根。主根生长很快，一般垂直插入土壤，成为早期吸收水肥和固定植株的器官。

（2）侧根

当主根继续生长，达到一定长度后，在一定部位上侧向地从根内部生出的许多支根称为侧根。侧根与主根共同承担固着吸收及贮藏功能，统称骨干根。主、侧根生长过程中，侧根上又会产生次级侧根，其与主根一起形成庞大的根系。

（3）须根

侧根上形成的细小根称为须根，须根及其根毛是吸收水分和养分的主要器官。

（4）不定根

主根和侧根都来源于胚根，都有一定的发生位置，称为定根。而有些园艺植物可以从茎、叶或胚轴等部位产生根，这种不是从胚根发生，其发生位置是不一定的根，称为不定根。

不定根具有与定根一样的构造和生理功能，同样能产生侧根。很多园艺植物具有产生不定根的潜在性能，生产上利用此特点通过扦插快速繁育苗木，如葡萄、月季、菊花等枝（茎）条扦插繁殖，落叶生根、虎尾兰等叶扦插繁殖在园艺生产上被广泛应用。

2. 根系及其来源

一株植物上所含有的根的总和称为根系。根据根系的发育来源和形态的不同，可以分为 3 种。

（1）实生根系

由种子胚根发育而来的根，称为实生根系。实生根系分直根系和须根系。

①直根系

主根比较长而粗，侧根比较短而细，主根与侧根有明显的区别，双子叶植物的根系都是直根系，如黄瓜、苹果、梨等的根系。

②须根系

一些园艺植物主根伸出不久即停止生长，或主根存活时间很短，而自茎基的数节上生长出长短相近、粗细相似的须根，这种主根生长较弱，主要根群为须根的根系称为须根系。单子叶植物的根系都是须根系，如大葱、韭菜等的根系。

（2）茎源根系

利用植物营养器官具有的再生能力，采用枝条扦插或压条繁殖，使茎上产生不定根，发育成的根系称为茎源根系。茎源根系无主根，生活力相对较弱，常为浅根，如葡萄、石榴、月季、红叶石楠等扦插繁殖的植物的根系。

（3）根蘖根系

一些果树如枣、山楂等和部分宿根花卉的根系，通过产生不定芽可以形成苗木，其根系称根蘖根系。

3. 根的变态

园艺植物的根系除了有起固定植株、吸收水肥、合成与运输等功能外，还可以形成不同形态，起贮藏营养与繁殖作用的变态根。根的变态主要有以下 3 类：

（1）肉质直根

由主根和胚轴发育而成的根叫肉质直根，如萝卜、胡萝卜和甜菜的根。一株植物上仅有一个肥大的直根，其具有侧根的部分即为主根，不产生侧根的上部相当于胚轴的膨大，细胞内贮存了大量的养料，可供植物越冬后发育之用，也是人类食用的部分。

（2）块根

块根是由植物侧根或不定根膨大而形成的肉质根，可作繁殖用。如大丽花的块根是由茎基部原基发生的不定根肥大而成，根茎部分可发生新芽，由此可发育

成新的个体。

（3）气生根

根系不向土壤中下扎，而伸向空气中，这类根系称为气生根。气生根因植物种类与功能不同，又分为 3 种。

①支柱根

有辅助支撑固定植物的功能，类似支柱作用的气生根，如菜玉米。

②攀缘根

起攀缘作用的气生根，如常春藤。

③呼吸根

根系伸向空中，吸收氧气，以防止地下根系缺氧导致生长不良。呼吸根常发生于生长在水塘边、沼泽地及土壤积水、排水不畅的田块的一些观赏树木上，如榕树、水杉等。

4．根际与根系的分布

（1）根际

根际是指受植物根系活动的影响，在物理、化学和生物学性质上不同于土体的那部分微域土区。根际的范围很小，一般指离根轴表面数毫米之内。其中存在于根际中的土壤微生物的活动通过影响养分的有效性、养分的吸收和利用以及调节物质的平衡，而构成了根际效应的重要组成成分。有些土壤中微生物还能进入到根的组织中，与根共生，这种共生现象又有菌根和根瘤两种类型。

①菌根

同真菌共生的根称为菌根，按真菌侵入细胞程度进行分类。若菌丝不侵入细胞内，只在皮层细胞间隙中的菌根为外生菌根；菌丝侵入细胞内部的菌根为内生菌根，介于两者之间的菌根为内外兼生菌根。如苹果、葡萄、柑橘、李、核桃等大多数果树，杜鹃、鸢尾、大葱等多为内生菌根，而草莓则为内外兼生菌根。由于菌根的形成，扩大了园艺植物根系的吸收范围，增强了根系吸收养分的能力，从而促进了地上部光合产物的提高和生理生化代谢的进行。

②根瘤

它是由于细菌侵入根部组织所致，这种细菌称根瘤菌。菜豆、豇豆、豌豆、扁豆、蚕豆等各种豆类植物的根系均与根瘤菌共生，从而形成豆科植物的一个显著特点。豆类植物与根瘤菌共同生活，一方面根瘤菌从植物体内获得能量进行生长发育；另一方面根瘤菌所固定的氮素又为植物所利用，因此，创造根瘤菌所需生活条件，促进根瘤菌活动对豆类植物生长发育具有重要作用。除豆科植物外，绿肥作物三叶草及菜用苜蓿等均有根瘤菌与之共生；果树中杨梅属、观赏树木中的桤木属、胡颓子属的树木根系也有根瘤。

（2）根系的分布

各种园艺植物根系的水平分布和垂直分布是不同的，园艺植物根系的垂直分布与根系类型及气候、土壤、地下水位、栽培技术及繁殖移栽等因素有关；根系分布深度受土壤因素的影响更大，一般土层厚、地下水位低、质地疏松和贫瘠的土壤根系分布深，反之分布则浅。

因土壤条件的变化，根系的分布有明显的层次性和集中分布的特点，表层土壤早春土温升高快，发新根早；而夏季表层高温，主要根的生长区在表土下环境条件适宜的稳定层，果树一般在 20 ～ 40cm，根量集中，占的比例大，是根系主要功能区，也是生产中土壤管理的主要层次。

根系的水平分布与植物种类及栽培条件密切相关。果树的水平根分布范围总是大于树冠，一般为树冠冠幅的 1 ～ 3 倍，有些甚至达到 4 ～ 6 倍。根系的分布深度和范围在园艺植物的栽培中对营养的吸收和适应性具有重要影响，生产中可以通过土壤耕作和施肥，改善土壤条件，促进根系发育，提高产量。

二、园艺植物的茎

园艺植物的茎起着支撑、运输、合成与转化及繁殖功能；茎上着生芽，芽萌发后可形成地上部的树干、叶、花、枝、树冠，甚至一棵新植株。

1. 茎的类型

（1）按形状分类

有圆柱形（菊花）、三棱形（莎草）、四棱形（一串红）、多棱形（芹菜）等多种形状。

（2）按质地分类

有木质（木本植物）和草质（草本植物）。

（3）按生长习性分类

有直立茎（观赏树木、木本果树）、半直立茎（番茄）、攀缘茎（黄瓜、葡萄、爬山虎）、缠绕茎（豇豆、紫藤）、匍匐茎（草莓、结缕草）、短缩茎（白菜、甘蓝）等多种类型。

（4）按生长势及功能分类

按生长年限、生长势及功能等不同又分为若干类型。一般幼芽萌发当年形成的有叶长枝叫新梢。新梢按季节发育不同又分为春梢、夏梢和秋梢，大多数阔叶观赏树木及落叶果树以春梢为主，常绿树木冬季还能形成冬梢。新梢成长后依次成为一年生枝、二年生枝、多年生枝。

2. 茎的分枝方式

园艺植物的顶芽和侧芽存在着一定的生长相关性。当顶芽活跃生长时，侧芽

的生长则受到一定的抑制，如果顶芽摘除或因某些原因而停止生长时，侧芽就会迅速生长。

（1）单轴分枝（总状分枝）

单轴分枝是指从幼苗开始，主茎的顶芽活动始终占优势，形成一个直立的主轴，而侧枝则较不发达，其侧枝也以同样的方式形成次级分枝的分枝方式。栽培这类植物时要注意保护顶芽，以提高其品质。

（2）合轴分枝

合轴分枝是指植株的顶芽活动到一定时间后死亡、或分化为花芽、或发生变态，而靠近顶芽的一个腋芽迅速发展为新枝，代替主茎生长一定时间后，其顶芽又同样被其下方的侧芽替代生长的分枝方式。合轴分枝的主轴除了很短的主茎外，其余均由各级侧枝分段连接而成，因此，茎干弯曲、节间很短，而花芽较多。合轴分枝在园艺植物中普遍存在，如番茄、马铃薯、柑橘类、葡萄、枣、李等。

（3）假二叉分枝

假二叉分枝是指某些具有对生叶序的植物，如丁香、石竹等，其主茎和分枝的顶芽生长形成一段枝条后停止发育，由顶端下方对生的两个侧芽同时发育为新枝，且新枝的顶芽与侧芽生长规律与母枝一样，如此继续发育形成的分枝方式。

（4）分蘖

分蘖是指植株的分枝主要集中于主茎的基部的一种分枝方式。其特点是主茎基部的节较密集，节上生出许多不定根，分枝的长短和粗细相近，呈丛生状态，如韭菜、大葱等。

3．茎的变态

茎的变态分为地上茎的变态和地下茎的变态。

（1）地上茎变态

有肉质茎（莴苣、仙人掌）、茎卷须（黄瓜、南瓜）、枝刺（皂角、月季、茄子、枣树）、皮刺（悬钩子）、叶状茎（竹节蓼、天门冬）等。

（2）地下茎变态

有块茎（马铃薯）、根茎（莲藕、生姜、萱草、玉竹、竹）、球茎（慈姑、荸荠）、鳞茎（洋葱）等。

4．芽及其特性

芽是茎或枝的雏形，在园艺植物生长发育中起着重要作用。

（1）芽的类型

①单芽和复芽

枝条 1 个节上着生 1 个芽为单芽，它可能是花芽也可能是叶芽；1 个节上着生2个以上的芽称为复芽（包括双芽、三芽和四芽等）。

②顶芽、侧芽及不定芽

着生在枝或茎顶端的芽称为顶芽；着生在叶腋处的芽叫侧芽或腋芽；顶芽和侧芽均着生在枝或茎的一定位置上，统称为定芽；从枝的节间、愈伤组织或从根以及叶上发生的芽为不定芽。

③叶芽、花芽和混合芽

萌发后只长枝和叶的芽，称为叶芽；萌发后形成花或花序的芽，叫花芽；萌芽后既开花又长枝和叶的芽为混合芽。

④主芽和副芽

复芽中着生于叶腋中间的芽为主芽。着生于主芽两侧的芽为副芽。

⑤体眠芽和活动芽

芽形成后，不萌发的为休眠芽；芽形成后，随即萌发的即为活动芽。

（2）芽的特性

①芽的早熟性和晚熟性

一些果树新梢上的芽当年即可萌发，称为芽的早熟性，如桃、葡萄、枣、杏等。一些果树新梢上的芽当年形成以后不萌发，要到第二年才能萌发，称为芽的晚熟性，如苹果、梨等。

②芽的异质性

枝条或茎上不同部位生长的芽由于形成时期、环境因子及营养状况等不同，造成芽的生长势及其他特性上存在差异，称为芽的异质性。一般枝条中上部多形成饱满芽，其具有萌发早和萌发势强的潜力，是良好的营养繁殖材料。而枝条基部的芽发育程度低，质量差，多为瘪芽。一年中新梢生长旺盛期形成的芽质量较好，而生长低峰期形成的芽多为质量差的芽。

③萌芽力和成枝力

园艺植物茎或枝条上芽的萌发能力称为萌芽力。萌芽力高低一般用茎或枝条上萌发的芽数占总芽数的百分率表示。多年生树木，芽萌发后，有长成长枝的能力，称成枝力，用萌芽中抽生长枝的比例表示。

④潜伏力

潜伏力包含两层意思，其一是潜伏芽的寿命长短；其二是潜伏芽的萌芽力与成枝力强弱。一般潜伏芽寿命长的园艺植物，寿命长，植株易更新复壮；相反，萌芽力强，潜伏芽少且寿命短的植株易衰老；改善植物营养状况，调节新陈代谢水平；采取配套技术措施，能延长潜伏芽寿命，提高潜伏芽萌芽力和成枝力。

三、园艺植物的叶

1．叶的组成

完全叶由叶片、叶柄和托叶三部分组成。

2．叶的类型

（1）子叶和营养叶

子叶为原来胚中的子叶，早期有贮藏养分的作用，胚芽出土后形成的叶为营养叶，营养叶主要行使光合作用。

（2）完全叶和不完全叶

由叶片、叶柄和托叶组成的叶为完全叶；缺少任一部分的叶为不完全叶。

（3）单叶和复叶每个叶柄上只有 1 个叶片的称单叶，如苹果、葡萄、桃、茄子、黄瓜、菊花等；复叶是指每个叶柄上有 2 个以上的小叶片，如番茄、马铃薯、枣、核桃、草莓、月季、南天竹、含羞草等。

3．叶的形态及叶序

（1）叶的形态

叶的形态主要是指叶的形状、大小、叶色等。

①叶的形态

叶的形状主要有线形（韭菜、萱草）、披针形（兰花）、卵圆形（苹果、月季、茄子）、倒卵圆形（李）、椭圆形（樟树）等。叶尖的形态主要有长尖、短尖、圆钝、截状、急尖等。叶缘的形态主要有全缘、锯齿、波纹、深裂等。

②叶脉分布

叶脉分布也是园艺植物叶片的特征之一。叶脉在叶片上分布的样式称为脉序，分为分叉状脉、平行脉和网状脉三大类。

（2）叶序

叶序是指叶在茎上的着生次序。园艺植物的叶序有互生叶序、对生叶序和轮生叶序。

①互生叶序，每节上只长 1 片叶，叶在茎轴上呈螺旋排列，1 个螺旋周上，不同种类的园艺植物，叶片数目不同，因而相邻两叶的间隔夹角也不同，如 2/5 叶序表示 1 个完整的螺旋周排列中，含有 5 片叶，也就是在茎上经历两圈，共有 5 叶，自任何 1 片叶开始，其第 6 叶与第 1 叶同位于 1 条垂直的线上。

②对生叶序是指每个茎节上有两片叶相互对生，相邻两节的对生叶相互垂直，互不遮光，如丁香、薄荷、石榴等。

③轮生叶序，每个茎节上着生 3 片或 3 片以上叶，如夹竹桃、银杏、栀子等。

4. 叶的变态和异形叶片

(1) 叶的变态

植物的叶片由于适应环境的变化，常发生变态或组织特化，主要有叶球、鳞叶、苞叶、卷须、针刺等。

(2) 异形叶片

异形叶片常指植株先后发生的叶有各种不同形态或因生态条件变化造成叶片异形现象。大白菜的叶即为典型的器官异形现象。

四、园艺植物的花

1. 花的形态

一朵完整的花由花柄、花托、花萼：花冠、雌蕊和雄蕊几部分组成。

(1) 花柄

花柄又称花梗，为花的支撑部分，自茎或花轴长出，上端与花托相连。其上着生的叶片，称为苞叶、小苞叶或小苞片。

(2) 花托

花托为花柄上端着生花萼、花冠、雄蕊、雌蕊的膨大部分。其下面着生的叶片称为付萼。

(3) 花萼

花萼为花朵最外层着生的片状物，通常为绿色，每个片状物称为萼片，它们分离或联合。

(4) 花冠

花冠为紧靠花萼内侧着生的片状物，每个片状物称为花瓣。

(5) 雄蕊

雄蕊由花丝和花药两部分组成，其下部称为花丝，花丝上部两侧有花药，花药中有花粉囊，花粉囊中贮有花粉粒，而两侧花药间的药丝延伸部分则称为药隔，一朵花中的全部雄蕊总称为雄蕊群。

(6) 雌蕊

雌蕊位于花的中央，由柱头、花柱和子房 3 部分组成。

雌蕊为花最中心部分的瓶状物，相当于瓶体的下部为子房，瓶颈部为花柱，瓶口部为柱头，而组成雌蕊的片状物称为心皮。

2. 花序及其类型

园艺植物的花，有的是一朵着生在茎枝顶端或叶腋内，称为单花，但大多数园艺植物的花，密集或稀疏地按一定排列顺序，着生在特殊的总花柄上。花在总花柄上有规律的排列方式称为花序。花序的总花柄或主轴称花轴，也称花序轴。

花序根据小花的开放顺序可分为无限花序和有限花序两大类。

（1）无限花序

无限花序也称总状花序，它的特点是花序的主轴在开花期间，可以继续生长，向上伸长，不断产生苞片和花芽，犹如单轴分枝，因此也称单轴花序。各花的开放顺序是花轴基部的花先开，然后向上方顺序推进，依次开放。如果花序轴缩短，各花密集呈一平面或球面时，开花顺序是先从边缘开始，然后向中央依次开放。无限花序可以分为总状花序（白菜、萝卜）、穗状花序（苋菜）、葇荑花序（板栗）、伞房花序（苹果）、头状花序（菊花）、隐头花序（无花果）、伞形花序（葱）、肉穗花序（马蹄莲）等。上述各种花序的花轴都不分枝，因此都是简单花序。

另有一些无限花序的花轴有分枝，每一分枝上又呈现上述的一种花序，这类花序称复合花序。常见的有圆锥花序（南天竹）、复伞形花序（泽芹）、复伞房花序（石楠）、复穗状花序（小麦）等。

（2）有限花序

有限花序也称聚伞类花序，它的特点和无限花序相反，花轴顶端或最中心的花先开，因此主轴的生长受到限制，而由侧轴继续生长，但侧轴上也是顶花先开放，故其开花的顺序为由上而下或由内向外。可以分为单歧聚伞花序（唐菖蒲）、二歧聚伞花序（石竹）、多歧聚伞花序（大戟）等。

五、园艺植物的果实

1. 果实的结构

果实是由子房发育而来的，也可以由花的其他部分如花托、花萼等参与组成。组成果实外部的组织称为果皮，通常可分为三层结构，最外层是外果皮，中层是中果皮，内层是内果皮。

2. 果实的类型

（1）真果和假果

多数被子植物的果实是直接由子房发育而来的，叫做真果，如桃、豇豆的果实；也有些植物的果实，除子房外，尚有其他部分参加，最普通的是子房和花被或花托一起形成果实，这样的果实，叫做假果，如苹果、梨、向日葵及瓜类的果实。

（2）单果和复果

多数植物一朵花中只有一个雌蕊，形成的果实叫做单果。也有些植物，一朵花中有许多离生雌蕊聚生在花托上，以后每一雌蕊形成一个小果，许多小果聚生在花托上，叫做聚合果，如草莓。还有些植物的果实，是由一个花序发育而成的，叫做聚花果，如桑、凤梨和无花果。

（3）肉果和干果

①肉果

肉果的果皮往往肥厚多汁，按果皮来源和性质又可分为：浆果（葡萄）、核果（桃）、柑果（柑橘类）、梨果（苹果）、瓠果（南瓜）等类型。

②干果

果实成熟以后，果皮干燥，有的果皮能自行开裂，为裂果；也有即使果实成熟，果实仍闭合不开裂的，为闭果。根据心皮结构的不同，干果又可分为：荚果（豇豆）、长角果（萝卜）和短角果（荠菜）、蒴果（马齿菜）、瘦果（向日葵）、翅果（榆树）、颖果（小麦）、坚果（板栗）、双悬果（小茴香）、胞果（地肤）、分果（蜀葵）等。

六、园艺植物的种子

种子是种子植物特有的繁殖器官，由受精胚珠发育而成。

1．种子的形态

种子的形态指种子的颜色、大小、形状、色泽、表面光洁度、沟、棱、毛刺、网纹、蜡质、突起物等，园艺植物种类繁多，所产生的种子形态各异。

种子形状有圆（球）、椭圆、肾、纺锤、三棱、卵、扁卵、盾、螺旋等，种子颜色因存在不同的色素而异，园艺植物不同，种子颜色不同，同一植物不同品种，种子颜色不同，不同生态区，种子颜色也不同。种子表面有的光滑发亮，也有的暗淡或粗糙，造成种子粗糙的原因是由于种子表面有沟、棱、毛刺、网纹、条纹、蜡质、突起等，有些种子成熟后还可以看到自珠柄上脱落留下的斑痕种脐和珠孔，有的种子还有刺、冠毛、翅、芒和毛等附属物。

2．种子的结构

种子一般由胚、胚乳和种皮 3 部分构成。

（1）胚

胚是由受精的合子发育而来，是植物的原始体，由胚芽、胚根、胚轴、子叶 4 部分组成。

（2）胚乳

胚乳是极核受精后发育而成的，它可为胚的发育提供养分。有些植物种子的胚乳在形成过程中就被胚吸收了，因此没有胚乳。但其一般都有肥大的子叶，为胚的发育和以后种子的萌发提供营养，如豆类的种子。

（3）种皮

种皮是由珠被发育而成的，主要起保护作用，不同植物的种皮有厚有薄，种皮薄的种子吸水快、发芽快，种皮厚的种子吸水慢、发芽也慢。

第二节　园艺植物的生理作用

一、蒸腾作用

蒸腾作用是水分从活的植物体表面以水蒸气状态散失到大气中的过程。

1. 蒸腾作用的方式及生理意义

（1）蒸腾作用的方式

叶片蒸腾有两种方式：一是通过角质层的蒸腾，叫作角质蒸腾；二是通过气孔的蒸腾，叫作气孔蒸腾，气孔蒸腾是植物蒸腾作用的最主要方式。

（2）蒸腾作用的生理意义

①蒸腾作用产生的蒸腾拉力是植物对水分的吸收和运输的一个主要动力，特别是高大的植物，如果没有蒸腾作用，由蒸腾拉力引起的吸水过程便不能产生，植株较高部分也无法获得水分。

②蒸腾作用促进木质部汁液中的物质运输，由于矿质盐类要溶于水中才能被植物吸收和在体内运转，矿物质随水分的吸收和流动而被吸入和分布到植物体各部分中去。

③蒸腾作用能够降低叶片的温度。

2. 蒸腾作用的生理指标

（1）蒸腾速率

蒸腾速率又称蒸腾强度或蒸腾率，是指植物在单位时间、单位叶面积通过蒸腾作用散失的水量。

（2）蒸腾效率

蒸腾效率是指植物每蒸腾 1kg 水所形成的干物质的克数。一般植物的蒸腾效率为 1 ～ 8g/kg。

（3）蒸腾系数

蒸腾系数又称需水量，是指植物每制造 1g 干物质所消耗水分的克数，是蒸腾效率的倒数。木本植物的蒸腾系数比较低，草本植物的蒸腾系数较高，蒸腾系数越低，则表示植物利用水的效率越高。

3. 影响蒸腾作用的因素

（1）内因

主要有气孔频度（每平方毫米叶片上的气孔数），气孔频度大有利于蒸腾的

进行；气孔大小，气孔直径大，蒸腾快；气孔下腔，气孔下腔容积大，叶内外蒸气压差大，蒸腾快；气孔开度，气孔开度大，蒸腾快，反之，则慢。

（2）外因

蒸腾速率取决于叶内外蒸气压差和扩散阻力的大小，凡是影响叶内外蒸气压差和扩散阻力的外部因素（光照、温度、湿度、风速）等都会影响蒸腾速率。

二、光合作用

光合作用是指绿色植物通过叶绿体，利用光能，把 CO2 和 H2O 转化成储存能量的有机物，并且释放出氧的过程。

1. 光合作用的重要意义

光合作用为包括人类在内的几乎所有生物的生存提供了物质来源和能量来源。

（1）制造有机物

绿色植物通过光合作用制造有机物的数量是非常巨大的。据估计，地球上的绿色植物每年大约制造四五千亿吨有机物，这远远超过了地球上每年工业产品的总产量。人类和动物的食物直接或间接地来自光合作用制造的有机物。

（2）转化并储存太阳能

绿色植物通过光合作用将太阳能转化成化学能，并储存在光合作用制造的有机物中。

地球上几乎所有的生物，都直接或间接地利用这些能量作为生命活动的能源。

2. 光合作用的生理指标

（1）光合速率

光合速率是指单位时间，单位叶面积吸收 CO_2 的量或放出 O_2 的量。

（2）光合生产率

光合生产率又称净同化率，指植物在较长时间（一昼夜或一周）内，单位叶面积生产的干物质量。光合生产率比光合速率低，因为已去掉呼吸等消耗。

3. 影响光合作用的因素

（1）内因

①叶龄

叶片的光合速率与叶龄密切相关，幼叶净光合速率低，需要功能叶片输入同化物；叶片全展后，光合速率达到最大值；叶片衰老后，光合速率下降。

②同化物输出与累积的影响

同化产物输出快，促进叶片的光合速率；反之，同化产物的累积则抑制光合

速率。

（2）外因

①光照

影响光合作用的光因素主要是光照强度和光质，随着光照强度的增高，光合速率相应提高。当叶片的光合速率与呼吸速率相等（净光合速率为零）时的光照强度，称为光补偿点。在一定范围内，光合速率随着光强的增加而呈直线增加；但超过一定光强后，光合速率增加转慢，在一定条件下，使光合速率达到最大值时的光照强度，称为光饱和点，这种现象称为光饱和现象。

② CO_2

CO_2 是绿色植物光合作用的原料，它的浓度高低影响了光合作用暗反应的进行。当光合速率与呼吸速率相等时，外界环境中的 CO_2 浓度即为 CO_2 补偿点，当光合速率开始达到最大值时的 CO_2 浓度被称为 CO_2 饱和点。在一定范围内提高 CO_2 的浓度能提高光合作用的速率，CO_2 浓度达到一定值之后光合作用速率不再增加，这是由于光反应的产物有限。

③温度

当温度高于光合作用的最适温度时，光合速率明显地表现出随温度上升而下降，这是由于高温引起催化暗反应的有关酶钝化、变性甚至遭到破坏，同时高温还会导致叶绿体结构发生变化和受损；高温加剧植物的呼吸作用，而且使 CO_2 溶解度的下降超过 O_2 溶解度的下降，结果利于光呼吸而不利于光合作用；在高温下，叶子的蒸腾速率增高，叶子失水严重，造成气孔关闭，使 CO_2 供应不足，这些因素的共同作用，必然导致光合速率急剧下降。

④矿质元素

矿质元素直接或间接影响光合作用。例如，N 是构成叶绿素、酶、ATP 的化合物的元素，P 是构成 ATP 的元素，Mg 是构成叶绿素的元素。

⑤水分

水分既是光合作用的原料之一，又可影响叶片气孔的开闭，间接影响 CO_2 的吸收。缺乏水时会使光合速率下降。

三、呼吸作用

生物体内的有机物在细胞内经过一系列的氧化分解，最终生成 CO_2 或其他产物，并且释放出能量的总过程，叫做呼吸作用。

1. 呼吸作用的类型及重要意义

（1）呼吸作用的类型

①有氧呼吸

有氧呼吸是指细胞在O_2的参与下，通过酶的催化作用，把糖类等有机物彻底氧化分解，产生出CO_2和H_2O，同时释放出大量能量的过程。有氧呼吸是高等动物和植物进行呼吸作用的主要形式。

②无氧呼吸

无氧呼吸一般是指细胞在无氧条件下，通过酶的催化作用，把葡萄糖等有机物质分解成不彻底的氧化产物，同时释放出少量能量的过程。

（2）呼吸作用的生理意义

呼吸作用能为生物体的生命活动提供能量。呼吸作用释放出来的能量，一部分转变为热能而散失，另一部分储存在ATP（三磷酸腺苷）中。呼吸过程能为体内其他化合物的合成提供原料。在呼吸过程中所产生的一些中间产物，可以成为合成体内一些重要化合物的原料，这些化合物包括脂肪、蛋白质、叶绿素和核酸等。

2．影响呼吸作用的因素

（1）内因

不同种类的园艺植物的呼吸强度有很大的差别，这是由遗传因素决定的；同一种类园艺植物，不同品种之间的呼吸强度也有很大的差异；同一植物的不同器官具有不同的呼吸速率；同一器官的不同组织呼吸速率不同；同一器官的不同生长过程呼吸速率亦有极大变化。

（2）外因

①温度

在一定的温度范围内，呼吸强度随着温度的升高而增强。

② O_2浓度与CO_2浓度

O_2是植物正常呼吸的重要因子，O_2不足直接影响呼吸速度，也影响到呼吸的性质。CO_2是呼吸终产物，空气中的CO_2只有0.03%，当CO_2上升到1%～10%时，呼吸作用明显被抑制。

③水分

叶片或其他器官，由于失水过多处于萎蔫状，呼吸会上升。因为此时细胞质中淀粉转变为糖，增加了呼吸底物；长期处于萎蔫状态，呼吸速率下降，气孔关闭，不利于气体交换。

④机械损伤

机械损伤会显著增加呼吸速率，机械损伤后打破了间隔，使酶与底物容易接触；机械损伤使某些细胞变为分生组织，形成愈伤组织去修补伤处，生长旺盛的细胞呼吸速率快；开放的伤口与外界氧气接触，有氧呼吸加强。

第三节　园艺植物的生长与环境条件

一、光照条件对园艺植物生长的影响

园艺植物生长过程中，通过光合作用把太阳能转化为生物能和热能，光照是光合作用的基础，对园艺植物的生长影响巨大，光照对园艺植物生长的影响可以从光照强度、光质和光周期 3 个方面认识。

1. 光照强度对园艺植物生长的影响

不同园艺植物对光照强度的要求不同，根据园艺植物对光照强度的要求大致可分为阳性园艺植物（又称喜光园艺植物）、阴性园艺植物和中性园艺植物 3 种类型。

（1）阳性园艺植物

这类园艺植物必须在完全的光照下生长，不能忍受长期荫蔽环境，一般原产于热带或高原阳面。如多数一、二年生花卉、宿根花卉、球根花卉、木本花卉及仙人掌类植物等；蔬菜中的西瓜、甜瓜、番茄、茄子等都要求较强的光照，才能很好地生长，光照不足会严重影响产量和品质，特别是西瓜、甜瓜，含糖量会大大降低；大多数果树如葡萄、桃、樱桃、苹果等都是喜光园艺植物。

（2）阴性园艺植物

这类园艺植物不耐较强的光照，遮阴下方能生长良好，不能忍受强烈的直射光线。它们多产于热带雨林或阴坡。如花卉中的兰科植物、观叶类植物、凤梨科、姜科植物、天南星科及秋海棠科植物；蔬菜中多数绿叶菜和葱蒜类比较耐弱光。

（3）中性园艺植物

这类园艺植物对光照强度的要求介于上述两者之间。一般喜欢阳光充足，但在微阴下生长也较好，如花卉中的萱草、耧斗菜、麦冬、玉竹等；果树中的李、草莓等；中光型的蔬菜有黄瓜、甜椒、甘蓝、白菜、萝卜等。

2. 光质对园艺植物生长的影响

光质又称光的组成，是指具有不同波长的太阳光谱成分，其中波长为 380 ～ 760m 的光（即红、橙、黄、绿、蓝、紫）是太阳辐射光谱中具有生理活性的波段，称为光合有效辐射。而在此范围内的光对植物生长发育的作用也不尽相同，植物同化作用吸收最多的是红光，其次为黄光，蓝紫光的同化效率仅为红

光的 14%；红光不仅有利于植物碳水化合物的合成，还能加速长日植物的发育；相反蓝紫光则加速短日植物发育，并促进蛋白质和有机酸的合成；而短波的蓝紫光和紫外线能抑制茎节间伸长，促进多发侧枝和芽的分化，且有助于花色素和维生素的合成。因此，高山及高海拔地区因紫外线较多，所以高山花卉色彩更加浓艳，果色更加艳丽，品质更佳。

3．光周期对园艺植物生长的影响

光周期是指昼夜周期中光照期和暗期长短的交替变化。光周期现象是生物对昼夜光暗循环格局的反应。根据园艺植物对光周期的反应可分为：

（1）长日照园艺植物

长日照园艺植物是指在昼夜周期中，日照长度长于一定时数（一般在 12 ～ 14h）才能成花的植物。对这些植物延长光照时间可促进或提早其开花，相反，如延长黑暗时间则推迟开花或不能成花。属于长日植物的有：油菜、萝卜、白菜、甘蓝、山茶、杜鹃等。

（2）短日照园艺植物

短日照园艺植物是指在昼夜周期中，日照长度短于一定时数（一般在 12 ～ 14h）才能成花的植物。对这些植物适当延长黑暗时间或缩短光照时间可促进或提早其开花，相反，如延长日照时间则会推迟开花或不能成花。属于短日照植物的有：菊花、秋海棠、蜡梅等。如菊花须满足少于 10h 的日照才能开花。

（3）中日照园艺植物

这类植物的成花对日照长度不敏感，只要其他条件满足，在任何长度的日照下均能开花。如月季、黄瓜、茄子、番茄、辣椒、菜豆、君子兰、向日葵、蒲公英等。

二、温度条件对园艺植物生长的影响

1．园艺植物对温度的要求

各种园艺植物的生长、发育都要求有一定的温度条件，都有各自温度要求的“三基点”，即最低温度、最适温度和最高温度。植物的生长和繁殖要在一定的温度范围内进行，在此温度范围的两端是最低和最高温度，低于最低温度或高于最高温度都会引起植物体死亡，最低与最高温度之间有一个最适温度，在最适温度范围内植物生长繁殖得最好。根据对温度要求的不同，园艺植物可分为耐寒性、半耐寒性和喜温性、耐热性 4 类。

（1）耐寒性园艺植物

抗寒力强，生育适温 15 ～ 20℃。这类植物的二年生种类不耐高温，炎夏到来时生长不良或提前完成生殖生长阶段而枯死，多年生种类地上部枯死，宿根越

冬，或以植物体越冬，如三色堇、金鱼草、蜀葵、大葱、葡萄、桃、李等。

（2）半耐寒性园艺植物

这类植物抗霜，但不耐长期0℃以下的低温，其同化作用的最适温度为18～25℃；超过25℃则生长不良，同化机能减弱；超过30℃时，几乎不能积累同化产物，如金盏菊、萝卜、芹菜、白菜类、甘蓝类、豆和蚕豆等。

（3）喜温性园艺植物

该类植物生育最适温度为20～30℃，超过40℃，生长几乎停止；低于10℃，生长不良，如热带睡莲、黄瓜、番茄、茄子、甜椒、菜豆等均属此类。

（4）耐热性园艺植物

耐热性植物在30℃时生长最好，40℃高温下仍能正常生长，如冬瓜、丝瓜、甜瓜、豇豆和刀豆等。

2．园艺植物不同生长发育时期对温度的要求

同一种园艺植物在其不同的生长发育阶段，要求不同的温度。在种子发芽时，都要求较高的温度，一般喜温的园艺植物，种子的发芽温度以25～30℃为最适；而耐寒园艺植物的种子，发芽温度可在10～15℃，或更低时就开始。幼苗期最适宜的生长温度，比种子发芽时要低些。

3．温周期现象与春化作用

在自然条件下气温是呈周期性变化的，许多植物适应温度的某种节律性变化，并通过遗传成为其生物学特性，这一现象称为温周期现象。周期分为温度日周期和年周期两个方面。

日温周期表现为昼夜温差变化，在适温范围内的日温周期常对园艺植物生长有利，大部分园艺植物的正常生长发育，都要求昼夜有温度变化的环境。在园艺植物生长的适宜温度下，温差越大，对植物的生长发育越有利。白天的温度高，有利于光合作用，夜晚的温度低就减少了呼吸作用对养分的消耗，净积累较多。

年范围的温周期对园艺植物开花的影响比较明显。有些园艺植物需要低温条件，才能促进花芽形成和花器发育，这一过程叫做春化阶段，而使园艺植物通过春化阶段的这种低温刺激和处理过程则叫做春化作用。如白菜、萝卜等蔬菜当年秋季形成营养器官，经过冬季的低温刺激后，第二年春季才能开花结实，牡丹的种子春季播种，当年只生根不萌芽，秋季播种则第二年春天发芽。

三、水分条件对园艺植物生长的影响

水是园艺植物进行光合作用的原料，也是养分进入植物的外部介质或载体，同时也是维持植株体内物质分配、代谢和运输的重要因素。

1. 园艺植物的需水特性

不同园艺植物对水分的亏缺反应不同，即对干旱的忍耐能力或适应性有差异。园艺植物的需水特性主要受遗传性决定；由吸收水分的能力和对水分消耗量的多少来衡量。根据需水特性通常可将园艺植物分为以下 3 类：

（1）旱生园艺植物

这类植物抗旱性强，能忍受较低的空气湿度和干燥的土壤。其耐旱性表现在，一方面具有旱生形态结构，如叶片小或叶片退化变成刺毛状、针状，表皮层角质层加厚，气孔下陷，气孔少；叶片具厚茸毛等；以减少植物体水分蒸腾。石榴、沙枣、仙人掌、大葱、洋葱、大蒜等均属此类。另一方面则是具有强大的根系，吸水能力强，耐旱力强，如葡萄、杏、南瓜、西瓜、甜瓜等。

（2）湿生园艺植物

该类植物耐旱性弱，需要较高的空气湿度和土壤含水量，才能正常生长发育；其形态特征为：叶面积较大，组织柔嫩，消耗水分较多，而根系入土不深，吸水能力不强，如黄瓜、白菜、甘蓝、芹菜、菠菜及一些热带兰类、蕨类和凤梨科植物等。此外，藕、茭白、荷花、睡莲、玉莲等水生植物属于典型的湿生园艺植物类。

（3）中生园艺植物

此类植物对水分的需求介于上述两者之间。一些种类的生态习性偏于旱生植物特征；另一些则偏向湿生植物的特征。茄子、甜椒、菜豆、萝卜、苹果、梨、柿、李、梅、樱桃及大多数露地花卉均属此类。

2. 园艺植物不同生育期对水分的需求

在园艺植物的生长发育过程中，一方面，任何时期缺水都会造成生理障碍，严重时可导致植株死亡；另一方面，如果连续一段时间水分过多，超过植物所能忍受的极限，也会造成植物的死亡。

园艺植物在不同的生长发育阶段和不同的物候期对水分的需求量不同。种子萌发时需要充足的水分供应，以利胚根伸出；落叶果树在休眠期代谢活动微弱，需水量也小。园艺植物对水分供应不足最为敏感、最易受到伤害的时期，称水分临界期。一般园艺植物在新枝生长期及果实膨大期为园艺植物水分临界期。

园艺植物在长期的系统发育过程中，形成了对水分要求不同的生态类型，在其栽培过程中表现出适应一定的水分条件并要求不同的供水量。如多数园艺植物在花芽分化期和果实成熟期不宜灌水，以免影响花芽分化、降低果实品质或引起裂果；在新梢迅速生长和果实膨大期，果树生理机能旺盛，是需水量最多的时期，必须保证水分供应充足，以利生长与结果；而在生长季的后期则要控制水分，保证及时停止生长，使果树适时进入休眠期。

3．干旱和水涝对园艺植物的不利影响

（1）旱害对园艺植物的不利影响

旱害是指土壤缺乏水分或者大气相对湿度过低对植物造成的危害。干旱对植物的损害是由于干旱时土壤有效水分亏缺，植物失水超过了根系吸水量，叶片蒸腾的失水得不到补偿，细胞原生质脱水，破坏了植物体内的水分平衡，随着细胞水势的降低，膨压降低而出现叶片萎蔫现象。萎蔫是指植物受到干旱胁迫，细胞失去紧张度，叶片和幼茎下垂的现象。萎蔫分为暂时萎蔫和永久萎蔫两种类型。

暂时萎蔫是指夏季炎热中午，蒸腾强烈，水分暂时供应不足，叶片与嫩茎萎蔫，到夜晚蒸腾减弱，根系又继续吸水，萎蔫消失，植株恢复挺立状态的现象，暂时萎蔫是植物经常发生的适应现象，是植物对水分亏缺的一种适应调节反应，对植物是有利的。暂时萎蔫只是叶肉细胞临时水分失调，并未造成原生质严重脱水，对植物不产生破坏性影响。

永久萎蔫是指土壤无水分供应植物，引起植株整体缺水，根毛损伤甚至死亡，即使经过夜晚水分充足供应，也不会恢复挺立状态的现象。

（2）涝害对园艺植物的不利影响

水分过多对植物的影响称为涝害，一般指土壤的含水量达到了田间的最大持水量，土壤水分处于饱和状态，土壤气相完全被液相所取代，根系完全生长在沼泽化的泥浆中或水分不仅充满了土壤，而且田间地面积水，淹没了植物的局部或整株两种情况。

涝害对植物影响的核心是由于土壤的气相完全被液相所取代，使植物生长在缺氧的环境中，对植物产生了一系列不利的影响，受涝的植物生长矮小，叶黄化，根尖变黑，叶柄偏向上生长，种子的萌发受到抑制；涝害使植物的有氧呼吸受到抑制，促进了植物的无氧呼吸；涝害还使得根际的 CO_2 浓度和还原性有毒物质浓度升高，对根系造成伤害。

四、空气条件对园艺植物生长的影响

1．CO_2 对园艺植物生长的影响

CO_2 是园艺植物光合作用的重要物质，其含量的高低对园艺植物光合作用产生重大影响，在露地生产中，空气中 CO_2 含量一般为 0.03%，而大多数园艺植物光合效能达到最大需要 $C0_2$ 含量在 1% ～ 4%，供需相差几十倍甚至百倍之多，是造成园艺生产中的落花落果、大小年、早衰、果实畸形等现象的根本原因。在设施栽培中，提高 CO_2 的供应，对提高光合效能，促进园艺植物的营养生长和提高产量和品质具有重要意义。

2. 空气中有毒、有害气体对园艺植物生长的影响

由于工业废气排放、交通尾气和农业生产中农药、化肥、农膜的广泛使用，大量有毒、有害气体释放到空气中，造成空气污染。大气污染对园艺植物生产造成很大危害，一是空气污染造成酸雨频繁出现，酸雨可以直接影响园艺植物的正常生长，又可以通过渗入土壤及进入水体，引起土壤和水体酸化、有毒成分溶出，从而对园艺植物产生毒害；二是有毒有害气体积聚，造成对园艺植物生长的危害，特别是在设施栽培中频繁发生，对园艺植物生长危害较大的有毒、有害气体有农膜污染释放的二异丁酯、乙烯、氯气及施肥不当产生的氨气、亚硝酸气、二氧化硫等，这些对园艺植物生长都会造成不同程度的伤害。

五、土壤条件对园艺植物生长的影响

1. 土壤性状与园艺植物的关系

不同类型的土壤特性不同，对水肥的供应情况不同，沙质土和砾质土，渗水速度快，保水性能差，通气性能好；黏质土渗水速度慢，保水性能好，通气性能差；壤质土介于沙土和黏土之间，在性质上兼有沙土和黏土的优点，质地均匀，松黏适中，既具有一定数量的非毛管孔隙，又有适量的毛管孔隙，是园艺植物生产较为理想的土壤类型。沙质土常作为扦插用土及西瓜、甜瓜、桃、枣等实现早熟丰产优质理想用土；黏质土、砾质土等，适当进行土壤改良后栽种较宜。

土层厚度对园艺植物生长影响较大，园艺植物要求土层深厚，果树和观赏树木要求 80 ～ 120cm 以上的深厚土层，蔬菜和一年生花卉要求 20 ～ 40cm，而且地下水位不能太高。

2. 园艺植物对土壤环境的要求

（1）园艺植物要求土壤水肥充足

园艺植物栽培要获得高产、优质，必须要有充足的水肥保证，通常将土壤中有机质及矿质营养元素的高低作为表示土壤肥力的主要内容。土壤有机质含量应在 2% 以上才能满足园艺植物高产优质生产所需，化肥用量过多，土壤肥力下降，有机质含量多在 0.5% ～ 1%。因此，大力推广生态农业，改善矿质营养水平，提高土壤环境中有机质含量，是实现园艺产品高效、优质、丰产的重要措施。

（2）不同园艺作物对土壤的酸碱度的适应性不同

土壤酸碱度影响植物养分的有效性及影响植株生理代谢水平。不同园艺植物有其不同的适宜土壤酸碱度范围，大多数园艺植物喜中性偏酸性（pH 为 6.5 ～ 7.0）土壤。

（3）土壤盐分浓度影响园艺植物的生长

土壤盐分浓度过高，影响园艺植物的生长发育，会使植株矮小，叶缘干枯，

生长不良，根系变褐甚至枯死。蔬菜对土壤盐分浓度比较敏感，浓度值过高易产生蔬菜生育障碍。

3．土壤营养与园艺植物生长

园艺植物与其他植物一样，最重要的营养元素为氮、磷、钾，其次是钙、镁。微量元素虽需要量较小，但也为植物所必需。园艺植物种类繁多，对营养元素需求也存在一定差异。而且即使同一种类、同一品种，也因生育期不同，对营养条件要求也各异。因此，了解各种园艺植物生理特性，采取相应的措施是栽培成功与否的关键。

第四节　木本园艺植物的生长发育特点

一、木本园艺植物器官的生长发育特点

1．根系的生长

（1）根系的生长规律

根系的生长包括根的初生生长和次生生长。

根的初生生长主要是加长生长，是由根尖的顶端分生组织，经过分裂、生长、分化而形成成熟根的过程。大多数双子叶植物的根在完成初生生长形成初生结构后，开始出现次生分生组织：维管形成层和木栓形成层，进而产生次生组织，使根增粗。

木本园艺植物定植后在 2 ～ 3 年内垂直生长旺盛，此后以水平伸展为主，同时在水平骨干根上再发生垂直根和斜生根，形成庞大的根系。同时，随着根系的不断扩大，吸收根不断进行更新，根系有着极其明显的趋水性、向肥性和疏松性。

（2）根的再生

断根后长出新根的能力就称为根的再生能力。根的再生力强弱，首先与园艺植物种类有关，如板栗、核桃等断根后再生能力差。其次，不同季节，不同生态条件，同种园艺植物根的再生能力差异也很大。一般春季发生的新根数目多，而在秋季新根生长能力强，根系生长量大，因此春、秋季节适宜果树、花卉苗木出圃和定植。生态条件中以土壤质地及土壤通透性对根再生能力影响最大，土壤孔隙度在 40% 时根再生力最强。此外，植株生育状态对根再生力也有很大影响。顶芽饱满、生长健壮的枝条对根的再生有显著的促进作用。

2. 茎的生长

（1）木本园艺植物茎的加长生长和加粗生长

木本园艺植物的加长生长通过顶端分生组织分裂和节间细胞的伸长实现，在生长季节，顶端分生组织细胞不断进行分裂、伸长生长和分化，使茎的节数增加，节间伸长，同时产生新的叶原基和腋芽原基。

木本园艺植物茎的加粗生长为形成层细胞分裂、分化和增大的结果。

（2）木本园艺植物茎的生长特性

①顶端优势

是指活跃的顶端分生组织抑制下部侧芽萌发的现象。顶端优势的形成与植物体内生长素的含量有关，顶端生长素含量高的植物顶端优势一般比较强。这种现象在植物界普遍存在，而以乔木树种表现最为明显，这类植物才一直往高长。

②垂直优势

枝条和芽的着生方位不同，生长势表现出很大差异。直立生长的枝条，生长势旺，枝条长；接近水平或下垂的枝条，则生长得短而弱。

③干性与层性

树木中心干的强弱和维持时间的长短，称为“树木的干性”，简称“干性”。顶端优势明显的树种，中心干强而持久。干性有强有弱，如银杏、板栗等树种干性较强，而桃、李、杏以及灌木树种则干性较弱。

由于顶端优势和芽的异质性的共同作用，树干上有些芽萌发为强壮的枝，有些芽萌发的枝则较短，有些还不萌发，强壮的一年生枝产生部位比较集中。这种现象在树木幼年期比较明显，使主枝在中心干上的分布或二级枝在主枝上的分布，形成明显的层次，这种现象称为层性，如枇杷、核桃、山核桃等树种。

3. 叶的生长

（1）叶的生长

叶的生长首先是纵向生长，其次是横向扩展。幼叶顶端分生组织的细胞分裂和体积增大促使叶片增加长度。其后，幼叶的边缘分生组织的细胞分裂分化和体积增大扩大叶面积和增加厚度。当叶充分展开成熟后，不再扩大生长，但在相当长一段时间仍维持正常的生理功能。

叶幕就是树冠内集中分布并形成一定形状和体积的叶群体。叶幕是树冠叶面积总量的反映，园艺植物的叶幕，随树龄、整形、栽培的目的与方式不同，其叶幕形成和体积也不相同。

（2）叶面积指数

叶幕的厚薄一般用叶面积指数来表示，是指单位土地面积上植物叶片总面积占土地面积的倍数。即：叶面积指数 = 叶片总面积 / 土地面积。

一般果树的叶面积指数在 3 ～ 5 比较合适，小于 3 时说明生长势弱，叶量较少，光合能力不足，不能充分供应果实生长所需要的养分；大于 5 时说明叶幕过厚，田间郁闭，光照不足，营养生长过旺，树体本身消耗的养分较多，也没有足够的养分供应果实的生长发育。蔬菜中的果菜类要求与果树大致相当，叶菜类的叶面积指数可大一些，即密度可以大一些，一般以 8 左右较为适宜，叶面积指数再大时，生长拥挤、植株瘦弱，也不能获得高的产量和好的质量。

4．花与果实的发育

（1）花芽分化

花芽分化是指植物茎生长点由分生出叶片、腋芽转变为分化出花序或花朵的过程。花芽分化是由营养生长向生殖生长转变的生理和形态标志。这一全过程由花芽分化前的诱导阶段及之后的花序与花分化的具体进程所组成。一般花芽分化可分为生理分化和形态分化两个阶段。芽内生长点在生理状态上向花芽转化的过程，称为生理分化。此后，便开始花芽发育的形态变化过程，称为形态分化。关于花芽分化的机制目前仍没有定论，有几种假说，如碳氮比学说、内源激素平衡说、能量物质说、核酸的作用说等。

影响花芽分化的环境因素包括：光照增加光合产物，利于成花；紫外光钝化和分解生长素，诱导乙烯生成，利于成花；适温利于分化，适度缺水利于花芽分化。

（2）开花与授粉

雄蕊中的花粉粒和雌蕊中的胚囊成熟，花萼和花冠即行开放，露出雄蕊或雌蕊的现象叫做开花。从第一朵花开放到最后一朵花开放完毕所经历的时间，称为开花期。开花后，花粉从花药散落到柱头上的过程，称为授粉。根据植物的授粉对象不同，可分为自花授粉和异花授粉两类。自花授粉是植物成熟的花粉粒传到同一朵花的柱头上，并能正常地受精结实的过程。生产上常把同株异花间和同品种异株间的传粉也认为是自花传粉。

一般情况下，即使是两性花，同一朵花的雌雄蕊也不会一起成熟，因而，一般花的雌蕊接受的花粉是另一朵花的花粉，这就是异花传粉。当然，雌雄异株植物，雌雄同株中开单性花的，就只有进行异花传粉了，生产上把不同品种间的授粉称为异花授粉。有些异花授粉的果树，像苹果、梨，由于它们不能自交结实，在建园时就必须配置相应的授粉树。

（3）受精与坐果

精核与卵核的融合过程称为受精。经授粉受精后，子房受到刺激不断吸收外来同化产物，进行蛋白质的合成，加速细胞分裂，形成的幼果能正常生长发育而不脱落的现象称为坐果。

部分园艺植物品种的花，可以不经授粉受精直接坐果，而形成不含种子的果实的现象称为单性结实。单性结实可分为天然的单性结实和人工诱导的单性结实两种类型。天然的单性结实如香蕉、脐橙、柿子、凤梨、温州蜜橘及葡萄的某些品种。人工诱导的单性结实的因素较多，例如低温、激素等均能导致单性结实现象发生。

（4）果实发育

①影响果实增长的因素

果实体积的增大，取决于细胞数目、细胞体积和细胞间隙的增大；果实细胞分裂主要是原生质增长过程，需要有氮、磷和碳水化合物的供应。特别是果实发育中后期，即果肉细胞体积增大期，除水分绝对量大大增加外，碳水化合物的绝对量也直线上升，果实增重主要在此期，要有适宜的叶果比和保证叶片光合作用。矿质元素在果实中主要影响有机物质的运转和代谢；缺磷果肉细胞数减少；钾对果实的增大和果肉干重的增加有明显促进作用，钾提高原生质活性，促进糖的运转流入，增加干重，钾水合作用，钾多，果实鲜重中水分百分比增加；钙与果实细胞膜结构的稳定性和降低呼吸强度有关；果实内 80% ～ 90% 为水分，水分供应对果实增长影响很大。

幼果期温度为限制因子，因主要利用于贮藏营养，后期光照为限制因子。果实生长主要在夜间，温度影响光合作用和呼吸作用，影响碳水化合物的积累，因此昼夜温差对果实发育影响较大。

②果实的色泽发育

决定果实色泽发育的色素主要有叶绿素、胡萝卜素、花青素及黄酮素等。果实红色发育主要是花青素在起作用，与糖、温度和光照有关。苹果红色发育在戊糖呼吸旺盛时才能增强，糖是花青素原的前体。夜温低有利于糖的积累。紫外光易促进着色，一般干燥地着色好。缺水地，灌水由于加强了光合作用，有利着色。

（5）落花落果

从花蕾出现到果实成熟的过程中，都会出现落花落果现象，落花是指未授粉受精的子房脱落，落果是指授粉受精后，果实发育停止发生脱落的现象。生产上，坐果数比开放的花朵数少得多，能真正成熟的果则更少，如枣的坐果率仅占花朵的 0.5% ～ 20%。

落花落果受其遗传特性、花芽发育状况、植株生长状况、授粉受精条件及花期气候条件等因素的影响，分为生理性落花落果和外力因素引起的落花落果。有些由于果实大，结得多，而果柄短，常因互挤发生采前落果，夏秋暴风雨也常引起落果。

（6）果实成熟

成熟是果实生长发育中的一个重要阶段，是果实生长后期充分发育的过程。不同园艺植物果实成熟的特征与表现不同，采收标准也不一。但采收的依据均以果实成熟度为基准，其又分生理成熟度和园艺成熟度。生理成熟的果实脱离母株仍可继续进行并完成其个体发育。园艺成熟度则是将果实作为商品，为达到其不同用途而划分的标准，主要可分为 3 种：其一，可采成熟度，果实已完成生理成熟过程，但其应有的外观品质和风味品质尚未充分表现出来，需贮运及加工的果实应在此范围内采收；其二，食用成熟度，果实达到完熟，充分表现出其应有的色香味品质和营养品质，此时采收的果实品质最佳；其三，衰老成熟度，既过熟，果实又过了完熟期，呈衰老趋势，果肉质地松绵，风味淡薄，不宜食用，但核桃、板栗等坚果类这一时期种子充分发育，粒大饱满，品质最佳。

5．种子的形成

被子植物受精过程中，其中一个精细胞与卵细胞融合，另外一个精细胞与中央细胞的两个极核融合，这种受精的现象称双受精。在这个过程中，一个精子与卵细胞融合，形成受精卵即合子最后发育形成胚，另一个精子与中央细胞的两个极核融合最后发育形成胚囊。

卵细胞受精后，合子经过一定的时间的休眠后开始发育，经过一系列复杂的分裂、分化阶段，最后形成种子。

6．园艺植物各器官的相关

（1）地上部与地下部的生长相关

地上部是靠根吸收矿质营养和水分而生长的，而根的生长则依靠叶生产的同化物质。从这个意义上说，地上部与地下部的生长有相互促进的一面，但是它们又有相互抑制的关系。一般来说，根系对地上部影响较大，如嫁接时，同一品种，用乔化砧嫁接，其根系强大，那么地上部便长成高大的乔木；用矮化砧嫁接，根系生长较弱，那么地上部树冠就长得矮小，形成矮化树。在果树生产上就可以利用这种关系控制树体的大小和高度，进行矮化密植栽培。

（2）营养生长与生殖生长的相关

营养生长与生殖生长是一对矛盾的统一体。一方面，生殖生长以营养生长为先导，营养器官为生殖器官的生长提供必要的碳水化合物、矿质营养和水分等，这是两者协调统一的一面；但更多的时候是制约和竞争的关系，营养器官与生殖器官、花芽分化与营养生长及结果之间、乃至幼果与成熟果之间存在着营养竞争的问题。

①营养生长对生殖生长的影响

营养旺盛，叶面积大，制造的养分多，果实才能发育得好；营养生长不良，

养分不足，则开花少，坐果也少，果实小，品质差；营养生长过于旺盛，过旺的营养生长会消耗较多的养分，也会影响开花结实。

②生殖生长对营养生长的影响

主要表现在抑制作用。过早进入生殖生长，就会抑制营养生长；受抑制的营养生长，反过来又制约生殖生长。因此，留果过多，营养生长差，制造的养分少，也往往使果实产量低、质量差。

二、木本园艺植物的生命周期

植物的生长发育存在着明显的周期现象，一生所经历的萌芽、生长、结实、衰老、死亡的生长发育过程，称为生命周期。

1. 有性繁殖木本园艺植物的生命周期

有性繁殖的木本园艺植物的生命周期分为童年期、成年期和衰老期三个阶段。

（1）童年期

童年期是指种子播种后从萌发开始，到实生苗具有稳定开花结实能力为止所经历的时期，也就是从种子萌发到第一次结果之前这一段时间。在这段时期，植株只有营养生长而不开花结果，在实生苗的童年期中，任何措施均不能使其开花，童年期的结束一般以开花作为标志。

童年期在园艺生产上是一个比较重要的时期，童年期的长短关系到坐果的早晚。各种果树童年期长短不同，如早实核桃 1 ～ 2y，晚实核桃 8 ～ 10y，目前的园艺生产一般周期较短，因此强调早结果，就应尽量采取一些措施缩短童年期，如加强肥水管理、矮化密植、适当修剪、使用抑制生长的植物生长调节剂等。

（2）成年期

实生果树进入成年期后，在适宜的外界条件下可随时开花结果，这个阶段称为成年期。根据结果的数量和状况可分为结果初期、结果盛期和结果后期三个阶段。

①结果初期

标志为部分枝条先端开始形成少量花芽，花芽质量较差，部分花芽发育不全，坐果率低，果实品质差。结果初期根系和树冠的离心生长加速，可能达到或接近最大的营养面积。枝类比发生变化，长枝比例减少，中短枝比例增加。随结果量的增加，树冠逐渐开张。花芽形成容易，产量逐渐上升，果实逐渐表现出固有品质。

②结果盛期

标志为花芽多，质量好，果实品质佳。离心生长逐渐减弱直至停止，树冠达

到最大体积；新梢生长缓和，全树形成大量花芽；短果枝和中果枝比例大，长枝量少；产量高，质量好；骨干枝开张角度大，下垂枝多，同时背上直立枝增多；由于树冠内膛光照不良，致使枝条枯死，引起光秃，造成结果部位外移；随着枝组的衰老死亡，内膛光秃。

③结果后期

特征是大小年现象明显，果实小，品质差，树势逐渐衰退，先端枝条及根系开始回枯，出现自然向心更新并逐年增强。从高产稳产开始出现大小年直至产量明显下降，主枝、根开始衰枯并相继死亡，新梢生长量小，果实小、品质差。

（3）衰老期

衰老期从产量明显降低到植株生命终结为止。生长表现为新梢生长量极小，几乎不发生健壮营养枝；落花落果严重，产量急剧下降；主枝末端和小侧枝开始枯死，枯死范围越来越大，最后部分侧枝和主枝开始枯死；主枝上出现大更新枝。

2．营养繁殖木本园艺植物的生命周期

营养繁殖的木本园艺植物生命周期分为营养生长期、成年期和衰老期三个阶段。后两个时期与有性繁殖的相同，不同点就在于第一时期。无性繁殖的叫营养生长期，一般比童年期持续的时间短，如桃、杏有性繁殖时要 3 ～ 4y，采用扦插或嫁接等无性繁殖方法只要 2 ～ 3y。

营养繁殖的园艺植物，已经渡过了童年期，随时可以开花结果，但在生产实践中，幼树营养生长旺盛，甚至在某些形态特征上与实生树的幼年阶段相似，如枝条徒长，叶片薄、小等，但并不意味着营养繁殖树也具有童年期和需要渡过幼年阶段。

3．木本园艺植物根系的生命周期

根系的生命周期变化与地上部有相似的特点，经历着发生、发展、衰老、更新与死亡的过程。木本园艺植物定植后在伤口和根茎以下的粗根上首先发生新根，2 ～ 3y 内垂直生长旺盛，开始结果后即可达到最大深度。此后以水平伸展为主，同时在水平骨干根上再发生垂直根和斜生根，根系占有空间呈波浪式扩大，在结果盛期根系占有空间达到最大。吸收根的死亡与更新在生命的初始阶段就已发生，随之须根和低级次骨干根也发生更新现象。

进入结果后期或衰老期，高级次骨干根也会进行更新。随着年龄的增长，根系更新呈向心方向进行，根系占有的空间也呈波浪式缩小，直至大量骨干根死亡。木本园艺植物衰亡之前，可能出现大量根蘖。

不同种类木本园艺植物的根系更新能力并不一样。苹果断根后 4 周内再生能力最强，梨断根后不易愈合，但伤口以上仍可发生新根。葡萄、桃的根系愈合和

再生能力很强。了解果树根系的更新能力后，可以进行根系修剪，达到控制生长，提早结果的目的。

三、木本园艺植物的年生长周期

1. 物候及物候期

（1）物候期

植物在一年的生长中，随着气候的季节性变化而发生萌芽、抽枝、展叶、开花、结果及落叶、休眠等规律性变化的现象，称为物候或物候现象；与之相适应的树木器官的动态时期称为生物气候学时期，简称为物候期。

木本园艺植物一年中可以分为以下几个物候期：根系生长期、萌芽展叶期、新梢生长期、开花期、果实生长期、花芽分化期、落叶休眠期等。

（2）影响物候期进程的因子

①树种、品种特性

树种、品种不同，物候期进程不同，如开花物候期，苹果、梨、桃在春季，而枇杷则在冬季开花，金柑在夏秋季多次开花；果实成熟，苹果在秋季，而樱桃则在初夏；同一树种，品种不同也不同，如苹果，红富士苹果在10月下旬11月初成熟，而嘎啦则在8月初成熟。

②气候条件

气候条件改变影响物候期进程，如早春低温，延迟开花，花期干燥高温，开花物候期进程快，干旱影响枝条生长和果实生长等。

③立地条件

影响气候而影响物候期。纬度每向北推进一度，温度降低一度左右，物候期晚几天；海拔每升高100m，温度降低一度左右，物候期晚几天。

④生物影响

包括栽培技术措施等，如喷施生长调节剂、设施栽培、病虫危害等。

物候特性产生的原因是在原产地长期生长发育过程中所产生的适应性，因此，在引种时必须掌握各品种原产地的土壤气候条件、物候特性以及引种地的气候土壤状况等资料。

2. 木本园艺植物的年生长周期

随一年中气候而变化的生命活动过程称为年生长周期。落叶木本园艺植物春季随着气温升高，萌芽展叶，开花坐果，随着秋季的到来，叶片逐渐老化，进入冬季低温期落叶休眠，从而完成一个年生长周期；常绿木本园艺植物，冬季不落叶，没有明显的休眠期，但会因冬季的干旱及低温而减弱或停止营养生长，一般认为这属于相对休眠性质。因此，年生长周期明显可分为生长期和休眠期。

（1）生长期

生长期是园艺植物各器官表现其形态特征和生理功能的时期，落叶园艺植物的生长期从萌芽开始、落叶结束，木本园艺植物生长期内出现萌芽、开花、果实发育、新梢生长、花芽分化等物候期。不同园艺植物生长期内物候期出现的顺序和时期不同，有些植物春季先开花、后展叶，如桃树、白玉兰等；多数植物是先展叶、后开花。同一种园艺植物在不同区域，其物候期出现的早晚有差异，在同一地区，由于温度的变化，物候期有差异，果实发育期也有差异，生产上需要对当地物候进行观察，掌握园艺植物的物候期，指导生产活动。

（2）休眠期及其调控

园艺植物的休眠是指园艺植物的生长发育暂时停顿的状态，它是为适应不良环境如低温、高温、干旱等所表现出的一种特性。

落叶是落叶园艺植物进入休眠的标志。休眠期内，从树体的外部形态看，叶片脱落，枝条变色成熟，冬芽形成老化，没有任何生长发育的表现；地下部根系在适宜的条件下可以维持微弱的生长。但是在休眠期树体内部仍进行着一系列的生理活动，如呼吸、蒸腾、营养物质的转换等，这些外部形态的变化和内部生理活动，使园艺植物顺利越冬。

园艺植物的休眠分为自然休眠和被迫休眠两种。自然休眠是指即使温度和水分条件适合园艺植物生长，但地上部也不生长的时期。自然休眠是由园艺植物器官本身的特性所决定的，也是园艺植物长期适应外界条件的结果。解除自然休眠需要园艺植物在一定的低温条件下度过一定的时间，即需冷量，一般以小时表示。园艺植物种类不同，要求的低温量不同，一般在 0 ～ 7.2℃条件下，200 ～ 1500h 可通过休眠，如苹果需要 1200 ～ 1500h，桃需要 500 ～ 1200h。

自然休眠期的长短与树种、品种、树势、树龄等有关。扁桃休眠期短，11 月中下旬就结束，而桃、柿、梨等则较长，核桃、枣、葡萄最长；同一树种不同品种也有差异，幼树、旺树进入休眠期较长，解除休眠较迟。

同一株树上不同组织或器官进入、解除休眠也不一样。根茎部进入休眠最晚，解除早，易受冻害；形成层进入休眠迟于皮层和木质部，故初冬易遭受冻害，但进入休眠后，形成层又比皮部和木质部耐寒。

被迫休眠是指由于外在条件不适宜，芽不能萌发的现象。园艺植物进入被迫休眠中通常是遇到回暖天气，致使园艺植物开始活动，但又出现寒流，使园艺植物遭受早春冻害或晚霜危害，如桃、李、杏等冻花芽现象，苹果幼树遭受低温、干旱、冻害而发生的抽条现象等，因此在某些地区应采取延迟萌芽的措施，如树干涂白、灌水等使树体避免增温过快，减轻或避免危害。

生产上根据需要通过生长后期限制灌水，少施氮肥，疏除徒长枝、过密枝，

喷洒生长延缓剂或抑制剂，如PP_{333}、抑芽丹等，促进休眠可提高其抗寒力，减少初冬的危害；通过夏季重修剪、多施氮肥、灌水等措施推迟进入休眠，可延迟次年萌芽，减少早春的危害；通过树干涂白、早春灌水，秋季使用青鲜素、多效唑、早春喷NAA、2，4-D可延迟休眠，延长休眠期，减少早春危害；通过高温处理，温汤处理及乙烯、赤霉素处理等措施可以打破百合、郁金香、唐菖蒲等球根花卉种球休眠，满足周年生产需要。

3．根系的年周期变化

根系没有自然休眠期，但由于地上部的影响、环境条件的变化以及种类、品种、树龄差异，在一年中根系生长表现出周期性的变化。

在年周期中，根系生长动态取决于外因（土壤温度、肥水、通气等）及内因（树种、砧穗组合、当年生长结果状况等）。但在某一时期有不同的限制因子，如高温、干旱、低温、有机营养供应情况、内源激素变化等。在年周期中其生长高峰总是与地上部器官相互交错，发根的高潮多在枝梢缓慢生长、叶片大量形成后，此系树体内部营养物质调节的结果；也与果实生长高峰期交错发生，因此当年结果量也会明显影响根系生长。多数果树（梨、桃、苹果等）有2～3次高峰生长期。在年周期中，在不同深度的土层中根系生长也有交替现象，春季土壤表层升温快、根系活动早；夏季表层土温过高、根系生长缓慢或停止，而中下层土温达到最适，进入旺盛生长；进入秋季表层根系生长又加强。

第五节　草本园艺植物的生长发育特点

一、草本园艺植物营养贮藏器官的形成和发育

1．地下营养贮藏器官的形成和发育

（1）直根类贮藏器官的形成与发育

直根类贮藏器官如胡萝卜、萝卜等，此类地下贮藏器官在地上幼苗具有5～6片真叶时，肉质根开始伸长、加粗。由于次生生长，根的中柱开始膨大，向外增加压力，其初生的皮层和表皮不能相应地生长和膨大，从下胚轴部位破裂，称为“破肚”；经历肉质根生长前期，从“破肚”到“露肩”，此时叶片数不断增加，叶面积迅速增大，根系吸收能力加强，生长量加大，肉质根延长，根头部开始膨大变宽，称为“踏肩”；最后是肉质根生长盛期，从“露肩”到收获，是肉质根生长最迅速的时期，为50～60d。此期叶片的生长逐渐减慢，达

到稳定状态，大量的同化物质输送到肉质根内贮藏，肉质根迅速膨大，其生长速度超过地上部分。

（2）块根贮藏器官的形成与发育

块根是由侧根或不定根的局部膨大而形成，因而在一棵植株上，可以在多条侧根中或多条不定根上形成多个块根，如甘薯、何首乌、大丽花。

常见的发育过程如甘薯，在正常位置的根部形成层外，维管形成层可以在各个导管群或导管周围的薄壁组织中发育，向着导管的方向形成几个管状分子，背向导管的方向形成几个筛管和乳汁管，同时在这两个方向上还有大量的贮藏组织薄壁细胞产生。

一般在栽苗发根后，初生形成层开始分化，形成一个形成层环，形成层环不断分裂新细胞，分化产生次生组织，同时薄壁细胞内开始积累淀粉。从初生形成层到形成层环完成，是决定块根形成的时期；除形成层继续分裂外，又在原生木质部导管内侧发生次生形成层细胞，次生形成层分裂能力很强，分裂出大量薄壁细胞，薯块明显膨大，其后因温度、水分、光照、空气状况等生态环境条件的促进，更迅速地增长和膨大，并积累以淀粉为主的光合产物；次生形成层活动最旺盛的时期也是块根膨大最快的时期。块根膨大主要依靠次生形成层增加薄壁细胞的数目，而细胞分裂是以简单的无丝分裂方式进行的，这种分裂方式，增加细胞数目速度快，消耗能量少，因此块根膨大较快。

（3）块茎类贮藏器官的形成与发育

块茎如马铃薯的形成包括匍匐茎形成和匍匐茎顶端膨大两个过程，匍匐茎是马铃薯基部地下茎节发生的侧枝，具有伸长的节间，着生螺旋分布的鳞片叶，匍匐茎顶端具有一个较长的高密度细胞分生组织圆柱，其分生细胞的数量远多于普通侧枝顶端的分生细胞，匍匐茎的数量、位置、发生时间及生长状况将决定随后的块茎生长和发育，块茎的膨大是髓区、环髓区和皮层的细胞分裂和膨大的结果。

（4）球茎的形成与发育

球茎如芋头等，生长发育过程可分为幼苗期、换头期、球茎膨大期及球茎成熟期。

①幼苗期

当日均温在15℃以上时，芋头顶芽开始萌动，向上形成叶片，向下分化成原形成层，进行初生生长，形成球茎，同时分生组织区发生不定根。

②换头期

新球茎形成后，继续利用母体营养使子体根、茎、叶生长，最后母体营养耗尽而干缩，脱离子体，完成“换头”。在栽种后90～120d内完成由依赖母体营

养到自体营养的转变。

③球茎膨大期

子球茎换头后，球茎迅速膨大，约持续45d。此期形成球茎重量的80%。根状茎同时迅速膨大。

④球茎成熟期

8月底以后，球茎增重速度减小，趋向成熟。

2. 地上营养贮藏器官的形成和发育

（1）叶球的形成与发育

以甘蓝为例，当植株长到一定大小时，叶的尖端向内侧卷拢，叶柄缩短，叶身下部加厚，初步形成不饱满的叶球。以后叶球内部的叶逐渐长大，形成充实饱满的叶球。

光照或温度等环境条件对叶球的形成和发育影响较大，叶球的形成对光照强度有一定要求。较强的光照，使外叶开展，不至于过早地包心；进入结球期，则要求较弱的光照，才能使叶片趋于直立生长，进入结球状态。较高的温度，叶片直立得快，有利于结球，但叶球的膨大与充实却要求较低的温度，特别是较低的夜温利于养分的积累。因此，大白菜在1月份以后，生长速度非常快，这时候如果有充足的肥水供应，叶球就会发育得很充实。

（2）肉质茎的形成与发育

芥菜肉质茎的大小与播种期关系较大。例如在四川，9月份播种的，10月下旬茎便开始膨大，到第二年春采收，膨大期可持续110d；如果播种过晚，只能以幼苗越冬，第二年2月才开始膨大，这样采收时膨大期只有30d，单株产量较低。

（3）菜苔的形成与发育

菜苔的形成属于生殖生长阶段。作为二年生植物需要完成春化作用。但是，如果过早地通过春化作用，发育过早，那么营养生长弱，抽出的菜苔也较细，产量低，质量差；相反，如发育过迟，菜苔纤维增加，也影响品质。

二、草本园艺植物的生命周期

1. 一年生园艺植物的生命周期

一年生园艺植物，在播种的当年形成产品器官，并开花结实完成生命活动周期。其整个生长发育过程可分为以下4个阶段：

（1）种子萌发期

从种子萌动至子叶充分展开、真叶露心为种子萌发期，栽培上应选择发芽能力强而饱满的种子，保证最合适的发芽条件，促进种子萌发。种子萌发的条件有

水分、温度和氧气。

在适宜的温度下，种子吸水，营养物质开始分解和转化，胚生长突破种皮，开始出苗。不同种子对温度的要求不同，一般耐寒植物是 15 ～ 20℃、喜温植物是 25 ～ 30℃。

（2）幼苗期

种子发芽后，即进入幼苗期。幼苗的生长，在真叶形成前靠胚乳或子叶贮藏养分，为异养阶段；真叶形成后，主要靠真叶的光合作用来制造养分，为自养阶段。园艺植物幼苗生长的好坏，对以后的生长发育有很大影响，茄果类、豆类苗期也进行花芽分化，瓜类则主要节位性型基本确立。因此，应尽量创造适宜的环境条件，培育适龄壮苗。

（3）发棵期或抽蔓期

此期根、茎、叶各器官加速生长，为以后开花结实奠定营养基础，不同种类及同一种类的不同品种其营养生长期长短有较大差异，生产上应保持健壮而旺盛的营养生长，有针对性地防止植株徒长或营养不良，抑制植株生长现象，及时进入下一时期。

（4）开花结果期

从植株现蕾，开花结果到生长结束，这一时期根、茎、叶等营养器官继续迅速生长，同时不断开花结果。因此，存在着营养生长和生殖生长的矛盾，特别像瓜类、茄果类、豆类植物，多次结果多次采收，更要精细管理，以保证营养生长与生殖生长协调平衡发展。

在这四个时期中，应特别注意的是幼苗期，一方面这一时期的生长为以后各阶段的生长打基础；另一方面，对于发育较早已开始进行花芽分化的茄果类、瓜类等，要特别注意环境的调控。如对于番茄来说，温度过高，苗生长瘦弱，花芽分化会推迟，分化的花芽质量差；如温度过低，又易产生畸形花。因此，在番茄幼苗 2 片真叶以后，保持白天 20 ～ 25℃、夜间 15℃以上的温度最适宜。发棵期或抽蔓期继续进行着花芽分化，仍然要注意温度问题。

2．二年生园艺植物的生命周期

二年生园艺植物一般是播种当年为营养生长，越冬后翌年春夏季抽苔、开花、结实，其生命周期可以分为营养生长和生殖生长两个阶段。

（1）营养生长阶段

营养生长阶段也分为发芽期、幼苗期、叶簇生长期和产品器官形成期。

幼苗期、叶簇生长期是纯粹的营养生长，不断分化叶片增加叶数，扩大叶面积，为产品器官形成和生长奠定基础，进入产品器官形成期，虽然仍是营养生长，但营养物质大量向产品器官转移，使之膨大充实，形成叶球（白菜与甘

蓝）、肉质根（萝卜、胡萝卜等）、鳞茎（葱蒜类）等产品器官。二年生园艺植物器官采收后，一些种类存在不同程度的休眠期，如马铃薯的块茎、洋葱的鳞茎等，但大多数种类无生理休眠期，只是由于环境条件不适宜，处于被动休眠状态。

（2）生殖生长阶段

在生殖生长阶段的初期要完成从营养生长向生殖生长的转化，这就是花芽分化期，在这一时期，多数二年生植物要求一定的低温通过春化作用才能分化花芽，如大白菜、甘蓝。

花芽分化后，随着高温长日照的来临，然后抽苔、现蕾、开花、结实。在温室中栽培的甘蓝，由于没有通过春化作用的低温，一直没有进行花芽分化，可以长成一棵甘蓝树。

3．多年生草本的植物生命周期

多年生草本植物是指一次播种或栽植以后，可以采收多年，不须每年繁殖，如草莓、香蕉、韭菜、黄花菜、石刁柏、菊花、芍药和草坪植物等。它们播种或栽植后一般当年即可开花、结果或形成产品，当冬季来临时，地上部枯死。完成一个生长周期。这一点与一年生植物相似，但由于其地下部能以休眠形式越冬，次年春暖时重新发芽生长，进行下一个周期的生命活动，这样不断重复，年复一年，类似多年生木本植物。

第三章 设施环境调控技术

第一节 光照条件及其调控

一、设施内光分布的特点

设施内的光照与露地不同，它受设施的方位、设施的结构（屋面的角度）、透光面的大小和形状、覆盖材料的特性，还受覆盖材料清洁与否的影响。光照受到影响后，我们要改善设施内的光照，以便得到最大限度的光照，因为光首先是植物光合作用的重要条件，其次也是保证设施温度的重要条件。

1. 光强

设施内的光无论在强度上，还是在时数上都比外界要低。是由于覆盖物的遮挡、吸收、散射所至；另外，塑料膜上的水珠、外层的灰尘对光的阻挡和散射。一般来说设施内的光强是外界的 50% ～ 70%，新塑料膜大棚内的光照可达 90%。

2. 光照时数

塑料大棚和大型连栋温室，因全面透光，无外覆盖，设施内的光照时数与露地基本相同。但单屋面温室内的光照时数一般比露地要短，因为在寒冷季节为了防寒保温，覆盖的蒲席、草苫揭盖时间直接影响设施内受光时数。在寒冷的冬季或早春，一般在日出后才揭苫，而在日落前或刚刚日落就需盖上，1 天内作物受光时间不过 7 ～ 8 小时，光照时数要比外界短，远远不能满足园艺作物对日照时数的需求。光照时数短主要对冬季生产影响大，冬季生产的蔬菜由于没有充足的光照，蔬菜品质下降。

3. 光质

光质与透明覆盖材料的性质有关，我国主要的农业设施多以塑料薄膜为覆盖

材料，透过的光质就与薄膜的成分、颜色等有直接关系；玻璃温室与硬质塑料板材的特性，也影响光质的成分。由于覆盖材料不同，进入设施内的光质发生了改变。目前，在膜里添加了光质转化剂，可以使进入设施内的光转变为以蓝绿光为主的光，蓝绿光是作物光合作用过程中吸收最多的光。

4. 光照分布

园艺设施内光分布的不均匀性，使得园艺作物的生长也不一致。下面从水平、垂直两个层次来进行分析。

（1）水平分布

对于大棚来说：

东西走向的大棚：南面的光比北面的光强。

南北走向的大棚：早上光在东面，下午光在西面。

温室中的光比大棚中的光在分布上更不均匀，是由于后墙、后坡、东墙、西墙的遮阴。冬天温室的入射光要比夏天多一些，而分布也比夏天均匀些。（这是按照设计温室的要求，即冬天光入射最多以确保此时得到充足的热量的要求）

（2）垂直分布

在垂直线上，光随高度的增加而增强。

据测定，温室栽培床的前、中、后排黄瓜产量有很大的差异，前排光照条件好，产量最高，中排次之，后排最低，反映了光照分布不均匀。

单屋面温室后面的仰角大小不同，也会影响透光率，使光的透入分布不均匀。园艺设施内不同部位的地面，距屋面的远近不同，光照条件也不同。（注：后坡角的影响没有温室角度对光照的影响大）

二、光照条件对作物生长发育的影响

植物的生命活动，都与光照密不可分，因为其赖以生存的物质基础，是通过光合作用制造出来的。正如人们所说的“万物生长靠太阳”，它精辟地阐明了光照对作物生长发育的重要性。目前我国农业设施的类型中，塑料拱棚和日光温室是最主要的，约占设施栽培总面积的90%或更多。塑料拱棚和日光温室是以日光为唯一光源与热源的，所以光环境对设施农业生产的重要性是处在首位的。

（一）园艺作物对光照强度的要求

光照强弱影响作物的生产发育，它直接影响产品品质，而且也影响产量。如冬天生产的西瓜、番茄，大家都有明显的感受，西红柿汁液少，有时形状不规则。光照强弱能影响花色，一般开花的观赏植物要求较强的光照。依据植物对光照的要求不同，将植物分为以下三种。

1. 阳性植物：这类作物对光照强度要求高，光饱和点在 6 万 -7 万 lx。这类植物必须在完全的光照下生长，不能忍受长期荫蔽环境，一般原产于热带或高原阳面。

代表植物有：

花卉：2 年生花卉，宿根、球根花卉，木本花卉，仙人掌类；

蔬菜：西瓜、甜瓜，茄果类；

果树：葡萄，樱桃，桃。

当光照不足时会严重影响阳性植物园艺产品的产量和品质，特别是西瓜、甜瓜，含糖量会大大降低。

2. 阴性植物：这类植物多数起源于森林的下面或阴湿地带，不能忍受强烈的直射光线，它们多产于热带雨林或阴坡。它们对光照要求弱，光饱和点在 2.5 万 -4 万 lx，光补偿点也很低。

这类植物有：

花卉：兰科植物、观叶植物、姜科、凤梨科、天南星科、秋海棠科；

蔬菜：多数绿叶菜和葱蒜类比较耐弱光。

3. 中性植物：这类植物对光照要求不严格，一般喜欢阳光充足，但在微阴下生长也较好光饱和点在 4 万 -5 万 lx。这类植物有：

花卉：萱草（黄花菜、花卉上有紫色的）、麦冬草、玉竹；

果树：李子、草莓；

蔬菜：黄瓜、甜椒、甘蓝类、白菜类、萝卜类。

（二）园艺作物对光照时数的要求

光照时数，一般来说越长越好，但有的植物在长光条件下不能开花结实，或者提早开花结实而不形成产品器官。这种光诱导植物开花的效应就是光周期现象。

1. 光周期现象

一天之内光照时数对作物开花结实生长发育影响的现象。光周期现象受季节、天气、地理纬度等的影响。

光周期现象在生产中的应用：

（1）在花卉上可以通过控制光的长短来控制开花；

（2）蔬菜方面，菠菜、莴笋、葱头即使不经过低温春化，在长光照的条件下也能抽薹开花。

2. 不同植物对光照的需求

按照作物对光照长短的需求，把植物分为：

（1）长光性植物：要求光照在 12 ～ 14 小时以上才能开花结实，如唐菖蒲、多数绿叶菜、甘蓝类、豌豆、葱、蒜等；若光照时数少于 12 ～ 14 小时，则不抽薹开花，这对设施栽培这类蔬菜比较有利，因为绿叶菜类和葱蒜类的产品器官不是花或果实（豌豆除外）。

（2）短光性植物：要求光照在 12 ～ 14 小时以下（也就是 12 小时以上的黑暗期）才能开花结实，常见的园艺作物有一品红、菊花、丝瓜、豇豆、扁豆、茼蒿、苋菜、蕹菜。

（3）中光性植物：对光照长短没有严格的要求，茄果类、菜豆、黄瓜。

3．光周期现象在生产上的应用

（1）日照长短对黄瓜开花没有影响，但对黄瓜雄雌花比例有影响，日照短利于雌花形成。

（2）需要说明的是短光性蔬菜，对光照时数的要求不是关键，而关键在于黑暗时间长短，对发育影响很大；而长光性蔬菜则相反，光照时数至关重要，黑暗时间不重要，甚至连续光照也不影响其开花结实。

（3）光照时间的长短对花卉开花有影响：唐菖蒲是典型的长日照花卉，要求日照时数达 13 ～ 14 小时以上花芽才能分化；而一品红与菊花则相反，是典型的短日照花卉，光照时数小于 10 ～ 11 小时，花芽才能分化。设施栽培可以利用此特性，通过调控光照时数达到调节开花期的目的。一些以块茎、鳞茎等贮藏器官进行休眠的花卉如水仙、仙客来、郁金香、小苍兰等，其贮藏器官的形成受光周期的诱导与调节。

（4）果树因生长周期长，对光照时数的要求主要是年积累量，如杏要求年光照时数 2500 ～ 3000 小时，樱桃 2600 ～ 2800 小时，葡萄 2700 小时以上，否则不能正常开花结实。

以上结果说明光照时数对作物花芽分化，即生殖生长（发育）影响较大。设施栽培光照时数不足往往成为限制因子，因为在高寒地区尽管光照强度能满足要求。但天内光照时间太短，不能满足要求，一些果菜类或观花的花卉若不进行补光就难以栽培成功。

（三）园艺植物对光质的要求

一年四季中，光的组成由于气候的改变有明显的变化。如紫外光的成分以夏季的阳光中最多，秋季次之，春季较少，冬季则最少。夏季阳光中紫外光的成分是冬季的 2 倍，而蓝紫光比冬季仅多 4 倍。因此，这种光质的变化可以影响到同一种植物不同生产季节的产量及品质。

1．首先介绍光的组成成分

可见光在 390 ～ 760nm，占太阳光的 50%；

红外光 >760nm，占太阳光的 48% ～ 49%：

紫外光在 290 ～ 390nm，占太阳光的 1% ～ 2%。

2．不同光质光的作用

（1）红外光：红外光主要是产生热量，特别是大于 1000m 的红外光是产生热量的主要光源。

（2）紫外光：紫外光有抑制植物生长的作用；紫外光对植物体内维生素的含量影响大，紫外光越强维生素含量越高；紫外光对果实着色也有很大影响，因为果实着色与维生素含量有很大关系。

玻璃温室栽培的番茄、黄瓜等其果实维生素的含量往往没有露地栽培的高，就是因为玻璃阻隔紫外光的透过率，塑料薄膜温室的紫外光透光率就比较高。光质对设施栽培的园艺作物的果实着色有影响，颜色一般较露地栽培色淡，如茄子为淡紫色。番茄、葡萄等也没有露地栽培的风味好，味淡，不甜。例如，日光温室的葡萄、桃、塑料大棚的油桃等都比露地栽培的风味差，这与光质有密切关系。

3．植物对光质的利用情况

植物光合器官中的叶绿素吸收太阳光中的红橙光、蓝紫光最多，这两种光也是植物光合作用旺盛进行所需要的光源。

由于农业设施内光分布不如露地均匀，使得作物生长发育不能整齐一致。同一种类品种、同一生育阶段的园艺作物长得不整齐，既影响产量，成熟期也不一致。弱光区的产品品质差，且商品合格率降低，种种不利影响最终导致经济效益降低，因此设施栽培必须通过各种措施尽量减轻光分布不均匀的负面效应。

三、设施内光照环境的调控

（一）影响光照环境的因素

1．设施的形状、造型

形状与造型是影响温室采光的最重要的因素。

2．骨架材料

东西走向大棚的横拉杆遮阴，对光照影响最大，阴影带不变化，因此横拉杆不能太粗。横拉杆在整个季节的影响不变，不像竖杆的阴影在一天中是变化的，影响没有横拉杆大。

3. 塑料膜和透明覆盖物

（1）目前主要使用的塑料膜和透明覆盖物：聚氯乙烯（PVC）、聚乙烯（PE）薄膜、PO 膜、乙烯—醋酸乙烯共聚物（EVA）农膜、氟素农膜、聚碳酸酯板（PC 板）、玻璃等。

①塑料薄膜

聚氯乙烯（PVC）：透光率 85%（高），保温性能好，比重大，伸缩性能好，耐老化，易产生静电吸尘，价格高。因为在聚氯乙烯中使用了增塑剂，使该膜在见光后产生 1，气体，对植物产生毒害作用。

聚乙烯（PE）：透光率 75%（相比 PVC 透光率低），保温性一般，比重小，伸缩性能差，不耐老化，不易产生静电吸尘，价格低。

乙烯—醋酸膜（EVA）：性能介于二者之间，是一种复合膜，具有三层，从上到下分别是防尘、保温、防滴。

聚对苯二甲酸乙二醇酯（PET）：是一种新膜，在日本应用推广多年，也称为涤纶。PET 薄膜是双向拉伸聚酯薄膜，具有强度高、刚性好、透明、光泽度高等特点，并具有耐磨性、耐折叠性、耐针孔性和抗撕裂性，以及抗老化性。

②玻璃纤维板材

FRP：不饱和聚酯玻璃纤维，厚度 0.7 ～ 0.8mm，可以用 10 年左右，该材料透光率不是很好。

PRA：聚丙烯树脂，不耐火，可以用 15 年左右。

MMA：丙烯树脂，厚度 1.3 ～ 1.7mm，效果好，具有高透光率的特点，保温性较好，被污染少，透光率的衰减慢，但是价格高。

（2）覆盖物的弊端：覆盖物的主要作用是保温和透光，但是覆盖物也存在不足之处。首先易受污染，其次设施内外温差大的时候结露水，还有就是老化的问题。老化快就增加了成本。

PC 板材：聚碳酸树脂，又称阳光板。厚度 0.8 ～ 1mm，两层中间有空隙，间距 6 ～ 10mm，保温性能比较好（因中间空气不与外界气体交流，比空心墙的效果要好）。PC 的透光率是 90%，透光率 10 年衰减 2%。重量比玻璃轻一倍。使用期在 15 年左右，不容易破裂，用刀也难划开。具有阻燃、防露水的特性。是从 1999 年开始使用至今的最新材料，就是成本高。

4. 方位

方位的定义：温室的方位是指其长方向的法线与正南方向的夹角。

（二）设施内光照环境的调控

温室是采光建筑，因而透光率是评价温室透光性能的一项最基本指标。透光

率是指透进温室内的光照量与室外光照量的百分比。温室透光率受温室透光覆盖材料透光性能和温室骨架阴影率的影响，而且随着不同季节太阳辐射角度不同，温室的透光率也在随时变化。温室透光率的高低就成为作物生长和选择种植作物品种的直接影响因素。一般，连栋塑料温室透光率在50%～60%，玻璃温室的透光率在60%～70%，日光温室可达到70%以上。调控温室内光的措施有如下几种方法。

1．改善光照

（1）选择好适宜的建筑场地及合理建筑方位：确定的原则是根据设施生产的季节，当地的自然环境，如地理纬度、海拔高度、主要风向、周边环境（有否建筑物、有否水面、地面平整与否等）。

（2）设计合理角度的大棚：单屋面温室主要设计好后屋面仰角，前屋面与地面交角，后坡长度，既保证透光率高也兼顾保温。连接屋面温室屋面角要保证尽量多进光，还要防风、防雨（雪），使排雨（雪）水顺畅。

（3）合理的透明屋面形状：生产实践证明，拱圆形屋面采光效果好。

（4）选用适合的经济适用的材料（包括骨架材料、覆盖物）：在保证温室结构强度的前提下尽量用细材，以减少骨架遮阴，梁柱等材料也应尽可能少用，如果是钢材骨架，可取消立柱，对改善光环境很有利。

（5）选用透光率高且透光保持率高的透明覆盖材料：我国以塑料薄膜为主，应选用防雾滴且持效期长、耐候性强、耐老化性强等优质多功能薄膜，漫反射节能膜、防尘膜、光转换膜。大型连栋温室，有条件的可选用PC板材。

（6）合理的管理和应用。

①冬季拉、放帘子要选择合适的时间，应该根据天气（温度的高低）确定，不能固定好时间拉、放帘子。原则是在保证温度的前提下最大程度地延长光照时间。

②利用反光幕、反光膜，把反光幕以一定的角度挂在温室的后墙上，角度不用算只要能把光反在作物上就行，反光材料大多数用铝箔。在冬季的时候利用反光是最好的。在没有反光幕的时候，可以把后墙涂白，来增加反光效应。

③覆盖地膜：覆盖地膜的前提条件是一定要稀植，种植密度比平时小。覆盖地膜后地温提高迅速，生长速度快。密度大使作物在后期相互遮阴。

④设施内种植一般不密植，否则植株相互遮阴，作物得到的光照更少，因此要稀植。

⑤选用适合设施栽培的耐弱光的品种。

⑥采用有色薄膜，人为地创造某种光质，以满足某种作物或某个发育时期对该光质的需要，获得高产、优质。但有色覆盖材料其透光率偏低，只有在光照充足的前提下改变光质才能收到较好的效果。

⑦保持透明屋面清洁，使塑料薄膜温室屋面的外表面少染尘，经常清扫以增加透光，内表面应通过放风等措施减少结露（水珠凝结），防止光的折射，提高透光率。

（7）人工补光：生产上大面积使用的话，耗能多、生产成本高，在实际生产中很少采用。比如，8 个日光灯管并排照明，只能满足 1m^2 作物的光补偿点，想要满足生产照明，需要耗费的能源太多。人工补光在生产上大面积使用不切实际。人工补光大多用在育苗上，高纬度地区育苗多数情况下需要补光。补光处理的时间：在下午太阳落山之前补光，不能等天完全黑了之后补光。因为天黑之后，叶片气孔关闭，植物处在依赖储存的 CO_2 进行光合作用的暗反应阶段，即使补光也不能进行光合作用。如果在气孔关闭后再补光，至少 2 小时后气孔才会重新开放，补光的效果不明显。

人工补光时一定要注意调节温度，在不能满足光照的时候不能把温度升得过高，如果光照不足而温度过高时，作物呼吸作用大于光合作用，不利于生长发育。

2．遮光

（1）遮光的目的：一是减弱保护地内的光照强度；二是降低保护地内的温度。

北方的蔬菜设施生产中遮光应用很少，最多在月份育苗时需要遮光，目的是降低光照强度和温度。北方设施中花卉栽培和生产中应用遮光设施的较多，特别是喜阴的花卉。南方，遮光时间较多。

遮光除了具有减少光照强度、降低温度的作用外，还可以用来调节花期，在蔬菜上用于生产韭黄、蒜黄等软化栽培的蔬菜。

（2）遮光的方法：目前使用最多的是遮阳网，有黑色、灰色、白色的。遮阳网的密度不同，遮光率也不同，有 30%、60%、80%、90% 等不同规格。

灰色遮阳网除遮阳外还具有除蚜的作用。遮阴的土办法有把覆盖物涂白，在覆盖物上撒草，可以放帘子遮阴。在食用菌的栽培中大多是盖草帘子。

第二节　温度特点及其调控

一、园艺作物对温度的要求

温度的规律和在栽培上的温度管理已经早被人类掌握了，而且也是在管理中最被重视的。

园艺作物生长对温度的基本要求，有三个基本点，即在自然条件下：

生长最低温度：10℃左右；

生长最适温度：20 ～ 28℃；

生长最高温度：35℃左右，在设施中温度最高能达到 50 ～ 60℃。

（一）作物温度要求分类

在自然条件下，按照作物对温度要求的不同，将作物分为：耐寒性、半耐寒性、喜温性三种；也可以细分为耐寒性、半耐寒性、喜温性、耐热性、抗热性五种。

1. 耐寒性园艺作物：生长适宜温度是 10 ～ 15℃，可以短时间忍耐 -5 至 -8℃低温，最高温度不超过 25℃，短时间超过 30℃还可以生长，不同作物对逆境的适应能力不同。

花卉：三色堇、金鱼草、蜀葵；

蔬菜：菠菜、韭菜、甘蓝、大葱；

果树：葡萄、李子、杏、桃、黄太平。

在日光温室内可进行耐寒类蔬菜的周年生产，像北京以南的比较暖和的省市，可以在小棚、阳畦内越冬生产耐寒类蔬菜。

2. 半耐寒性蔬菜：这类蔬菜生长的适宜温度是 18 ～ 25℃，短时间能耐 -1 至 -2℃的低温。

花卉：金盏菊、紫罗兰；

蔬菜：萝卜、白菜、豌豆、莴苣、蚕豆；

果树：没有明显的分界。

3. 喜温性（包括耐热植物）：生长最适温度是 25 ～ 35℃，当温度低于 10℃的时候，生长就会受到影响，当温度降到 0℃的时候生长停止，换句话说就是不耐 0℃低温。

花卉：瓜叶菊、茶花、报春花；

蔬菜：瓜类——丝瓜、甜瓜、黄瓜；豆类——刀豆、豇豆；茄果类——西红柿；

果树有：香蕉、荔枝、龙眼等热带果树。

（二）温度对作物的影响

1. 温度对植物吸收能力的影响

温度过低主要指地温，会影响植物根系的吸收能力。地温太低，土壤中溶液的流动性差，植物根系的活动能力减弱，从而使根系的根毛区吸水吸肥能力降低。

例子：黄瓜在低于15℃的时候，其根毛死亡，不能吸水吸肥；一定长时间内低温，黄瓜的顶芽被花芽取代，花芽大多数是雌花，即“花打顶”现象。新兴的生物信息学研究，“花打顶”现象是植物把低温信号传导至顶芽做出的反应。

2．温度影响作物的光合作用

光合过程中的暗反应是由酶所催化的化学反应，而温度直接影响酶的活性，因此，温度对光合作用的影响也很大。除了少数的例子以外，一般植物可在10～35℃下正常地进行光合作用，其中以25～30℃最适宜，35℃以上时光合作用就开始下降，40～50℃时即完全停止。在低温中，酶促反应下降，故限制了光合作用的进行。光合作用在高温时降低的原因，一方面是高温破坏叶绿体和细胞质的结构，并使叶绿体的酶钝化；另一方面是在高温时，呼吸速率大于光合速率，因此，虽然光合速率增大，但因呼吸速率的牵制，表观光合速率便降低。

在强光、高CO_2浓度下，温度对光合速率的影响比在低CO_2浓度下的影响更大，因为高CO_2浓度有利于暗反应的进行。

昼夜温差对光合净同化率有很大的影响。白天温度较高，日光充足，有利于光合作用进行；夜间温度较低，可降低呼吸消耗。因此，在一定温度范围内，昼夜温差大，有利于光合产物积累。

3．低温影响呼吸作用

温度通过影响呼吸酶的活性从而影响呼吸作用的强度。在一定温度范围内，呼吸作用强度随温度的上升而增加，超过一定限度，呼吸作用强度下降，甚至呼吸作用停止。

4．温度对植物蒸发作用的影响

在高温和高光强的条件下，植物的蒸腾作用强烈，蒸腾拉力是植物吸水的动力，温度降低的过程中植物不但吸水作用受阻而且吸肥能力也受到影响，也就是说温度通过影响蒸腾作用影响到根系的吸水吸肥的能力。

5．温度对花芽分化的影响

许多越冬性植物和多年生木本植物，冬季低温是必需的，满足必需的低温才能完成花芽分化和开花。这在果树设施栽培中很重要，在以提早成熟为目的时，如何打破休眠，是果树设施栽培的首要问题，这就需要掌握不同果树解除休眠的低温需求量。

二、设施内的温度特点

1．热量的来源

设室内的热量主要来源于光、加温、生物活动。光产生的热量——温室效应，光能转换为热能。生物活动是微生物发酵产生的热量。

2. 温差

定义——由于光照的不均衡性造成温度在一天内、一年内的变化趋势。一般常指昼夜温差。

温差在一定的变化范围内，对植物的生长有积极的作用。西瓜、甜瓜在一定的温差范围内生长，物质积累好，瓜甜。番茄有一定温差范围可以很好地生长，没有温差不利于生长，比如南方的番茄果实品质差、果实长不大。但温差也不能过大，温度变化剧烈会引起作物生长受阻。

变温管理：对于蔬菜作物，变温控制是目前较理想的管理措施。一天中通过变温控制，白天使作物进行旺盛的光合作用，日落后又促使光合产物转移，并尽量减少呼吸消耗，以增加产量。晴天，白天日出后应维持光合作用适宜温度，经过数小时，当温度超过界限温度时，又应及时通风换气，防止高温障碍。傍晚后，室内温度急剧下降，前半夜的数小时应保持较高温度，促进光合产物的转移，后半夜降至较低温度时应抑制呼吸消耗。这样可大大提高蔬菜的产量。

3. 设施内热的收支状况

（1）收：主要来源于太阳能。

（2）支：

①贯流放热（设施内热量最大的流失）：通过后坡、后墙等所有设施材料等传导放热。传导放热的量与材料的质地、设施内外的温差梯度成正比关系。

②缝隙放热：通风换气的过程中散失热量，以及门、窗以及设施密封不严的热量损失。

③地中传热：通过土壤向外辐射热量。

以上是温室大棚主要散热途径，3 种传热量分别占总散热量的 70% ～ 80%，10% ～ 20% 和 10% 以下。

④潜热：指水、气发生蒸发和凝结的过程中热量的吸收和释放。水蒸发成气体时放热，相反气体凝结成水时要吸收热量。

各种散热作用的结果，使单层不加温温室和塑料大棚的保温能力变小。即使气密性很高的设施，其夜间气温最多也只比外界气温高 2 ～ 3℃。在有风的晴夜，有时还会出现室内气温反而低于外界气温的逆温现象。

4. 温度的分布（与光照有类似的地方）

设施内温度分布的不均匀性。一般情况下，白天上面高、下面低，而夜间则相反，上面低、下面高。日光温室内的光照、温度分布不均匀，南北走向温室温度分布差异更大。

另外，设施中栽培上架的作物，架子的高度应该确定成多高呢？这要根据作物在什么温度范围内生长最好，温室内多高的位置在这个温度范围中，那么架子就确定在这个高度上。温室的高度设计中就有这个问题，温室空间的高度对温度的形成有一定影响，而这个温度是在作物适宜生长的范围之内。

三、设施内温度调控措施

1. 保温措施

设施建设的材料确定之后，我们要从减少贯流放热、通风散热上想办法保温。

（1）保温原理

①减少向设施内表面的对流传热和辐射传热；

②减少覆盖材料自身的热传导散热；

③减少设施外表面向大气的对流传热和辐射传热；

④减少覆盖面的漏风而引起的换气传热。具体方法就是增加保温覆盖的层数，采用隔热性能好的保温覆盖材料，以提高设施的气密性。

（2）具体的保温措施

①从墙体厚度、后坡的隔热层上着手改善。

②膜与外保温覆盖物：除膜的质量之外还有减少膜的污染和结水珠的问题；保温覆盖物有帘子的质量、帘子的通风状况等。

③密封技术。

④在温室内进行内部覆盖，多层覆盖：采用大棚内套小棚、小棚外套中棚、大棚两侧加草苫，以及固定式双层大棚、大棚内加活动式的保温幕等多层覆盖方法，都有较明显的保温效果。具体方法有：

二层幕：又叫保温幕，保温幕的材料大多是无纺布等。

二层覆盖：对于不搭架的作物，如辣椒、茄子、绿叶菜类等可以在寒流之前搭小拱棚，番茄和黄瓜等上架作物可在搭架之前进行二次覆盖。

小拱棚上再覆盖保温被、废弃的毯子等：这种方法比设施外覆盖的好处是可以放风，而且操作方便，弊端就是只能适用于低矮的作物。

⑤增大保温比

适当减低农业设施的高度，缩小夜间保护设施的散热面积，有利于提高设施内昼夜的气温和地温。加温耗能是温室冬季运行的主要障碍。提高温室的保温性能，降低能耗，是提高温室生产效益的最直接手段。温室的保温比是衡量温室保温性能的一项基本指标。

保温比的概念：温室保温比是指热阻较大的温室围护结构覆盖面积同地面积之和与热阻较小的温室透光材料覆盖面积的比。保温比越大，说明温室的保温性能越好。

⑥增大地表热流量

第一，增大保护设施的透光率，使用透光率高的玻璃或薄膜，正确选择保护设施方位和屋面坡度，尽量减少建材的阴影，经常保持覆盖材料的干洁。

第二，减少土壤蒸发和作物蒸腾量，增加白天土壤贮存的热量，土壤表面不宜过湿，进行地面覆盖也是有效措施。

第三，设置防寒沟，防止地中热量横向流出。在设施周围挖一条宽 30cm，深与当地冻土层相当的沟，沟中填入稻壳、蒿草等保温材料。对于钢拱架温室，防寒沟的设置使拱脚不稳定而产生位移，因此一般不挖防寒沟。

2．加温措施

发展方向是：尽量避免用能源加热，如煤炭、原油等价格较高的能源，以自然加热为主要发展方向。目前在黑龙江省已经建起太阳能日光温室。加热方式以能源的类型不同划分为以下三种。

（1）太阳能加热：利用太阳能将水加热，再通过分布于温室的循环管把热量传送至土壤。

把温室的后墙涂黑，也能够吸收太阳能，并将其转化为热量。

（2）酿热增温：利用温床的原理产生热量。

在畦子内挖深沟，底部填埋酿热物 30 ～ 50cm，上面覆草，再填土，种植，覆地膜，采用膜下暗灌。酿热物上填土的厚度依据作物的生长发育阶段和作物的种类而定，苗期有 10 ～ 15cm 的土层即可，苗期的根系大多在 10cm 以内生长，如果酿热物是缓效性的，那么在作物中后期生长过程中 10cm 的土层就有些薄，应加厚土层。如油菜、菠菜、香菜、芹菜、韭菜的根系较浅，土层厚度满足根系生长即可，总之酿热物的热量以不要伤害到作物根系的生长为准则。

（3）利用能源加热

目前，多数用水暖加热，但是煤的利用率低，只有 60% ～ 70%，水暖加热慢，不能迅速达到要求的温度，还有就是较高。以前还有一些土办法，利用火墙、火炉加热，这种设备的加热效率更低，只有 30% ～ 40%。

现在国外常用的加热设备是热风炉，国内也有热风炉。国内的热风炉以煤为燃料，通过热风在螺旋延长的管道中循环达到加热的目的，加热产生的热量与炉子的大小相关，这种设备只能防治冻害的发生，用于加温生产不理想。国外的热风炉燃料以天然气、白煤油为主，加热系统用计算机控制，在温室内直接燃烧，特性是热量散失快，燃放产生的 CO_2 能增加温室 CO_2 的含量，达到 CO_2 施肥的作用。唯一的不足是造价高。

3．降温措施

（1）放风：北方地区最简单、有效的降温措施方法是放风。在春夏季温度

较高的时候，北方地区设施内的温度高于大气温度。

（2）遮光：目的是减少太阳光带来的热量，达到降温的目的。

（3）喷水喷雾：造价高的温室措施有喷淋系统，即用水降温。利用水蒸发吸收热量的原理降温，还有水膜既可以吸热又能反光。

（4）强制通风降温：最大的弊端是消耗能量，成本高。

这种通风散热装置的优点：一使进入温室的空气既湿又凉；二避免病菌和昆虫进入，达到防病的目的。在日光温室放风的时候，与防虫网同用防病效果更好。电价低的地区使用成本低且效果好。

第三节　湿度条件及其调控

通常指空气湿度（包括水分），水分是植物生长发育必不可少的重要条件。但是目前人口众多，水资源缺乏，必须从保证植物有足够水分用来生长的角度出发，控制设施内空气、土壤湿度。

一、湿度对园艺作物生长发育的影响

1. 水是矿物质及植物所需肥料的溶剂，这些物质只有溶于水中才能被植物吸收利用。水也是植物体内发生各种生化反应的介质，水参与各种生化反应，如光合作用、呼吸作用等重要途径中水既是反应物又是介质。用老农民的话说：水是根的腿，根是苗的嘴。水能促进肥的吸收（矿物质、有机物质在水中被水解成离子后才能被吸收），将肥运输到根的周围。

2. 园艺产品的器官，大多数柔嫩多汁、含水量高。水分的多少直接影响产品的品质和价值，水是园艺产品质量的基本保证。花卉在缺水的时候花期变短，花的颜色也改变。

3. 水分直接影响土壤的物理特性，从而影响根系的吸收，进一步影响植物地上部分的生长发育。

水分多、土壤中缺乏 O_2，而使根系呼吸作用受到抑制，呼吸作用先上升后下降直到死亡。

在生产中如果缺水会出现以下情况：

①苗子徒长、叶片黄化、白花、茎断裂、叶片萎蔫、叶片失水，这都是由于过度失水引起的变化。

②黄瓜“花打顶”现象，这是由于缺水引起瓜类作物体内苦味素分泌增加，

导致生长点被花芽取代。

4. 园艺作物对水分的需求

（1）按照作物对水分的要求不同分成三类

①耐旱植物：特征——耐旱植物有两大特征，一是根系发达、吸水力强；二是叶片蒸发少，消耗水分少。

代表植物：

果树：杏树、石榴、无花果、葡萄和枣等；

蔬菜：南瓜、西瓜、甜瓜、葱蒜类、石刁柏：

花卉：仙人掌科、景天科植物。

举例说明：葱蒜类无根毛、须根系，蒸发面积小，叶表面有白蜡粉；西瓜、南瓜、甜瓜叶片掌状，表面有白粉状物质以阻止水分蒸发；阿拉善盟地区的植物叶片已经退化成针状，叶色为灰白色，把叶子切开，内部是绿色的、水分含量多于表层；果树的根系发达，扎根较深，叶片表皮蜡质或粉质，如杏、桃、李子、无花果。

仙人掌科植物的叶片已经退化成针状，为了减少蒸发以适应沙漠的环境；景天科植物叶片表层分泌有蜡质、粉质物以减少蒸发；相反韭菜原产于西伯利亚，这里是海湾地带，风大，其特性是适应环境的结果，根毛退化成须根系，叶片柔嫩。

②湿生植物：特征——根系吸水能力减弱，叶片薄而大，水分蒸发消耗量大，多原产于热带、沼泽地带。

代表植物：

蔬菜：芋、莲藕、菱、芡实、莼菜、慈姑、茭白、水芹、蒲菜、豆瓣菜和水蕹菜等；

花卉：荷花、睡莲、凤梨科、菊科、兰科。

这类植物在生产管理中一定要予以高湿度的管理。

③中生植物：特征——不耐旱、不耐涝，大多数园艺作物都属于中生植物，一般旱地栽培要求经常保持土壤湿润。

代表植物：

果树：苹果、梨、樱桃、柿子、柑橘；

蔬菜：根菜类、茄果类、瓜类、豆类、叶菜类；

大多数花卉。

（2）作物对空气湿度的要求

设施内的空气湿度是由土壤水分的蒸发和植物体内水分的蒸腾，而且在设施密闭情况下形成的。表示空气潮湿程度的物理量，称为湿度。通常用绝对湿度和

相对湿度来表示。设施内作物由于生长势强，代谢旺盛，作物叶面积指数高，通过蒸腾释放出大量水蒸气，在密闭情况下水蒸气很快达到饱和，空气相对湿度比露地栽培要高得多。高湿，是农业设施湿度环境的突出特点，特别是设施内夜间随着气温的下降相对湿度逐渐增大，往往能达到饱和状态。

蔬菜是我国设施栽培面积最大的作物，多数蔬菜光合作用适宜的空气相对湿度为60%～85%，低于40%或高于90%时，光合作用会受到阻碍，从而使生长发育受到影响。不同蔬菜种类和品种以及不同生育时期对湿度要求不尽相同。

二、空气湿度及调控

1．设施内空气湿度的形成及特点

空气湿度（自然界）在大田、露地受自然环境的调控。设施内由于覆盖，空气与外界的交流被阻止，设施内空气湿度形成的主要来源是：

（1）地面蒸发，这部分占的比例最大。由于设施内外温差大，使设施内的水分由气态变为液态，水滴落在地面上，再被蒸发；

（2）植物本身的叶片蒸发的水分；

（3）地表灌水时表面蒸发的水分。

湿度变化的规律（相对湿度）：日变化随气温的变化而变化，温度升高湿度降低。中午温度最高，湿度最低；夜间和早晨温度最低，湿度较高。夏季湿度容易调节；冬季由于覆盖，遮阴使湿度在一天内的变化不大，又不能防风所以湿度不容易调节。

湿度大对作物生长的影响：水气在叶片表面上形成水珠，结露，这种情况容易引起病害。

2．湿度的调控

（1）降低湿度（除湿）

①除湿的目的：

a. 降低湿度，减少病害；

b. 湿度过大，叶片蒸腾作用受到阻碍，进一步影响植物水分的运输（蒸腾拉力是植物水分运输的主要动力）。

②降低湿度的方法：

a. 最简单的方法就是放风，但是放风必须是在适宜的季节，冬季、阴雨天都不适合放风；

b. 强制除湿，通过循环系统抽气一干燥一排放的步骤，这种办法消耗能源大，不适于大面积生产。还有北方高寒地区，可以通过升高设施内的温度达到降低湿度的目的。

c. 科学灌溉：地面覆盖地膜可阻止土壤中水分的蒸发，同时配套使用膜下暗灌的灌水方式，如滴灌、渗灌。覆盖地膜特别适用于冬季温室生产，这种方法既能有效地反射太阳光，又能增加地温、除草、保水（保水的同时也降低了设施内的湿度），是一种有效提高产量的栽培措施。

（2）增加湿度（加湿）

空气太干燥也不利于植物生长，特别是对原产于热带、沼泽、阴暗地带的植物，如花卉中的观叶植物不适应干燥的气候。加湿的方法有喷雾加湿，可以使用喷淋设备或喷灌，一般大型的连栋温室都有喷雾装置；也可以人工喷雾。

三、土壤湿度的调控

主要是通过灌水、锄地来调控。

设施内环境是处于一种半封闭状态的系统，空间较小，气流稳定，隔断了天然降水对土壤水分的补充，因此，设施内土壤表层水分欠缺时，只能由土壤深层通过毛细管上升水予以补充，或采取灌溉技术措施予以解决。

（一）设施内不同植物对土壤湿度的要求

园艺作物需水量较多，对水分敏感，但园艺作物的需水要求各不相同，主要取决于其地下部分对土壤水分的吸收能力和地上部分水分的消耗量。

1. 蔬菜对设施内土壤湿度的要求

在蔬菜的生长发育过程中，任何时期缺水都将影响其正常生长。蔬菜在发育过程中缺水时，植株萎蔫，气孔关闭，同化作用停止，木质部发达，组织粗糙，纤维增多，苦味增加，若严重缺水，则会使细胞死亡，植株枯死。但是，若连续一段时间土壤水分过多，土壤湿度过大，超过了蔬菜生育期的耐渍和耐淹能力，也会造成蔬菜产量下降，减少蔬菜中的营养含量，香味不浓，品质降低，收获后产品容易腐烂，不耐贮藏，甚至植株死亡。

蔬菜各生育时期对土壤水分的要求：

（1）幼苗期。蔬菜苗期组织柔嫩，对土壤水分要求比较严格，过多过少都会影响苗期正常生长。

（2）开花结果期。一般果菜类从定植到开花结果，土壤含水量要稍微低些，避免茎叶徒长。但在开花或采收期，如果水分不足，子房发育受到抑制，又会引起落花或畸形果。

土壤水分多少直接关系到植物的营养条件，对开花结实有间接的影响。不管是黄瓜、番茄、茄子，以及叶菜类，在进入结果期和采收期后，均需要较高的土壤水分。

2. 花卉对土壤湿度的要求

湿生花卉：叶大而薄，柔嫩且多汁，角质层不厚，蜡质层不明显，根系分布浅且分枝少，需要在十分潮湿的环境中生长。

较耐旱的中性花卉：要求在土壤比较湿润而又有良好的排水条件下生长，过干和过湿的环境对其生长都不利。一般保持 60% 的土壤含水量。

旱生花卉：耐旱怕涝，所以对土壤湿度要求特别低，宁干勿湿。

（二）设施土壤湿度的调控

1. 浇水时间

按照作物需水时期和需水量明确灌水时间。作物的不同生长阶段，对水分的需求不同，营养生长期一定要按照生理指标合理浇水，分苗之后什么时候浇，炼苗时怎么浇，定植后什么时候浇，都有各自的生理指标。比如开花期要控制水量，结果期大量浇水。

但是浇水还要根据作物生长状况、季节、土壤墒情决定浇水与否，不能照搬书本。在夏季高温、干旱的时候多浇水。原则是通过土壤调节根系对水分的吸收。

2. 灌水量

根据作物生长状况、季节、土壤墒情决定浇水量。

3. 灌水方式

（1）滴灌：由地下灌溉发展而来，是利用一套塑料管道系统将水直接输送到每棵植物的根部，水由每个滴头直接滴在根部上的地表，然后渗入土壤并浸润作物根系最发达的区域。其突出优点是非常省水，自动化程度高，可以使土壤湿度始终保持在最优状态。但需要大量塑料管，投资较高，滴头极易堵塞。把滴灌毛管布置在地膜的下面，可基本上避免地面无效蒸发，称之为膜下滴灌。

（2）喷灌：是利用专门设备将有压力的水输送到灌溉地段，并喷射到空中分散成细小的水滴，像天然降雨一样进行灌溉。其突出优点是对地形的适应性强，机械化程度高，灌水均匀，灌溉水利用系数高，尤其适合于透水性强的土壤，并可调节空气湿度和温度。但基建投资较高，而且受风的影响大。

（3）渗灌：是利用修筑在地下的专门设施（地下管道系统）将灌溉水引入田间耕作层借毛细管作用自上而下湿润土壤，所以又称地下灌溉。近年来也有在地表下埋设塑料管，由专门的渗头向植物根区渗水。其优点是灌水质量好，蒸发损失少，少占耕地便于机耕，但地表湿润差，地下管道造价高，容易淤塞，检修困难。

第四节　气体条件及其调控

一、气体条件对园艺作物生长的影响

1．CO_2 是光合作用的原料，能够直接作用于生产。作物的 CO_2 补偿点 40 ～ 70mg/L（ppm），CO_2 饱和点是 1000 ～ 1600mg/L（Ppm）。一般条件下 C02 浓度与温度、光照协调的情况下有利于植物生长。

2．O_2：有句俗语——温室是个大氧吧。植物最需要 O_2 的部位是根系，可以通过锄地改善土壤通气状况增加土壤中的 O_2 含量，不能使土壤中的水分含量过高，水分高 O_2 含量就会下降。

另外，种子发芽除需要温度和水之外，还必须有充足的 O_2。氧气缺乏造成发芽不整齐，甚至不发芽。

3．有毒气体：肥料中分解释放的 NH_3、CO、SO_2，或者塑料膜中受热释放的 $C1_2$，（聚氯乙烯）、C_2C1_4 等。

（1）氨气产生：主要是施用未经腐熟的人粪尿、畜禽粪、饼肥等有机肥（特别是未经发酵的鸡粪），遇高温时分解产生。追施化肥不当也能引起氨气危害，如在设施内应该禁用碳铵、氨水等。

危害：氨气是设施内肥料分解的产物，其危害主要是由气孔进入体内而产生的碱性损害。

氨气呈阳离子状态（H_4^+）时被土壤吸附，可被作物根系吸收利用，但当它以气体从叶片气孔进入植物时，就会发生危害。当设施内空气中氨气浓度达到 0.005‰（5ml/m^3）时，就会不同程度地危害作物。

危害症状：叶片呈水浸状，颜色变淡，逐步变白或褐，继而枯死。一般发生在施肥后几天。番茄、黄瓜对氨气反应敏感。

（2）二氧化氮

产生：二氧化氮是施用过量的铵态氮而引起的。施入土壤中的铵态氮，在亚硝化细菌和硝化细菌作用下，要经历一个铵态氮→亚硝态氮→硝态氮的过程。在土壤酸化条件下，亚硝化细菌活动受抑，亚硝态氮不能转化为硝态氮，亚硝态酸积累而散发出二氧化氮。施入铵态氮越多，散发二氧化氮越多。当空气中二氧化氮浓度达 0.002‰（2ml/m^3）时可危害植株。

危害症状：叶面上出现白斑，以后褪绿，浓度高时叶片叶脉也变白枯死。番

茄、黄瓜、莴苣等对二氧化氮敏感。

（3）二氧化硫

二氧化硫又称亚硫酸气体，是由燃烧含硫量高的煤炭或施用大量的肥料而产生的，未经腐熟的粪便及饼肥等在分解过程中，也释放出多量的二氧化硫。二氧化硫对作物的危害主要是由于二氧化硫遇水（或湿度高）时产生亚硫酸，亚硫酸是弱酸，能直接破坏作物的叶绿体，轻者组织失绿白化，重者组织灼伤，脱水，萎蔫枯死。

（4）乙烯和氯气

大棚内乙烯和氯气的来源主要是使用有毒的农用塑料薄膜或塑料管。因为这些塑料制品选用的增塑剂、稳定剂不当，在阳光暴晒或高温下可挥发出乙烯、氯气等有毒气体，危害作物生长。受害作物叶绿体解体变黄，重者叶缘或叶脉间变白枯死。

二、气体条件的调控

（一）CO_2

气体中最重要的是 CO_2，是光合作用的重要底物，直接关系到作物的产量

1. CO_2 来源

（1）最主要的来源是有机肥分解释放 CO_2 和热量。

（2）放风时外界的 CO_2 进入大棚，放风的同时也是补充 CO_2。

（3）作物本身呼吸作用释放的 CO_2。

（4）人工施用 CO_2

目前国内常用的 CO_2，施用办法是：

①化学反应法

利用碳酸盐与酸反应产生二氧化碳的方法，这个方法的好处是产生的盐如 $(NH_4)_2SO_4$ 依然可以作为氮肥使用，把它随水浇到地里，能够起到施肥的作用。

②燃烧法

不足：燃烧不充分会产生 CO、SO_2 等有害气体。

克服：加一个过滤装置，容器内放有小苏打、$NaHCO_3$ 溶液，燃烧后生成的气体通过过滤装置被释放到大棚中。

曾经用过的办法：把焦炭烧红，直接放在设施中，燃烧释放 CO_2。

国外采用的方法：天然气、白煤油燃烧加热释放 CO_2。这些燃料杂质少，可以直接利用，目前大型连栋温室多采用这种办法。

③生物法

设施中利用其他生物释放 CO_2，比如黄瓜架下种植蘑菇，因为蘑菇生长不需要光，要求阴暗的条件，这样黄瓜和蘑菇可以相互依托，黄瓜为蘑菇遮阴、蘑菇为黄瓜提供 CO_2 也可以利用养殖的方法，就是在大棚中的一部分养羊、牛，但是不能养猪、鸡，因为猪和鸡释放的 NH 对作物造成毒害作用，而牛和羊不仅不释放 NH 而且还能把自身的热量提供给温室，其厩肥发酵过程释放的 CO_2 和呼吸作用产生的 CO_2 可以被作物利用。

④直接法

用气罐直接释放 CO_2 到设施中，施放的量按照气压下降的数值计算。

2. CO_2 调控——主要是以增加 CO_2 的浓度为主

（1）最直接最有效的办法是增施有机肥。在设施中必须以增加有机肥作为改善土壤、增加 CO_2、避免连作土壤肥力缺乏的最有效的办法。

（2）合理放风：不能单纯考虑单一的因素，只为改善一种条件而放风，如为了降低湿度在晚上放风或放底风，会使 CO_2 浓度大大降低，不利于光合作用，影响光合作用必然会影响产量。

（3）人工施用 CO_2

① 施用浓度。浓度应该控制在 800 ～ 1000ppm，饱和度在 1000 ～ 1600ppm。通过计算设施的容积和 CO_2 浓度来确定 CO_2 的用量，从而确定反应物的量。

②施用时间。太阳初升后的 2 小时，CO_2 很快降到 360ppm 以下，此时 CO_2 浓度降低很快，在这时使用 CO_2 是最好的时机。温度高、已经缺乏 CO_2 的时候用的效果不是很明显。因为气孔已经关闭（高温缺少 CO_2 必然引起的植物生理现象），施用 CO_2 没有作用。

此外，还可以在下午 4 点的时候施用 CO_2。因为太阳初升 4 小时后，由于管理合理光合产物积累过剩，即使再增施 CO_2 也没用，在光合产物被转运后气孔没用关闭之前再施用 CO_2，充分发挥植物的光合能力，可提高产量。

③其他条件。在施用 CO_2 的同时，温度管理要比平时增加 7℃左右，湿度也相应增高，土壤水分充足，苗子的根系必须健壮，肥料充足，除 N、P、K 之外还要补充微肥。

根系——根系强壮才能有很强的吸水能力，植物不会因为高温、干旱发生萎蔫。温度高蒸腾作用强烈、蒸发失水多，水作为底物被消耗，因此根系必须提供大量的水。水分降低会使物质浓度增大，叶子发生萎蔫，气孔关闭，光合作用停止。另外，植株健壮、运输系统发达、叶绿体结构完善、各部位功能协调也是光合作用顺利进行的保证。

N、P、K——光合作用越旺盛、对各种酶和相关物质的需求越大，而这几种元素是大多数酶的调节因子，或结构物质不能缺少。

（二）预防有害气体

有毒气体：主要是NH_3，不要多施猪粪、鸡粪，使用氨肥时要注意用量。用燃烧的办法补充时，要注意的CO、SO_2中毒。

1．合理施肥。大棚内避免使用未充分腐熟的厩肥、粪肥，要施用完全腐熟的有机肥。不施用挥发性强的碳酸氢铵、氨水等，少施或不施尿素、硫酸铵，可使用硝酸铵。施肥要做到以基肥为主，追肥为辅。追肥要按“少施勤施”的原则。要穴施、深施，不能撒施，施肥后要覆土、浇水，并进行通风换气。

2．通风换气。每天应根据天气情况，及时通风换气，排除有害气体。

3．选用优质农膜。选用厂家信誉好、质量优的农膜、地膜进行设施栽培。

4．加温炉体和烟道要设计合理，保密性好。应选用含硫量低的优质燃料进行加温。

5．加强田间管理。经常检查田间，发现植株出现中毒症状时，应立即找出病因，并采取针对性措施，同时加强中耕、施肥工作，促进受害植株恢复生长。

第五节　土壤环境及其调控

土壤是作物赖以生存的基础，作物生长发育所需要的养分和水分，都需从土壤中获得，所以农业设施内的土壤营养状况直接关系到作物的产量和品质，是十分重要的环境条件。

一、农业设施土壤环境特点及对作物生育的影响

农业设施如温室和塑料拱棚内温度高，空气湿度大，气体流动性差，光照较弱，而作物种植茬次多，生长期长，故施肥量大，根系残留量也较多，因而使得土壤环境与露地土壤很不相同，影响设施作物的生育。

1．土壤盐渍化

土壤盐渍化是指土壤中由于盐类的聚集而引起土壤溶液浓度的提高，这些盐类随土壤蒸发而上升到土壤表面，从而聚集在土壤表面。土壤盐渍化是设施栽培中的一种十分普遍现象，其危害极大，不仅会直接影响作物根系的生长，而且通过影响水分、矿质元素的吸收，干扰植物体内正常生理代谢而间接地影响作物生

长发育。

土壤盐渍化现象发生主要有两个原因：

第一，设施内温度较高，土壤蒸发量大，盐分随水分的蒸发而上升到土壤表面；同时，由于大棚长期覆盖薄膜，灌水量又少，加上土壤没有受到雨水的直接冲淋，于是，这些上升到土壤表面（或耕作层内）的盐分也就难以流失。

第二，大棚内作物的生长发育速度较快，为了满足作物生长发育对营养的要求，需要大量施肥，但由于土壤类型、土壤质地、土壤肥力以及作物生长发育对营养元素吸收的多样性、复杂性，很难掌握其适宜的肥料种类和数量，所以常常出现过量施肥的情况，没有被吸收利用的肥料残留在土壤中，时间一长就大量累积。

土壤盐渍化随着设施利用时间的延长而提高。肥料的成分对土壤中盐分的浓度影响较大。氯化钾、硝酸钾、硫酸铵等肥料易溶解于水，且不易被土壤吸附，从而使土壤溶液的浓度提高；过磷酸钙等不溶于水，但容易被土壤吸附，故对土壤溶液浓度影响不大。

2．土壤酸化

由于化学肥料的大量施用，特别是氮肥的大量施用，使得土壤酸度增加。因为，氮肥在土壤中分解后产生硝酸留在土壤中，在缺乏淋洗条件的情况下，这些硝酸积累导致土壤酸化，降低土壤的 pH。

由于任何一种作物，其生长发育对土壤 pH 都有一定的要求，土壤 pH 的降低势必影响作物的生长；同时，土壤酸度的提高，还能制约根系对某些矿质元素（如磷、钙、镁等）的吸收，有利于某些病害（如青枯病）的发生，从而对作物产生间接危害。

3．连作障碍

设施中连作障碍主要包括以下几个方面：

第一，病虫害严重。设施连作后，由于其土壤理化性质的变化以及设施温湿度的特点，一些有益微生物（如铵化菌、硝化菌等）的生长受到抑制，而一些有害微生物则迅速繁殖，土壤微生物的自然平衡遭到破坏，这样不仅导致肥料分解过程出现障碍，而且病害加剧；同时，一些害虫基本无越冬现象，周年危害作物。

第二，根系生长过程时分泌的有毒物质得到积累，进而影响作物的正常生长。

第三，由于作物对土壤养分吸收的选择性，土壤中矿质元素的平衡状态遭到破坏，容易出现缺素症状，影响产量和品质。

二、农业设施土壤环境的调节与控制

1. 科学施肥

科学施肥是解决设施土壤盐渍化等问题的有效措施之一。

科学施肥的要点有：第一，增施有机肥，提高土壤有机质的含量和保水保肥性能；第二，有机肥和化肥混合施用，氮、磷、钾合理配合；第三，选用尿素、硝酸铵、磷铵、高效复合肥和颗粒状肥料，避免施用含硫、含氯的肥料；第四，基肥和追肥相结合；第五，适当补充微量元素。

2. 实行必要的休耕

对于土壤盐渍化严重的设施，应当安排适当时间进行休耕，以改善土壤的理化性质。在冬闲时节深翻土壤，使其风化；夏闲时节则深翻晒白土壤。

3. 灌水洗盐

一年中选择适宜的时间（最好是多雨季节），解除大棚顶膜，使土壤接受雨水的淋洗，将土壤表面或表土层内的盐分冲洗掉。必要时，可在设施内灌水洗盐。这种方法对于安装有洗盐管道的连栋大棚来说更为有效。

4. 更换土壤

对土壤盐渍化严重，或土壤传染病害严重的，可采用更换客土的方法。当然，这种方法需要花费大量劳力，一般是在不得已的情况下使用。

5. 严格轮作

轮作是指按一定的生产计划，将土地划分成若干个区，在同一区的菜地上，按一定的年限轮换种植几种性质不同的作物的制度，常称为“换茬”或“倒茬”。

轮作是一种科学的栽培制度，能够合理地利用土壤肥力，防治病、虫、杂草危害，改善土壤理化性质，使作物生长在良好的土壤环境中。可以将有同种严重病虫害的作物进行轮作，如马铃薯、黄瓜、生姜等需间隔 2 ~ 3 年，茄果类 3 ~ 4 年，西瓜、甜瓜 5 ~ 6 年，长江流域推广的粮菜轮作、水旱轮作可有效控制病害（如青枯病、枯萎病）的发生；还可将深根性与浅根性及对养分要求差别较大的作物实行轮作，如消耗氮肥较多的叶菜类可与消耗磷钾肥较多的根、茎菜类轮作，根菜类、茄果类、豆类、瓜类（除黄瓜）等深根性蔬菜与叶菜类、葱蒜类等浅根性蔬菜轮作。

6. 土壤消毒

（1）药剂消毒：根据药剂的性质，有的灌入土壤，有的洒在土壤表面。使用时应注意药品的特性，下面以几种常用药剂为例说明。

①甲醛（40%）：40% 的甲醛也称福尔马林，广泛用于温室和苗床土壤及基

质的消毒，使用的浓度为 50 ～ 100 倍稀释液。使用时先将温室或苗床内土壤翻松，然后用喷雾器均匀喷洒在地面上再稍翻一下，使耕作层土壤都能沾着药液，并用塑料薄膜覆盖地面保持 2 天，使甲醛充分发挥杀菌作用，以后揭膜，打开门窗，使甲醛散发出去，两周后才能使用。

②氯化苦：主要用于防治土壤中的线虫，将床土堆成高 30cm 的长条，宽由覆盖薄膜的幅度而定，每 $30cm^2$ 注入药剂 3 ～ 5ml 至地面下 10cm 处，之后用薄膜覆盖 7 天（夏）到 10 天（冬），以后将薄膜打开放风 10 天（夏）到 30 天（冬），待没有刺激性气味后再使用。该药剂对人体有毒，使用时要开窗，使用后密闭门窗保持室内高温，能提高药效，缩短消毒时间。

③硫黄粉：用于温室及床土消毒，消灭白粉病菌、红蜘蛛等，一般在播种前或定植前 2 ～ 3 天进行熏蒸，熏蒸时要关闭门窗，熏蒸一昼夜即可。

（2）蒸汽消毒：蒸汽消毒是土壤热处理消毒中最有效的方法，大多数土壤病原菌用 60℃蒸汽消毒 30 分钟即可杀死，但对 TMV（烟草花叶病毒）等病毒，需要 90℃蒸汽消毒 10 分钟。多数杂草的种子，需要 80℃左右的蒸汽消毒 10 分钟才能杀死。

第四章

现代设施园艺技术的应用

第一节　无土栽培技术

无土栽培（Soilless culture）又称营养液栽培（Nuti-culture）或水培（Hydroponics.）。它是一种不用土壤而用培养液与其他适当的设备来栽培作物的农业技术。它和生物技术一样，是当今世界上发展很快的一门高技术学科，美国把无土栽培列为现代十大技术成就之一，它为实现农业的工业化生产，发展科技密集型的高品质的21世纪农业展示了广阔的前景。

一、无土栽培技术发展的国际背景

1648年霍尔蒙特将5磅重的柳树种在盛有200磅土的盆中，用锡纸盖上防止尘埃进入，只供应水分，经5年后柳树生长到169磅3盎司，比以前增长了164磅3盎司，而200磅的土只减少了2盎司（1盎司=28.4克，1磅=0.454千克），因此认为这2盎司的量是由于供水造成的差异，所以得出结论认为水是全部养分，提出了水说（Water theory）。

1699年任德瓦德利用箱子进行水培，经77天后测定其生长量，当与只用雨水的作物生长量相比时可知，采用泰晤士河水生长量要高1.5倍，利用海德公园暗管中的水要高8倍，混用庭院的泥土则生长量要高16倍。这说明除了水以外，作物还要吸收土壤中的养分，从而否定了霍尔蒙特的水说。1731年，由戴维提出了土说（Earth theory）。

1772年浦力斯特在密闭的玻璃箱中，点燃蜡烛，燃烧空气，形成了小老鼠不能生存的状态，当放入植物并令其生长时，空气被净化后，老鼠又恢复了生气。1779年印黑夫斯进一步实验证明植物叶和茎在日光作用下有净化空气的作用，而花和根没有这种作用。后来人们逐渐认识到植物的生长、产量的增加，除

了地下根系吸收水和养分外，地上部分的绿色组织叶、茎等还进行光合作用。

1840 年李比希的无机营养学说以及植物必需营养元素理论的确立，为营养液栽培奠定了理论基础。

1858 年 Knop，1860 年 Sachs 最先用人工配制的营养液进行栽培植物的实验并取得了成功。

1925 年 -1935 年，国外设施园艺由于经历了长年累月的连作，土壤传染性病虫基数不断增长，土壤盐类积聚愈益严重，普遍出现了保护地连作障碍的严峻局面，为此不得不依赖选育抗病品种，实行土壤消毒、深耕及增施有机肥料等技术措施，但不论哪一种方法都不能治本，反而招致在农本与劳力消耗上的沉重负担。在这一背景下，1929 年美国加利福尼亚大学的 Gericke 教授首次将实验室规模的水培应用于生产实际中（砾培），成功地种出高 7.5m、单株收果实 14kg 的番茄，轰动一时，他将这一过程称为水耕栽培（Hydroponics）。

第二次世界大战期间，美军驻太平洋岛屿的部队应用水培法在不能耕作的岛屿大规模生产蔬菜等食品用于军需，英国空军在伊拉克的哈巴尼亚和波斯湾的巴林群岛（系油田所在地）也进行了蔬菜的无土栽培。

20 世纪 50 年代，意大利、西班牙、法国、英国、瑞典、苏联和以色列等国也广泛开展无土栽培。此后，随着塑料工业的发展，水培床、管道、贮液槽、水泵等配套设备的成本大大下降，水培设施装置不断更新，管理水平也不断提高，无土栽培在世界各国得到更迅速的发展。

二、我国无土栽培的发展简史

古老的无土栽培，在我国可追溯到遥远的年代，如豆芽菜的生产就是其中之一，至少在宋代（公元 10 世纪）就盛行于我国，同时人们早就知道利用盘、碟盛水养水仙花、风信子和栽蒜苗，南方船户还巧妙地在船尾随水漂流一个竹筏加缚草绳的装置在水面栽培空心菜。

当然，科学的无土栽培在我国起步较晚。我国最早是 1941 年在上海开办了一家水培生产蔬菜的四维农场，采用基质培生产少量番茄应市，但由于生产成本太高，两年后就倒闭了。抗日战争胜利后，美军驻南京的空军由于不习惯于东方人用人粪尿浇泼蔬菜的种植方式，开始在南京御道街设有砾培水培场，生产生菜、小萝卜等蔬菜，满足其自身对洁净生食菜的需求，由于其系不计成本，人们都认为是不可能在我国推广应用的玩意儿。

我国最早将无土栽培技术应用于生产的则首推 1969 年台湾的龙潭农校进行的蔬菜和花卉的无土栽培。大陆则首推山东农业大学于 1975 年最先使用无土栽培技术种植供特需用的无籽西瓜、番茄、黄瓜等蔬菜，但均未能形成商品性的规

模经营与生产。

1998 年国家自然科学基金委将“设施园艺高产优质的基础研究”列为重点项目正式启动，这在我国设施园艺工程科学领域是新中国成立以来第一次，反映出我国的设施园艺工程科技水平已跃上新台阶，也足以说明国家对设施园艺工程的重视。

三、无土栽培的优点

几千年来，人类所进行的农业生产都是在大自然的支配和恩赐下进行的，完全处于依附于大自然，靠天吃饭的状态。尽管农业生产技术和栽培条件不断有所提高，但它依然不能摆脱对大自然的这种依附。无土栽培技术的出现，无疑使农业生产栽培从这种依附地位向栽培的“自由王国”迈出了一大步。无土栽培的特点是以人工创造的作物根系环境取代土壤环境，这种人工创造的根系环境，不仅能满足作物对矿质营养、水分、空气条件的需要，而且人工对这些条件能加以控制和调整，借以促进作物的生长和发育，使它发挥最大的生产潜力。

无土栽培是一项崭新的先进的栽培技术，和传统的土壤栽培相比，有着无可比拟的优越性。

（一）可以克服连作障碍

在日本，由于设施园艺技术的进行，温室、大棚大型化，固定性和密封性增加了，在经历了长年累月的连作后，土传病虫基数不断增长，土壤盐类积聚愈益严重，普遍出现了保护地连作障碍的严重局面。为此不得不采取土壤消毒（化学药品消毒会引起土壤的环境污染；用 80℃～100℃水蒸气消毒，费用太高；高温休闲季节闭棚升温至 60℃～70℃有一定效果，但易引起覆盖物的老化，从而提高了成本）、嫁接（如日本已培育了许多抗病砧木，黄瓜 100%，西瓜、甜瓜 90%，茄子 40% 都用的是嫁接苗，但嫁接麻烦，技术要求高，且新的生理小种还会出现，防不胜防，只能是权宜之计），还有如抗病品种选育、深耕及增施有机肥等技术，但不论哪一种方法都不能治本，而且增加了劳力消耗和工本负担。在这种情况下，许多农家索性摒弃土耕，在保护地中架起了水耕床，以摆脱土耕连作出现的种种难以克服的弊端。因此，50% 的农民认为无土栽培的目的就是防止连作障碍。

（二）改善了劳动条件，利于省力化栽培

无土栽培不需要像土耕那样耗费大量劳力去翻耕土地、整地作畦、中耕除草、堆制有机肥料、施肥、喷农药等等，而且便于自动化管理，大大减轻了劳动

强度，并节省至少 2/3 的用工量。特别是现代工业技术的飞速发展，使无土栽培的设备、环境调控、营养液的配制和管理等技术得到了电脑等先进工业技术的装备，实现了自动调控，使水培技术成为一种理想的清洁卫生的“按电钮”的农业而广泛地吸引着人们的注意，为农业生产的工厂化、自动化、科学化展示了广阔的前景。如荷兰派森（Petson）温室花木生产公司，花卉温室面积 8000 平方米，从花卉播种、定植、管理到市场出售，都实现了自动化操作，只需 3 个工人管理，每年生产的鲜花达 30 万盆，产值 180 万美元。

（三）较土耕省水省肥，而且生长快、产量高、品质优

土耕条件下施肥不易均匀，个体间差异大，且有 50% ～ 80% 的肥料从土壤中流失或被固定成不可给态，而无土栽培可按作物不同生育期对养分的需求提供可给态肥料，并可随时改变肥料的浓度，使肥效得以充分发挥，大大节约了施肥量。在用水方面较土耕节省用水量 1/2 ～ 1/3，土耕的灌溉水 50% ～ 80% 从土壤中渗透流失，并有大量从土表蒸发散失，而水培如管理得法其耗水量近似于植株的蒸腾量，不存在渗漏和蒸发的损失。有土栽培时常出现的干旱、缺水、缺肥等胁迫在无土栽培中也可避免。无土栽培较土耕能为作物不同生育阶段提供最适的水肥条件和较高的管理水平，只要阳光充足，可进行密植和立体栽培，一般单产较土耕高数倍的情况屡见不鲜。如荷兰过去温室土壤种植的黄瓜每平方米年产量不足 20kg，番茄 13kg，实施无土栽培以后，产量提高十分显著，该国海牙市 DALSEM 温室生产公司的大面积温室番茄每平方米年产量高达 52kg，黄瓜每平方米年产量高达 70kg，相当于土壤栽培产量的 3 倍多。同时由于不需移苗上钵，定植后没有缓苗期，生长期也大大缩短。科学的管理还可以提高品质，如日本在采收前 10d 增高营养液浓度可使番茄可溶性固形物含量从 4% ～ 5% 提高到 10%，甜瓜糖度从 14% ～ 15% 提高到 15% ～ 16%。

（四）能提供清洁卫生、健康而有营养的无公害蔬菜

无土栽培可避免重金属离子、寄生虫、传染病菌对蔬菜产品的污染，不需浇泼人粪尿，不需大量喷施农药、除草剂等，产品清洁卫生，外观整洁，品质好，为人们提供无公害的优质新鲜蔬菜。

（五）适于一切无法进行土耕的地方栽培

无土栽培摆脱了人们对土壤的长期依赖，像油田、重盐碱地、土壤严重污染区、沙漠、阳台、屋顶等都可进行无土栽培，甚至还可用于航天、航海。

四、无土栽培技术基础

（一）无土栽培的分类

无土栽培从最早的模式开始，至今经历了100多年，在从实验室走向大规模的商品生产过程中，经过许多代人的努力已经发展出多种类型。不少人从不同的角度对它进行过许多分类，现将最通常的分类介绍如下：

1. 有固体基质类型

包括砂培（Sand culture），砾培（Gravet culture），泥炭培（Peat culture），锯末培（Sawdust culture），珍珠岩培（Peaslite culture），蛭石培（Vermiculite culture），岩棉培（Rockwool culture）。

2. 无固体基质类型

包括水培（Hydroponics），营养液膜技术（NFT），深液流技术（DFT），雾培（Spray culture）。

无土栽培的核心是营养液代替了土壤。应该把握住这个核心实质去理解本分类系统属下的各级名称，才不致误解。不管名称如何叫法，它都包含使用营养液这个核心在内。例如砾培，它的全称应该是在砾石锚定植株的情况下，用营养液栽培作物的一种方法，其余类推。

（二）营养液

营养液是无土栽培的核心，必须认真地了解和掌握，才能真正掌握无土栽培技术。有人认为从别人那里抄来一个别人正在使用而行之有效的营养液配方就行了。这是一种天真的想法，知其然不知其所以然地滥用营养液配方去作无土栽培生产，将会导致不必要的损失。

1. 水质要求

（1）水的来源

在研究营养液配方及某种营养元素的缺乏症等实验水培时，需要使用蒸馏水或去离子水。在大生产中可使用雨水、井水和自来水。雨水的收集靠温室屋面上的降水面积，如月降雨量达到100mm以上，则水培用水可以自给。使用雨水时要考虑到当地的空气污染程度，如污染严重则不能使用。即使断定无污染，在下雨后10min左右的雨水不要收集，以冲去尘埃等污染源。井水和自来水是常用的水源，使用前必须对水质进行调查化验，以确定其可用性。一般的标准是水质要和饮用水相当。如用河水作水源，必须经过处理，使其达到符合卫生规范的饮用水的程度才好使用。

（2）水质的要求

总的要求和符合卫生规范的饮用水相当。

2．肥料

一般将化学工业制造出来的化合物的品质分为四类：①化学试剂，又细分为三级，即：保证试剂（GR），又称一级试剂；分析试剂（AR），又称二级试剂；化学纯试剂（CP），又称三级试剂。②医药用。③工业用。④农业用。

化学试剂的纯度最高，其中GR级最高，但价格昂贵。在无土栽培中，要进行营养液新配方及探索营养元素缺乏症等研究试验，需用到化学试剂，除特别要求精细的外，一般用到化学纯级已可。在生产中，除了微量元素用化学纯试剂或医药用品外，大量元素的供给多采用农业用品，以降低成本。如无合格的农业原料可用工业用品代替，但工业用原料的价格比农用的贵。

营养液配方中标出的用量是以纯品表示的，在配制营养液时，要按各种化合物原料标明的百分纯度来折算出原料的用量。此外，肥料应贮藏于干燥的地方，如因贮藏不当而吸潮显著，使用时应减去吸湿量。

3．营养液配方

①营养液必须含有植物生长所必需的全部营养元素（除C，H，O之外还有13种：N，P，K，Ca，Mg，S，Fe，B，Mn，Zn，Cu，Mo，Cl）。

②含各种营养元素的化合物必须是根部可以吸收的状态，即可以溶于水的呈离子状态的化合物，通常都是无机盐类，也有一些是有机螯合物，如铁。

③营养液中各营养元素的数量比例应是符合植物生长发育要求的、均衡的。

④营养液中各营养元素的无机盐类构成的总盐分浓度及其酸碱反应应是适合植物生长要求的。

⑤组成营养液的各种化合物，在栽培植物的过程中，应在较长时间内保持其有效状态。

⑥组成营养液的各种化合物的总体，在被根吸收过程中造成的生理酸碱反应应是比较平稳的。

4．营养液配制

（1）浓缩贮备液

A母液：以钙盐为中心，凡不与钙作用而产生沉淀的盐都可溶在一起，可包括硝酸钙和硝酸钾，浓缩100～200倍。

B母液：以磷酸盐为中心，凡不与磷酸根形成沉淀的盐都可溶在一起，可包括磷酸二氢铵和硫酸镁，浓缩100～200倍。

C母液：是由铁和微量元素合在一起配制而成的，因其用量小，可以配成浓缩倍数很高的母液，一般为1000倍浓缩液。

以上母液均应贮存于黑暗容器中。

（2）工作营养液

一般用浓缩贮备液配制，在加入各种母液的过程中，也要防止沉淀的出现。配制步骤为：在大贮液池内先放入相当于要配制的营养液体积的 40% 水量，将 A 母液应加入量倒入其中，开动水泵使其流动扩散均匀。然后将应加入的 B 母液慢慢注入水渠口的水源中，让水源冲稀母液后带入贮液池中参与流动扩散，此过程所加的水量以达到总液量的 80% 为度。最后，将 C 母液的应加入量也随水冲稀带入贮液池中参与流动扩散。加足水量后，继续流动一段时间使达到均匀。

5. 营养液的管理

营养液的管理主要是指在栽培作物过程中循环使用的营养液管理，开放式基质培营养液滴灌系统中的营养液不回收使用，其管理见基质培部分。

作物的根系大部分生长在营养液中，并吸收其中的水分、养分和氧气，从而使其浓度、成分、pH、溶存氧等都不断发生变化，同时根系也分泌有机物于营养液中且少量衰老的残根脱落于营养液中，致使微生物也会在其中繁殖。外界的温度也时刻影响着液温。因此，必须对上述诸因素的影响进行监测和采取措施予以调控，使其经常处于符合作物生长发育的需求状态。

五、我国无土栽培研究新技术新成果及发展动向

1. 新型潮汐式无土栽培设施（NSCD）

靳露等（2018）的新型潮汐式无土栽培设施较传统潮汐式设施，即鲁 SC- Ⅱ，其在具有类似抗张能力的情况下，其水对分隔板的压力远大于鲁 SC- Ⅱ中水对分隔板的压力，故其供水效率更高，它能在 15min 内将基质含水量提升到 80%。此外，NSCD 的建造成本减少 7.77%。

2. 仿轮作蔬菜无土栽培系统研究

由付强（2017）设计的仿轮作无土栽培系统：包含营养液缓冲箱、雾培箱、岩棉栽培床等设备，结合岩棉培和雾培技术，采用立体栽植的方式，运用计算机技术对营养液 pH 值和 EC 值进行实时监测和自动调控，建立两种仿轮作模式——雾培生菜岩棉培樱桃萝卜模式、雾培生菜与岩棉培豌豆苗。通过与同等气候条件下传统雾培生产的作物对比，发现仿轮作模式的栽培效益更高。生菜硝酸盐含量下降，在两模式中分别下降 14.4% 和 28.29%，且氮素利用率上升，能源投入大幅度降低。

3. 渗灌式栽培方式

李飘飘（2014）研制了一种毛细渗灌式无土栽培系统以及毛细吸水材料。其结构简单，省时省力，设置在半空中的栽培槽有效减少了病虫害感染，且塑料薄

膜的覆盖有效减少水分蒸发。该系统最优在于其满足作物生长需求且保有节水能力。

4. 无土栽培远程灌溉控制系统

王家明等（2020）针对在传统无土栽培中不完善的劳动力问题设计了一套无土栽培远程灌溉控制系统。采用了 MSP430F149 微处理器配合基于 Qt 编程设计的上位机软件，实时监测作物 pH 值、EC 值、温度，且该系统利用 BP 神经网络来调控 pH 值及 EC 值，实现远距离检测数据及实时调控。

5. 立体栽培

立体栽培分为地面立体栽培和空间立体栽培。地面立体栽培主要依靠间作、套作结构，调整主群结构来实现资源利用率的提升。空间立体栽培分为床式两侧立体栽培、吊挂式两层立体栽培、框式立体栽培、阶梯式栽培、立柱或长带状栽培。目前，我国立体栽培多应用在绿叶蔬菜、菌类及部分草本蔬果。有研究表明，多层立体栽培作物产量显著高于土壤栽培，并且多层立体栽培可应用到延后栽培技术中。陈玉波等（2017）采用 A 字型架研究日光温室中光温条件对于草莓立体栽培的影响，研究结果表明，草莓中下层的成熟期晚于上层，且产量仅占总量的 19% ～ 23%。说明不同植株光温条件对于其在立体栽培中的生长指标有显著影响，可以根据这一特性在不同层栽植不同习性同生长期作物，或是调整层间距以改善光温环境对于植株生长的影响以及调整其管理技术。桑政（2018）通过改变层间距，设置 80cm、110cm、140cm 三个不同层间距的双层栽培架对番茄进行栽培。研究发现，80cm 下层番茄较上层第一二花序坐果数差异不显著，但平均果重显著减少。110cm、140cm 第一第二花序坐果数和平均果重与上层相较都不显著。但三个层距中下层番茄第三第四花序坐果数及平均果重都明显减少。故针对不同情况应采取不同的农业措施来改善下层作物的生长状况。如层距 80cm 的下层番茄留两穗果打顶，上层留四或五穗果打顶。

随着我国“三农”问题的日益严峻以及城镇化步伐的加快，农业人口逐年减少。对于中国这样人口基数大的发展中国家，园艺产品生产产业化、集约化、高度机械化已然成为趋势。对于像中国这样的后发国家，在倡导可持续发展的前提下，将无土栽培技术结合自身国情，走出一条独具特色的、适合自己的无土栽培产业发展道路是切实可行的。

第二节 育苗技术

我国是应用设施育苗技术最早的国家之一，劳动人民创造出多种育苗方式，如嫁接育苗、扦插育苗、电热育苗、穴盘育苗等。20 世纪 80 年代以来，农业种植业结构的调整给园艺产业的发展带来了契机，园艺生产日趋规模化、产业化，传统的育苗方式和育苗技术已不能适应较大规模园艺生产的需要。欧美等发达国家早在 70 年代推广应用的工厂化穴盘育苗技术于 80 年代初在我国北京、广州、江苏等地开始引进和研究，1987 年在北京建立第一个工厂化穴盘育苗场——花乡工厂化育苗场，进行穴盘苗商品化生产示范推广。目前，工厂化穴盘育苗已逐渐成为我国园艺作物育苗的主要形式。

一、嫁接育苗

（一）嫁接的意义

嫁接育苗较自根苗能增强抗病性、抗逆性和肥水吸收性能，从而提高作物产量和品质。目前，在欧洲，50% 以上的黄瓜和甜瓜采用嫁接栽培。在日本和韩国，不论是大田栽培还是温室栽培，应用嫁接苗已成为瓜类和茄果类蔬菜高产稳产的重要技术措施，成为克服蔬菜连作障碍的主要手段，西瓜嫁接栽培比例超过 95%，温室黄瓜占 70% ～ 85%，保护地或露地栽培番茄也正逐步推广应用嫁接苗，并且嫁接目的多样化。

我国蔬菜嫁接栽培历史悠久，20 世纪 80 年代以来，随着温室、大棚等保护设施发展，黄瓜、西瓜嫁接栽培面积逐渐扩大。目前，保护地黄瓜、西瓜嫁接栽培已较普遍，对甜瓜和其他瓜类蔬菜以及茄果类蔬菜嫁接栽培的研究和应用也已开始。

（二）蔬菜嫁接方法

在长期的园艺育苗生产过程中，人们研究出了多种嫁接方法，由于篇幅有限果树及花卉嫁接育苗技术在此不在讲述，本节只讲述蔬菜嫁接育苗技术。当前，随着蔬菜育苗的形式由自育自用型向规模化、工厂化的商品性育苗型发展，幼苗嫁接的方法也发生了很大的变革，不仅要求嫁接的成活率要高，而且还要求嫁接的速度要快，以提高劳动生产率。因此，一些传统的嫁接方法在规模化育苗的手

工嫁接时虽仍在采用，但也正向着简化工序、提高效率的方向发展。在日本、荷兰等发达国家，蔬菜幼苗嫁接的操作已逐渐被机械（智能化机器人）所代替，比手工嫁接能提高工效几十倍。

1. 靠接

靠接适用于黄瓜、甜瓜、西瓜、西葫芦、苦瓜等蔬菜，尤其是应用胚轴较细的砧木嫁接，以黄瓜、甜瓜应用较多。嫁接适期为：砧木子叶全展，第一片真叶显露；接穗第一片真叶始露至半展。嫁接过早，幼苗太小，操作不方便；嫁接过晚，成活率低。砧穗幼苗下胚轴长度 5cm ～ 6cm 利于操作。

靠接苗易管理，成活率高，生长整齐，操作容易。但此法嫁接速度慢，接口需要固定物，并且增加成活后断茎去根工序；接口位置低，易受土壤污染和发生不定根，幼苗搬运和田间管理时接口部位易脱离。采用靠接要注意两点：①南瓜幼苗下胚轴是一中空管状体，髓腔上部小、下部大，所以南瓜苗龄不宜太大，切口部位应靠近胚轴上部，砧穗切口深度、长度要合适。切口太浅，砧木与接穗结合面小，砧穗结合不牢固，养分输送不畅，易形成僵化幼苗，成活困难；切口太深，砧木茎部易折断。②接口和断根部位不能太低，以防栽植时被基质或土壤掩埋再生不定根或者髓腔中产生不定根入土，失去嫁接意义。

2. 插接

插接适用于西瓜、黄瓜、甜瓜等蔬菜嫁接，尤其是应用胚轴较粗的砧木种类。接穗子叶全展，砧木子叶展平、第一片真叶显露至初展为嫁接适宜时期。嫁接时首先喷湿接穗、砧木苗钵（盘）内基质，取出接穗苗，用水洗净根部放入白瓷盘，湿布覆盖保湿。砧木苗无须挖出，直接摆放在操作台上，用竹签剔除其真叶和生长点。去除真叶和生长点要求干净彻底，减少再次萌发，并注意不要损伤子叶，左手轻捏砧木苗子叶节，右手持一根宽度与接穗下胚轴粗细相近、前端削尖略扁的光滑竹签，紧贴砧木一片子叶基部内侧向另一片子叶下方斜插，深度 0.5cm ～ 0.8cm，竹签尖端在子叶节下 0.3cm ～ 0.5cm 出现，但不要穿破胚轴表皮，以手指能感觉到其尖端压力为度。插孔时要避开砧木胚轴的中心空腔，插入迅速准确，竹签暂不拔出。然后用左手拇指和无名指将接穗两片子叶合拢捏住，食指和中指夹住其根部，右手持刀片在子叶节以下 0.5cm 处呈 30° 向前斜切，切口长度 0.5cm，接着从背面再切一刀，角度小于前者，以划破胚轴表皮、切除根部为目的，使下胚轴呈不对称楔形，切削接穗时速度要快，刀口要平、直，并且切口方向与子叶伸展方向平行。拔出砧木上的竹签，将削好的接穗插入砧木小孔中，使两者密接。砧穗子叶伸展方向呈“十”字形，利于见光，插入接穗后用手稍晃动，以感觉比较紧实、不晃动为宜。

3．劈接

劈接是茄子嫁接采用的主要方法。砧木提前7d～15d播种，托鲁巴姆做砧木则需提前25d～35d。砧木、接穗1片真叶时进行第一次分苗，3片真叶前后进行第二次分苗，此时可将其栽入营养钵中。砧木和接穗约5片真叶时嫁接。接前5d～6d适当控水促使砧穗粗壮，接前2d一次性浇足水分。嫁接时首先将砧木于第二片真叶上方截断，用刀片将茎从中间劈开，劈口长度1cm～2cm。接着将接穗苗拔出，保留2片真叶和生长点，用锋利刀片将其基部削成楔形，切口长亦为1cm～2cm，然后将削好的接穗插入砧木劈口中，用夹子固定或用塑料带活结绑缚。番茄劈接时砧木提早5d～7d播种，砧木和接穗约5片真叶时嫁接，保留砧木基部第一片真叶，切除上部茎，从切口中央向下垂直纵切一刀，深约1.0cm～1.5cm，接穗于第二片真叶处切断，并将基部削成楔形，切口长度与砧木切缝深度相同，最后将削好的接穗插入砧木切缝中，并使两者密接，加以固定。砧木苗较小时可于子叶节以上切断，然后纵切。

劈接法砧穗苗龄均较大，操作简便，容易掌握，嫁接成活率也较高。

4．适于机械化作业的嫁接方法

机械化嫁接过程中，要解决的重要问题是胚轴或茎的切断、砧木生长点的去除和砧穗的把持固定方法。平、斜面对接嫁接法是为机械切断接穗和砧木、去除砧木生长点以及使切断面容易固定接合而创造的新方法，根据机械的嫁接原理不同，砧穗的把持固定可采用套管、嫁接夹或瞬间接合剂等方法。

（1）套管式嫁接

此法适用于黄瓜、西瓜、番茄、茄子等蔬菜。首先将砧木的胚轴（瓜类）或茎（茄果类在子叶或第一片真叶上方）沿其伸长方向25°～30°斜向切断，在切断处套上嫁接专用支持套管，套管上端倾斜面与砧木斜面方向一致。然后瓜类在接穗下胚轴上部、茄果类在子叶或第一片真叶上方，按照上述角度斜着切断，沿着与套管倾斜面相一致的方向把接穗插入支持套管，尽量使砧木与接穗的切面很好地压附靠近在一起。嫁接完毕后将幼苗放入驯化设施中，保持一定温度和湿度，促进伤口愈合。砧木、接穗子叶刚刚展开，下胚轴长度4cm～5cm时为嫁接适宜时期。砧木、接穗过大，成活率降低；接穗过小，虽不影响成活率，但以后生育迟缓，嫁接操作也困难。茄果类幼苗嫁接，砧木、接穗幼苗茎粗不相吻合时，可适当调节嫁接切口处位置，使嫁接切口处的茎粗基本相一致。

此法操作简单，嫁接效率高，驯化管理方便，成活率及幼苗质量高，很适于规模化的手工嫁接，也适于机械化作业和工厂化育苗。砧木可直接播于营养钵或穴盘中，无需取出，便于移动运送。

（2）单子叶切除式嫁接

为了提高瓜类幼苗的嫁接成活率，人们还设计出砧木单子叶切除式嫁接法，即将南瓜砧木的子叶保留一片，将另一片和生长点一起斜切掉，再与在胚轴处斜切的黄瓜接穗相接合的嫁接方法。南瓜子叶和生长点位置非常一致，所以把子叶基部支起就能确保把生长点和一片子叶切断。砧穗的固定采用嫁接夹比较牢固，亦可用瞬间黏合剂（专用）涂于砧木与接穗接合部位周围。此法适于机械化作业，亦可用手工操作。日本井关农机株式会社已制造出砧木单子叶切除智能嫁接机，有三人同时作业，每小时可嫁接幼苗 550 ～ 800 株，比手工嫁接提高工效 8 ～ 10 倍。

（3）平面嫁接

平面智能机嫁接法是由日本小松株式会社研制成功的全自动式智能嫁接机完成的嫁接方法，本嫁接机要求砧木、接穗的穴盘均为 128 穴。嫁接机的作业过程是：首先，有一台砧木预切机，将用穴盘培育的砧木在穴盘行进中从子叶以下把上部茎叶切除。然后，将切除了砧木上部的穴盘与接穗的穴盘同时放在全自动式智能嫁接机的传送带上，嫁接的作业由机械自动完成。砧木穴盘与接穗穴盘在嫁接机的传送带上同速行至作业处停住，一侧伸出一机器手把砧木穴盘中的一行砧木夹住，同时切刀在贴近机器手面处重新切一次，使其露出新的切口。紧接着另一侧的机器手把接穗穴盘中的一行接穗夹住从下面切下，并迅速移至砧木之上将两切口平面对接，然后从喷头喷出的黏合剂将接口包住，再喷上一层硬化剂把砧木、接穗固定。

此法完全是智能机械化作业，嫁接效率高，每小时可嫁接 1000 株；驯化管理方便，成活率及幼苗质量高；由于是对接固定，砧木、接穗的胚轴或茎粗度稍有差异不会影响其成活率；砧木在穴盘中无需取出，便于移动运送。平面智能机嫁接法适于子叶展开的黄瓜、西瓜和一到两片真叶的番茄、茄子。

（三）蔬菜嫁接苗的生理特点及管理

1. 嫁接成活机理及影响因素

嫁接的基本原理是通过嫁接使砧木和接穗形成一个整体。砧木和接穗切口处细胞由于受刀伤刺激，两者的形成层和薄壁细胞组织开始旺盛分裂，从而在接口部位产生愈伤组织，将砧木和接穗结合在一起。与此同时，两者切口处输导组织相邻细胞也进行分化形成同型组织，使上下输导组织相连通而构成一个完整个体。这样砧木根系吸收的水分、矿质营养及合成的物质可通过输导组织运送到地上部，接穗光合同化产物也可以通过输导组织运送到地下部，以满足嫁接后植株正常生长的需要。尽管嫁接愈合时间因作物种类、年龄、嫁接方法和时期而不

同，但砧木与接穗的愈合过程却基本相同。

嫁接后砧木与接穗接合部愈合，植株外观完整，内部组织联结紧密，水分养分畅通无阻，幼苗生育正常则为嫁接成活。影响嫁接成活率的主要因素包括以下几个。

（1）嫁接亲和力

即砧木与接穗嫁接后正常愈合和生长发育的能力，这是嫁接成活与否的决定性因素，亲和力高的嫁接后容易成活，反之则不易成活。嫁接亲和力高低往往与砧本和接穗亲缘关系远近密切相关，亲缘关系近者亲和力较高，亲缘关系远者亲和力较低，甚至不亲和。也有亲缘关系较远而亲和力较高的特殊情况。

（2）砧木与接穗的生活力

这是影响嫁接成活率的直接因素。幼苗生长健壮，发育良好，生活力强者嫁接后容易成活，成活后生育状况也好；病弱苗、徒长苗生活力弱，嫁接后不易成活。

（3）环境条件

光照、温度、湿度等均是影响嫁接成活率的重要因素。嫁接过程和嫁接后管理过程中温度太低，湿度太小，遮光太重或持续时间过长均会影响愈伤组织形成和伤口愈合，降低成活率。

（4）嫁接技术及嫁接后管理水平

适宜嫁接时期内苗龄越小，可塑性越大，越有利于伤口愈合。瓜类蔬菜苗龄过大胚轴中空，苗龄过小操作不便，均不利于嫁接和成活。嫁接过程中砧木和接穗均需要一定切口长度，砧穗结合面宽大且两者形成层密接有利于愈伤组织形成和嫁接成活。同时操作过程中手要稳，刀要利，削面要平，切口吻合要好。此外，嫁接愈合期管理工作也至关重要，嫁接成活率也受人为因素影响。

2. 嫁接后管理

（1）愈合期管理

蔬菜嫁接后，对于亲和力强的嫁接组合，从砧木与接穗结合、愈伤组织增长融合，到维管束分化形成约需 10d 左右。高温、高湿、中等强度光照条件下愈合速度快，成苗率高，因此加强该阶段的管理有利于促进伤口愈合，提高嫁接成活率。研究表明，嫁接愈合过程是一个物质和能量的消耗进程，二氧化碳施肥、叶面喷葡萄糖溶液、接口用促进生长的激素（NAA，KT）处理等措施均有利于提高嫁接成活率。

（2）成活后管理

嫁接苗成活后的环境调控与普通育苗基本一致，但结合嫁接苗自身特点需要做好以下几项工作。

①断根

嫁接育苗主要利用砧木的根系。采用靠接等方法嫁接的幼苗仍保留接穗的完整根系，待其成活以后，要在靠近接口部位下方将接穗胚轴或茎剪断，一般下午进行较好。刚刚断根的嫁接苗若中午出现萎蔫可临时遮阳。断根前一天最好先用手将接穗胚轴或茎的下部捏几下，破坏其维管束，这样断根之后更容易缓苗。断根部位尽量上靠接口处，以防止与土壤接触重生不定根引起病原菌侵染，失去嫁接防病意义。为避免切断的两部分重新接合，可将接穗带根下胚轴再切去一段或直接拔除。断根后 2d ～ 4d 去掉嫁接夹等束缚物，对于接口处生出的不定根及时检查去除。

②去萌蘖

砧木嫁接时去掉其生长点和真叶，但幼苗成活和生长过程中会有萌蘖发生，在较高温度和湿度条件下生长迅速，一方面与接穗争夺养分，影响愈合成活速度和幼苗生长发育；另一方面会影响接穗的果实品质，失去商品价值。所以，从通风开始就要及时检查和清除所有砧木发生的萌蘖，保证接穗顺利生长。番茄、茄子嫁接成活后还要及时摘心或去除砧木的真叶及子叶。

③其他

幼苗成活后及时检查，除去未成活的嫁接苗，成活嫁接苗分级管理。对成活稍差的幼苗以促为主，成活好的幼苗进入正常管理。随幼苗生长逐渐拉大苗距，避免相互遮阳，苗床应保证良好的光照、温度、湿度，以促进幼苗生长。番茄嫁接苗容易倒伏，应立杆或支架绑缚。幼苗定植前注意炼苗。

二、扦插育苗

扦插育苗是园艺植物无性繁殖的一种方法，将植物的叶、茎、根等部分剪下，插入可发根的基质中，使其生根成为新株，称扦插法。新植株具有与母株相同的遗传性状，同时可大量繁苗，提早开花。宿根草花、观叶植物、多肉植物、木本植物常用此育苗法。

（一）扦插的种类及方法

1. 茎尖扦插

茎尖扦插又称嫩枝扦插，适于草本、针叶和阔叶花木植物。以锋利刀切取 5cm ～ 8cm 茎尖嫩梢，下切口平切或斜切，去掉基部 1/3 以下的叶子，以便于茎尖插入基质。

2. 茎段扦插

茎段扦插又叫硬枝插，切取含有叶或芽 1 ～ 3 个的茎段扦插，插条上切口平切，离最上面一个芽 1cm 为宜，下切口多为斜切口，常绿树种宜保留部分叶片。需很多插枝时可用茎段扦插，适于少数木本植物，与茎尖扦插相比，达到同样大小要多需 2 ～ 3 周时间。

3．叶插法

叶插法是剪取植物的叶片或叶柄做插穗，扦插后发根成苗的方法，如秋海棠类、落地生根等观叶植物，大岩桐等叶片带叶柄插入基质。

4．叶芽扦插

叶芽扦插适用于繁殖材料有限而又需大量插条时，以带有叶片及腋芽的一个枝节做插穗，由叶身、叶柄和附有腋芽的一小段茎组成，如姬绣球等常以叶芽扦插方式进行。插入生根基质使芽在基质下 2cm ～ 3cm 以下，需高湿和一定温度下生根成苗。

（二）促根剂的使用

植物体内的天然发根素是吲哚乙酸（IAA），人工合成的促根剂有 a- 萘乙酸（NAA）及吲哚丁酸（IBA）两种，都有促进插穗发根和发根整齐的效果，通常以粉剂和液剂使用。由于液剂浸沾易于感病，多推荐以粉剂沾插穗基部 1cm 处，或用撒粉器少量喷上即可。粉剂制作方法：设配制 0.4%NAA 粉剂，可用少量酒精溶解 4gNAA 粉末，再加少量水稀释后倒入 1kg 滑石粉，拌搅充分，晾晒干即可。

（三）环境管理与基质

扦插繁殖室要安排在办公场所附近，以利监控，繁殖床应高出地面，防止污染，并注意环境调控，以促进生根成苗。

1．湿度

插条无根，但蒸腾大，故必须保持高湿环境，频繁喷雾供水是最好的保湿方法，也可用遮阳法，但影响光合作用。在炎热天气下，白天需连续喷雾，待生根后，逐渐减少喷雾频率，喷雾以植株不萎蔫为度，水量过多会淋洗叶片中的营养物质。在移苗前 3d ～ 4d 应停止喷雾而改用滴灌或液位升降法供水，以达炼苗的目的。结合喷雾也可混入少量肥料。用高压细雾喷散系统代替喷雾，可使室温下降，又可维持 100% 相对湿度。

2．光照

喷雾时温室可以完全不遮阳，可提早生根，然而在夏季，即使喷雾，光强和温度仍会过高，因此宜利用遮阳系统，切勿用报纸等直接覆盖插条，以防空气不流通而发病。部分作物冬季需要补光。

3．温度

一般应维持气温 18℃～27℃，床底部温度应高于气温的 5%～10%，可用电热线或加热管道加温，在上面铺一层铁丝网，使受热均匀。

4．基质

蛭石和珍珠岩是常用基质，可单独使用，也可与泥炭混用。这些材料具有保水保肥性，没有病原微生物，通气性、排水性好，是很好的繁殖基质。沙适于很多木本花卉，但对多数草花不适用，因保湿性差，需经常遮阳和人工浇水。国内外已有许多厂商生产成型扦插基质。

5．卫生条件

良好的卫生条件是扦插成功与否的关键。切割刀具必须洁净，可用酒精消毒；插条应放置在洁净塑料袋内运送至繁殖床，切勿放在地上；基质必须经蒸汽消毒，一旦发现病情，及时喷施杀菌剂。

6．施肥

在未生根时，如未使用喷雾系统，切勿施肥过量，生根幼苗从繁殖床移走前 3d～4d 可少量施肥一次。

7．生根后的处理

应迅速从繁殖床移走栽植（移苗时汴意不损伤幼嫩的次生根），否则易于老化，必要时可移出冷藏，但一品红等易受冷害。

扦插生根也可直接扦插在最后出售用的盆钵中直接生根，节省移苗劳力，但要分级培育，保持产品质量的一致性，例如一品红盆花，就常采用直接扦插的方式。

三、穴盘育苗

工厂化穴盘育苗是以先进的温室工程设备装备的种苗生产车间，以现代生物技术、环境调控技术、信息管理技术贯穿整个育苗过程，以现代企业经营的模式来进行优质种苗生产与营销的体制。它是一种以草炭、蛭石等为基质，以不同孔坑的穴盅为容器，用精量播种生产线机械自动装填基质、播种、覆土、镇压、浇水，然后放在催芽室和温室等设施内进行有效的环境管理和培育，一次成苗的现代化育苗体系。穴盘育苗可分别播种不同作物种类，生产不同需求的种苗，播种时一穴一粒，成苗时一穴一株，根系与基质紧密缠绕，根坨呈上大下小的塞子形，适于蔬菜花卉等经济作物的育苗工厂化生产，又叫高密度育苗，简称穴盘育苗（如图 4～7）。它较传统的营养钵育苗具有显著的优点：①节能、省资材，传统营养钵育苗每平方米苗床只能培育 100 多棵苗，穴盘育苗至少可培育 500～1000 棵苗，每棵穴盘苗只需不到 50g 基质，而每株钵苗需培养土

500g ～ 700g。②省工省力，极大地提高了种苗生产效率，精量播种生产线每小时生产 700 ～ 1000 盘，播种育苗 7 万 –10 万棵，从种子播种到管理成苗全部实行机械化、自动化，生产效率极大提高。③苗的质量好，全部实行优化的标准化管理，一次成苗，生活力强，苗的素质优于传统育苗。④适于长距离运输。

（一）种子处理技术

传统的园艺育苗，一般是农产自育自用，设施、设备简单，规模较小，而且育成苗所需时间较长，有的在质量上也较差。实行秧苗的工厂化生产，所用设施、设备精良，规模较大，育成苗的质量也好。

要快速育成高质量的幼苗，就必须保证有高质量的种子，这首先就需要从种子生产到加工贮藏过程严格把关，才能获得高发芽率和高纯度的优良种子。

适用于工厂化穴盘育苗的种子，其质量好坏应从以下几个方面来衡量：种子的外形是否适于精播机械；适宜条件下发芽率的高低，发芽率低于 85% 的不能做精量播种用；适宜条件下发芽快慢及整齐度；不适条件下发芽快慢及整齐度；出芽及幼株发育状况；有无病虫害。同时必须进行播种前的处理，以保持并进一步提高种子的质量，适应工厂化穴盘育苗的需要。

（二）种子处理技术

1. 超干贮藏保持种子活力

种子超干贮藏是指把种子含水量降低到传统的 5% 安全含水量的下限以下进行常温贮藏的技术。

2. 硬化（hardening）、渗调处理（priming，或称预浸、引发处理）

在农业生产实践中，种子的发芽出苗期是一个非常关键的时期。种子播后，出苗快而且整齐，才便于以后的管理，达到早熟丰产的目的。种子的预浸、引发处理是将种子浸泡在低水势的溶液中，完成其发芽前的吸收过程。这个水势可以用渗透调节物质将其调整至某个水平，以致在种子内的水分达到平衡时，种子既不能继续吸水，也不能发芽。这些种子经水洗净后，在常温下被干燥回原来的含水量，可以正常的方式进行播种或贮藏。一旦水势控制解除，种子便迅速发芽出苗。

3. 浸泡、包衣和丸粒化防治病虫

通过浸泡、包衣和丸粒化等方法进行种子处理，以达防治病虫的目的。

种子的丸粒化是一项综合性的新技术，是利用有利种子萌发的药品、肥料以及对种子无副作用的辅助填料（主要包括泥、纤维素粉、石灰石、蛭石和泥炭等），经过充分搅拌之后，均匀地包裹在种子表面，使种子成为圆球形，以利于

机械的精量播种。丸粒化时可加入胶黏剂、杀菌虫剂、生长促进剂等。制成的种子丸粒，具有一定的强度，在运输、播种过程中不会轻易破碎，而且播种后有利于种子吸水、萌发，增强对不良环境的抵抗能力。

4．打破休眠

对于种皮（果皮）坚硬的种子采取划破种子表壳、摩擦或去皮（壳）的方法，使其容易吸水发芽。如对伞形科的胡萝卜、芹菜、茴香、防风等种子进行机械摩擦，使果皮产生裂痕以利吸水；西瓜特别是小粒种或多倍体种子，可磕开种皮（或另加包衣），以利吸水发芽；用硫脲或赤霉素、细胞激动素处理，可打破芹菜、莴苣的热休眠；用温水浸种及双氧水处理后再进行变温，可打破茄子种子的休眠。

（三）穴盘育苗技术

穴盘育苗法是将种子直接播入装有营养基质的育苗穴盘内，在穴盘内培育成半成苗或成龄苗。这是现代园艺育苗技术发展到较高层次的一种育苗方法，是在人工控制的最佳环境条件下，采用科学化、标准化技术措施，运用机械化、自动化手段，使园艺育苗实现快速、优质、高效率的大规模生产。因此，采用的设施也要求档次高、自动化程度高，通常是具有自动控温、控湿、通风装置的现代化温室或大棚。这种棚室空间大，适于机械化操作，装有自动滴灌、喷水、喷药等设备，并且从基质消毒（或种子处理）至出苗是程序化的自动流水线作业，还有自动控温的催芽室、幼苗绿化室等。

育苗基质有专业工厂生产，主要原料是草炭和蛭石。各地根据就地取材原则，有混以珍珠岩、堆肥、腐叶土、稻壳熏炭、菇渣、苇末、椰子纤维、细炉渣和园田土的。

（四）穴盘育苗的营养液配方与管理

营养液的配方与施用决定于基质本身的成分，采用草炭、有机肥和复合肥合成的专用基质，以浇水为主适当补充些大量元素就够了。采用草炭、蛭石各半的通用育苗基质，则必须掌握营养液配方和施肥量。

营养液配方一般以大量元素为主，微量元素多由基质提供。氮肥中尿素态氮和铵态氮占 40% ～ 50%，硝态氮占 50% ～ 55%。N：P：K 以 1：1：1 或 1：1.7：1.7 为宜，要求基质 pH5.5 ～ 7.0 为宜，温度适于秧苗生长，不能过高或过低，选用肥料配方，磷的浓度稍高对培育壮苗有利。

第三节 灌溉技术

一、水分与园艺作物生长发育的关系

水是园艺作物器官组成的主要成分之一，是园艺作物重要的生存因子。它不但参与植物体的组成与输导作用，而且参与植物的生理作用，植物的一切生理活动都离不开水。

水在4℃时密度最大，水分主要通过根系的吸收进入植物体。细胞、组织中含有丰富的水分，植物体的光合作用、呼吸作用、蒸腾作用以及对矿质营养的吸收、运转、合成过程均离不开水。水能维持细胞的膨压，使叶片、枝条挺拔，花朵丰满，一旦缺水就会造成植物体萎蔫。通过水分蒸腾可以调整体温，避免植物灼伤、萎蔫。

水分在土壤中以三种方式存在：吸附水、重力水、毛管水。

吸附水：被土壤粒子吸着，由于吸力强，不能被植物吸收利用。只有在加热到110℃以上才能散出。

重力水：能在土壤中自由流动，但不能被土粒吸着。受重力影响，在土壤疏松的情况下常流到土层的下方，如排水良好则迅速流失，在其流动过程中能被植物体吸收。当重力水流走后，尚保持在田间的水称为田间持水量（容量水），又叫外毛管水。

毛管水：吸附在黏土上表面及空隙处，其中又分为内毛管水和外毛管水。内毛管水的吸附力较强，不能被植物利用，对植物而言是无效水。外毛管水保存在土粒之间，是植物主要利用的水，又称为有效水。当土壤中失去可被植物利用的有效水后，植物开始萎蔫。当土壤含水量过低，达到使植物不能复原的低限标准（称为植物体永久凋萎点）时，常造成植物体死亡。

各类土壤质地对植物体供水情况表现不同，常用吸着系数、永久凋萎系数、田间持水量、最大保水量来表示。

水分对园艺作物的影响，在不同种类或同一种类同一品种的不同发育阶段都表现不同。在种子发芽阶段需水较多，水分可改善种皮的状态，有利于种胚穿透种皮而萌发，也有利于胚根、胚芽的生长。幼苗期由于根系比较弱，生长比较浅，对水分需求量虽然不大，但也不能缺水，必须维持土壤的湿润状态，但水分过多常易造成烂根。处在营养生长期的植物对水分需求量比较大，有些植物不仅

需要一定的土壤湿度，还要求一定的空气湿度。在营养生长期常用田间持水量来表示各作物对水分的需求，一般应保持在田间最大持水量的 50% ～ 80%。在开花期、幼果期，要求保持一定的土壤水分，而对空气湿度要求低。对以果实为产品器官的园艺作物而言，在果实发育阶段要求水分充足，在果实成熟后期及种子发育期对水分的需求量则降低。

植物在缺水情况下外部形态主要表现：根系数量减少，枝条数量减少，生长速度减缓，地上部矮小，叶肉细胞数量少，叶片小，叶面气孔数较少，排列较密，叶脉变细；叶表有毛时毛密生，角质层及细胞壁较厚，蒸腾面上油脂较多；叶片栅栏组织发达，海绵组织不发达；表皮细胞孔隙小，细胞间隙小，导管细胞较小，高度木质化组织比较大。

植物在缺水情况下生理变化主要表现：全株植物蒸腾面减少，单位面积上的蒸腾速率加快；淀粉与糖的比值降低，渗透压较高，细胞质渗透性增加；对凋萎抵抗力增大，开花结果提早，特别是在干旱地区、旱季、盆栽情况下对植物果实的品质影响较大。对园艺作物而言，对缺水反应最敏感的时期称为需水临界期。

通常根据园艺作物对水的需求量和抗旱能力把园艺作物分为三类。

抗旱能力较强的园艺作物：如桃、扁桃、石榴、枣、核桃、仙人掌科、京天科、大戟科的多肉多浆植物、黑松、夹竹桃、杨桃、旱柳、南瓜等。这类作物能忍受较长期的空气和土壤干燥，器官表现为适应干旱的变异，如叶片变小，退化呈刺状、毛状，或叶肉质化，表皮角质加厚、气孔下陷，叶片质地硬而呈革质，具有光泽或厚茸毛，细胞液浓度和渗透压变大。

抗旱能力弱的园艺植物：如香蕉、琵琶、杨梅、蕹菜、白菜、蕨、凤梨、秋海棠、鸢尾、水杉、落羽杉、枫杨、垂柳等。这类作物耐旱性弱，需在相对湿度高的地方生长，其呼吸组织较发达，渗透压低，根系不发达，叶片薄而软，果实表面有蜡质。

抗旱能力中等的园艺作物：如苹果、梨、柑橘、樱桃、番茄、茄子、辣椒、菜豆及多数花木类等。

园艺作物适应土壤水分过多的能力称为耐涝性。耐涝性强的首推水生蔬菜、水生花卉，其次为果树中的椰子、荔枝、中国梨、柿等。耐涝性主要是受起源地环境的影响，使这类园艺作物的根系呼吸强度弱，耐缺氧能力强。园艺作物受涝后开始表现为茎叶加速生长，以后叶片开始变色、萎缩直至干枯。

二、灌溉技术的一般要求

为有效地控制设施内的水分环境，设施内采用的灌溉技术应满足以下要求：①根据作物需水要求，遵循灌溉制度，按计划灌水定额适时适量灌水；②灌水均

匀；③田间水有效利用率一般不低于0.90；④灌溉水有效利用率不低于0.90，微、喷灌水不低于0.85；少破坏或不破坏土壤团粒结构，灌水后土壤能保持疏松状态，表土不板结；⑤灌水劳动生产率高，灌水用工少；⑥灌水简单经济，便于操作，投资及运行费用低；⑦田间占地少，并易于和其他农业措施相结合，例如与施肥、施药、调节田间小气候相结合。

三、设施灌溉的主要类型、技术及特点

（一）地面灌溉（ground irrigation）

地面灌溉就是指将水引入设施内种植园地表，借助重力的作用湿润土壤的一种方式，故又称为重力灌溉。根据其灌溉方式，地面灌溉又分为淹灌、沟灌、畦灌、盘灌（树盘灌水）和穴灌等。地面灌溉是目前我国种植园中采用的重要灌溉方式。蔬菜、花卉按畦田种植的植物多采用畦式灌溉。

1. 淹灌

用田埂将灌溉土地划分成许多格田，灌水时，使田格保持一定深度的水层，借重力作用湿润土壤，主要适用于水生蔬菜、无土栽培植物。

2. 沟灌

在作物行间开挖灌水沟，水从输入沟进入灌水沟后，在流动的过程中主要借毛细管作用湿润土壤。和畦灌相比，其明显的优点是不会破坏植物根部附近的土壤结构，不导致田间板结，能减少土壤蒸发损失，适用于宽行距的需中耕作物。

3. 畦灌

用田埂将土地分成一系列小畦。灌水时，将水引入畦田后，在畦田上形成很薄的水层，沿畦长方向流动，在流动过程中主要借重力作用逐渐湿润土壤，主要适用于密植窄行距作物。

（二）滴灌（trickle irrigation）

滴灌是利用一套塑料管道将水直接输送到每棵植物的根部，水由每个滴头直接滴在根部地表上，然后渗入土壤并浸润作物根系最发达的区域，使土壤经常保持湿润，是一种直接供给过滤水（和肥料）到种植园土壤表层或深层的灌溉方式。滴灌具有给根系连续供水，还可结合施肥，不破坏土壤结构，土壤水分状况稳定，适宜各种地势，节约土地，省水、省工等优点。但投资较高，滴头极易堵塞。把滴灌管安装在地膜下可基本上避免地面无效蒸发，称之为膜下暗灌。园艺植物中果树、观赏树木、茄果类蔬菜、西（甜）瓜类都适合采用滴灌。设施园艺

栽培中滴灌应用更为普遍，对节水、保温、减轻病害有重要作用。新式滴灌系统连接电脑已完全自动化。

（三）喷灌（spray irrigation）

又称人工降雨，它是模拟自然降雨状态，利用机械和动力设备将水射到空中，形成细小水滴来灌溉的技术。在设施园艺中常采用微喷灌，是利用很小的喷头（微喷头）将水喷洒在土壤表面。微喷头的工作原理与滴头大致相同，但喷孔稍大，出口流速比滴头大，堵塞的可能性大大减小。喷灌具有适合各种地势、节省土地、不产生地表径流、节约用水、不破坏土壤结构等优点。目前果树、蔬菜和花卉植物上应用比较普遍，效果好。病害严重的果园，喷灌有助病害传播，应引起注意。

（四）地下灌溉（underground irrigation）

利用修筑在地下的专门设施（地下管道系统）将灌溉水引入田间耕作层，借毛细管作用自下而上湿润土壤。这种灌溉是最理想的灌溉方式，对土壤结构最有益，无土表层以上的水损失，对植物根系的吸收、植物的生长发育最好，但地表湿润性差，地下管道造价高，容易淤塞，检修困难。因此目前应用较少。

第四节　施肥技术

一、配方施肥

配方施肥是综合运用现代农业科技成果，根据作物需肥规律、土壤供肥性能与肥料效应，在以有机肥为基础的条件下，产前提出氮、磷、钾或微量元素的适宜用量与比例以及相应的施肥技术。现仅介绍养分平衡施肥估算法。

养分平衡施肥估算法是根据作物目标产量与土壤供肥量之差计算施肥量，以达到求与供之间的平衡。本法是由著名的土壤学家曲劳（Truog）和斯坦福（Stanfor）提供的，用公式表达为：

施肥量（kg）=［作物需肥量（kg）－土壤供肥量（kg）］/［肥料中有效养分含量（%）× 肥料利用率（%）］

式中的肥量均以 N，P_2O_5，K_2O 计算。

（一）养分平衡施肥估算法的三个主要参数

1．根据作物目标产量求出所需养分总量

不同作物在整个生长周期内，都需不断地从土壤（包括所施肥料）中吸收大量养分，才能形成一定数量的经济产量，不同作物由于其生物学特性不同，每形成一定数量的经济产量，所需养分总量是不相同的。

应当指出，如栽培管理不当，那么作物经济产量在生物学产量中所占比重就小，因此每形成一定数量的经济产量，从土壤中吸收的养分总量相对较多。还应当指出，豆科作物如大豆、豌豆等，主要靠根瘤菌固定空气中的氮素，而从土壤中吸收的氮素仅占 1/3。因此，引用豆科作物氮素数据应乘以 1/3。

要想估算作物需肥量，首先要预计某田块上能收多少产量，这一产量可以根据常年的收成作出相应的估算，也可以地定产、以土壤有机质含量定产，推算出作物计划产量需肥量。

2．土壤供肥量的确定

土壤供肥量是以田间无肥区作物产量推算而得。经典的方法是在代表性土壤上设置五项肥料处理实验：CK 为对照，不施任何肥料；PK 表示无 N；NP 表示无 P；NK 表示无 K；NPK 为完全养分处理。

在估算施肥量中，应该用无某种养分区作物产量来估算土壤供应该种养分的数量。

3．肥料利用率

任何肥料施入土壤后，都不能全部被作物吸收利用。其中一部分遗留在土壤中，转化为难溶性的养分或可继续供给后茬作物吸收利用，一部分由于淋溶或挥发而损失。

肥料利用率也叫肥料吸收率，是指当季作物从所施肥料中吸收的养分占肥料中该养分总量的百分数。通过必要的田间试验和室内化学分析工作，可求得肥料的利用率。

现在也可用同位素法，直接测定施入土壤中的肥料养分进入作物体的数量。肥料利用率是评价肥料经济效果的主要指标之一，也是判断施肥技术优劣的一个标准。

肥料利用率的大小与作物种类、土壤性质、气候条件、肥料种类、施肥量、施肥时期和农业技术措施有密切关系。有机肥料是迟性肥料，利用率一般低于化肥，有机肥料利用率在温暖地区或季节高于寒冷地区或季节；瘠薄地上的利用率显著高于肥地；腐熟程度良好的有机肥料利用率高于腐熟差的。采用分层施肥、集中施肥、需肥临界期与最大效率期施肥都可提高利用率。无论化肥或有机肥，

用量愈高，当季利用率愈低。

（二）养分平衡施肥量的估算方法

实现作物目标产量所需养分总量与土壤供肥量的差值，即为需要通过施肥补充的养分的数量。知道了需要通过施肥补充的养分数量，就可以按照实际情况，确定基肥与追肥比例、肥料种类与质量（养分含量）、肥料利用率等，计算出基肥与追肥的计划施肥量。

计划施肥量（kg）=［需要通过施肥补充的养分数量（kg）］/［该肥料某种养分含量（%）× 该肥料利用率（%）］

（三）保护地设施内施肥注意事项

保护地设施是一个相对封闭的环境，过量施肥容易引起土壤中盐类的积聚，使土壤盐碱化和产生有害气体。因此，在肥料施用上应注意做好以下几点。

1．施肥观念要正确

良好的施肥方式应该做到：不断提高土壤肥力；改善土壤理化性质；满足作物对各种养分的需求；降低成本，产量高，品质好，经济效益最大；应通过与加强技术管理相结合来实现产量的提高，而不能只求通过多施肥来提高产量。

2．施肥时期要正确

应根据作物的生育特性及其需肥规律，在不同的生育期，满足作物对于肥料养分种类、数量要求，不偏施氮肥而忽视磷、钾肥和微肥的使用。

3．施肥方法要正确

施肥方法有基肥与追肥，一般要求做到以基肥为主，追肥为辅。具体做到：

基肥选用充分腐熟的猪粪、牛粪、土杂粪等，要深施，切忌使用未腐熟的肥料，以避免产生危害；追肥要适时适量，不超量施肥，不偏施氮肥，氮、磷、钾配合使用。尽量减少硫酸铵、硫酸钾、氯化钾等易在土壤中造成盐分积累的肥料的使用量。

二、二氧化碳施肥

园艺设施中二氧化碳来自有机肥的分解和作物的呼吸作用，在大棚或温室进行换气时，得到大气中二氧化碳的补充。园艺设施在密闭的条件下，二氧化碳的浓度随着作物的光合作用而逐渐下降。阳光充足，作物生长健壮，光合作用旺盛，二氧化碳下降快，有时在见光后 1h ～ 2h 就可能下降到该作物的光补偿点以下。这时若不补充二氧化碳，就会严重抑制作物光合作用的进行，造成减产。大量的研究结果和生产实践都已证明，在温度、湿度特别是光照条件较为适宜的

情况下，提高大棚或温室内二氧化碳的浓度，具有明显的增产效应。根据已有的科研成果和生产经验，温室和大棚果菜生产中施用二氧化碳的浓度在晴天以1500μL/L～2000μL/L为宜，在阴天以500μL/L～1000μL/L为宜。浓度过高不仅增大成本，而且超过一定限度后还会对作物产生不良影响。

（一）二氧化碳施用方法

1．二氧化碳发生源

目前，在国内外采用的二氧化碳发生源主要有以下几种。

（1）增施有机肥试验指出，施入土中的有机肥和覆盖地面的稻草、麦秆等都能产生大量的二氧化碳。这种方法便于实行，成本低，在土壤肥力较差的土壤中使用，既可增加土壤肥力，又能提高二氧化碳浓度。但此法对二氧化碳的浓度难以控制，且一般在施用初期的30d～40d内二氧化碳发生量多，以后则明显减少。

（2）燃烧含碳物质

①第一种方法是燃烧优质煤炭。燃烧蜂窝煤成本低，原料容易得到，但若煤炭质地不纯或燃烧不完全，则会产生一氧化碳等有毒气体，在使用中应特别注意。

②第二种方法是燃烧液化石油气。这种方法成本较低，燃烧完全，产生的二氧化碳纯净度较高，但需液化石油气罐等设备。普通的家用液化气中已注入H_2S，一般不宜直接采用。

③第三种方法是燃烧纯净煤油。燃烧1L煤油约可产生2.5L（1.27kg）二氧化碳。这种方法易燃烧完全，所得二氧化碳气体纯净，但成本高。若煤油为普通产品而燃烧不完全时，则会有余碳并可能产生乙烯气，对作物造成伤害。

（3）释放纯净二氧化碳

①第一种方法是施放干冰（固体二氧化碳）。本法便于定量施放，所得气体纯净。但干冰成本高，且贮运不便。

②第二种方法是施放液态二氧化碳。二氧化碳是酿酒等行业的副产品，可以充分利用制成液态二氧化碳，它的纯度高，不含有害气体，施用浓度便于掌握，但需要使用高压钢瓶作为贮运和施放工具。

（4）化学反应法

可采用强酸（如盐酸、硫酸）与碳酸盐（碳酸钙、碳酸氢铵）反应而产生二氧化碳。每千克纯碳酸钙与酸作用后，可产生约224L二氧化碳。

二氧化碳发生剂：这种产品在国外市场上已有出售，原理是有机酸和碳酸

盐反应产生二氧化碳。这种产品分 A、B 两种制剂，使用时先将 B 剂（有机酸制剂）几天的用量溶解于水，以后再将 A 剂每天按一定的使用量投入其中，使用较为方便，二氧化碳的发生量容易控制，但其成本高，目前只在小范围内使用。

2. 二氧化碳的施用时期和施用时间

二氧化碳在幼苗期施用，可以自幼苗出土后开始，连续施用 20d ～ 30d。生产田则可以在定植后进入开花期时起连续施用 1 ～ 2 个月。

二氧化碳的施用时间可从每天日出后半小时开始，施肥时间最好是持续 1h ～ 3h，至少也要在半小时以上，如因温度较高需要通风时，则应在预定通风前半小时停止施用。

（二）二氧化碳施用应注意的事项

（1）为了充分提高二氧化碳的利用率，晴天施用浓度要高些，阴天光照不足或生长温度不适宜时，施用浓度要适当低些。

（2）二氧化碳的浓度并不是越高越好，应根据作物的种类、生长势灵活掌握二氧化碳的施放量。

（3）用二氧化碳期间，应做好设施的密封工作。温度管理上，为了促进光合作用，白天室温比普通室温提高 2℃～ 3℃，夜间则降低 1℃～ 2℃，以防止徒长。

（4）基肥用量不可过多，适当增施磷钾肥。不要突然停止施用二氧化碳，应逐渐减少二氧化碳的施用浓度并最终停止使用，否则作物容易出现早衰现象。

（5）为了保证人身安全，施用二氧化碳过程中，人不要进入大棚或温室内进行操作，应在施肥结束并通风 10min ～ 30min 以后进行生产操作。

三、根外追肥

根外追肥在作物生产中有着悠久的使用历史，根外追肥的优点是：能迅速补充作物所需的营养元素；克服作物因缺乏营养元素而引起的缺素症（特别是微量元素，作物吸收利用少，在土壤中施用易被固定或分解）；在某些特定的条件下，如干旱季节、水洼地等，应用根外追肥具有明显的增产效果。但根外追肥在实际应用过程中还存在许多问题，如大面积喷雾的机械问题、喷雾的劳动力成本问题、根外追肥营养元素的实际利用率等。因此，根外追肥只能作为土壤施肥的补充，而不能替代土壤施肥。

第五节 化控技术

化控技术是指在栽培环境不适合蔬菜、花卉、果树等生长发育的条件下，用化学制剂来调节植株的生长和发育，确保优质高产的技术。

一、化控技术在设施园艺中的应用

（一）调节植株生长，保持植株适宜的生长势

主要用于控制植株旺长，保持合理的株型，或刺激植株生长，增强植株生长势，克服低温障碍、药害等引起的生长缓慢、花打顶等。

（二）防止落花落果，提高坐果率

设施栽培蔬菜、果树等由于受低温或高温的影响，以及设施内缺乏授粉昆虫等原因，容易落花落果，自然坐果率比较低。因此，设施栽培蔬菜、果树等需要用坐果激素对花朵进行处理，人工保花保果。

（三）打破休眠，及时进入生产

主要用于果树、花卉等冬季或夏季需要进行休眠的品种，在进行设施栽培前或栽培期间，进行化控处理，及时解除休眠，进入开花结果期。

（四）促进果实生长，提高产量，提早成熟

主要用来解决低温期果实生长缓慢，体积小，不能及时收获上市等问题。也有利于改善果实的品质，降低畸形果率，提高产量和效益。常用的有赤霉素促进果实膨大，乙烯利促进西瓜、番茄等果实提早变色等。

（五）调节花的性型，提高有效花率

主要用于一些单性花品种，通过化控措施，增加雌花数或雄花数，克服因设施环境不良而造成的开花晚、有效花数量不足等问题。

（六）促进生根，提高扦插育苗质量

设施栽培花卉、果树、蔬菜等通常需要采用扦插育苗技术，保持植株优良性

状或缩短非生产期，用生根激素处理枝条后扦插，插枝生根多，长势强，优质苗率比较高。

（七）产品保鲜，延迟衰老

如花卉上的切花保鲜、蔬菜保鲜等。

（八）调节花期，适时开花

主要用于花卉的花期控制上，使植株提前或延后开花。

二、化控技术应用中需注意的几个问题

（一）农药的配制

农药的配制是把商品农药配成为可以直接用于田间防治有害生物的状态。农药的使用量和使用浓度除应根据农药商品说明书或标签纸上的说明要求外，还应考虑当地应用条件的实际情况。一般来说，农作物的叶面积系数越大，单位面积用药量也应越大。为保证单位面积作物上有足够的药剂致死病虫害，随着作物生长量增大，用药量也应相应增大。农作物病虫害的发生情况和对某种农药的感受能力，也是确定农药使用量和使用浓度的一个重要指标。害虫种群密度大或病害扩散严重，需要的药量则大；反之，用药量则小。病虫害对某种农药已有一定的抗性，需要适当增加原使用量和使用浓度，以确保能达到防治要求。不同的病虫害对某种农药的感受能力也有明显的差异，如棉铃虫对二氯苯醚菊酯的相对毒力指数为 500，而甘蓝夜蛾则为 100。因此，对不同病虫害在使用同一种农药时，要根据病虫害对农药的感受能力，合理确定用药量和使用浓度。

（二）农药的混合使用

农药合理混合使用可以提高防治效果，扩大防治范围，减少用药量，降低生产成本等。概括起来，主要有以下几方面。

1. 减缓有害生物对药剂的抗性

任何一种农药经过一段时期使用后，它所防治的病、虫、草、鼠害会产生一定的抗药性，随着单一用药的时间增长或浓度不断提高，抗药性会逐渐增强，降低防治效果。如使用不当，很短时间内即大大降低药效。如我国 20 世纪 80 年代初试用和推广的拟除虫菊酯类农药，目前已有 30 多种害虫对溴氰菊酯产生抗性，短短几年时间，有的地区棉蚜的抗药性已高达 16 万倍，而合理的混合使用农药，可以延缓害虫对某种农药的抗性。

2. 弥补某些药剂的不足

众多农药中有的药效慢，有的药效期短，有的防治范围窄，只能防治某种害虫，混合制剂也易受防治对象固定的限制，不能兼治几种有害生物。将两种以上的一些药剂混合则可弥补这些农药的不足。如敌敌畏和三氯杀螨矾混合后，既可发挥敌敌畏杀伤力大、见效快的特点，又能发挥三氯杀螨矾药效时间长的优点，对防治红蜘蛛就能起到见效快、药效时间长的作用。

3. 延长新农药的使用时间

一种新农药品种问世后，为了延长使用寿命，可与老品种混用。如溴氰菊酯与乐果混用防治蔬菜蚜虫，溴氰菊酯与马拉硫磷混用防治茄子红蜘蛛等，能起到提高防治效果、延长溴氰菊酯农药药效时间的作用。

（三）预防抗药性的方法

1. 综合防治

采取综合防治措施，把化学防治、农业措施防治、物理防治、生物防治等有机地结合起来，克服单一依赖化学农药的防治方法。在充分发挥综合防治措施的基础上，选择适宜的化学农药，抓住防治关键时期，进行药剂防治，这样可以调节化学防治同其他防治措施的矛盾，达到消灭虫害、保护有益生物、减轻污染、预防产生抗药性的目的。

2. 与新农药轮换使用

如某地区害虫对某种农药已产生抗性，就应停止或暂时停止使用这种农药，改用其他新农药。需要注意的是：更换新农药要求害虫对未用过的农药没有交互抗药性，如害虫对一些有机磷农药产生了抗性，虽然本地区对某种有机磷农药没有使用过，而害虫已对它有了抗药性，因此，不能再用它轮换使用。

3. 改变使用药剂方法

主要应注意以下两点：

（1）根据不同的作物田和不同的害虫，选用恰当的施药技术，使药剂在作物上沉积分布均匀。

（2）混合使用。

第六节　无公害园艺产品生产

随着科学技术的发展和人类文明的进步，世界农业经过原始农业、传统农业

和常规现代农业的发展之后，依靠大量的农药、化肥等投入，在20世纪有了突飞猛进的发展，西方发达国家和一些发展中国家，食品在数量上已经完全能够满足人们的需要。但是现代农业的发展也造成了严重的环境与资源问题，蓝天碧水越来越少，耕地、煤炭、石油等资源越来越短缺，尤其是食品的安全性问题更令人担忧。如农药化肥等有害物残留、疯牛病、口蹄疫、转基因等问题日益突出，人们对工业污染物及药物残留通过食物链传递，危害人体健康的认识也越来越清楚，保护环境、保障食品安全的呼声不断提高，无公害食品生产已经成为人们关注的焦点。世界各国都在推出具有各自特色的生态食品、自然食品、健康食品、有机食品等所谓安全食品。我国也为了应对“入世”给农产品质量带来的压力和满足人民日益增长的对食品安全的要求，力求增强农产品的市场竞争力，增加农民收入，实现农业的可持续发展。2001年4月农业部组织实施的“无公害食品行动计划”正式启动，拉开了我国主要农产品生产与消费的序幕。无公害食品作为一项新的任务，摆在了政府和生产者、经营者以及消费者的面前，成为今后农业生产的一个主要发展目标。

一、发展无公害生产的意义

1. 无公害食品是世界农业的发展方向

人类在经过原始农业、传统农业和常规现代农业的发展之后，已经认识到现代农业的弊端，如不当的耕作造成水土流失，使许多土地荒废；过度种植与放牧使土壤地力下降；过量的施用化肥和不当的灌溉破坏了土壤结构，加速了次生盐渍化，使土壤生产能力日益下降，而为了维持农田眼前的生产，愈益依赖于化肥，如此反复的恶性循环，导致土壤生态环境的恶化；为了防治有害生物的危害，人们大量使用化学农药和除草剂，虽然暂时控制住了病虫草的危害，保住了产量，但与此同时，杀灭了天敌，破坏了自然界动物区系及昆虫、微生物与植物之间的生态平衡，有害生物抗药性逐渐增强，最终会导致病虫草害的爆发，甚至达到难以控制的地步；此外，森林和草原面积的减少使风沙加剧，人类生存环境更加恶化，农业的持续发展受到严重威胁；更有甚者，农药、化肥的滥用不仅污染了大气、土壤与河流，也直接威胁到我们的食品安全，等等。这些问题使发展经济与保护环境的矛盾越来越尖锐，人们已经认识到发展经济不能以牺牲人类赖以生存的环境为代价，世界各国都在积极探讨既能实现发展目标，又能保护和改善生态环境的途径，寻求农业持续发展之路。

无公害生产是保护环境和发展经济相协调的有效措施，有利于促进农业生产的可持续发展，利于维护和优化农业基础生产条件，是保护环境与发展生产的统一。

2. 无公害生产是我国经济和社会发展的必然

我国是一个发展中国家，正面临着发展经济和保护环境的双重任务，走可持续发展道路是中国的必然选择。农业是我国国民经济的基础，农村是我国社会发展的主体，农业的可持续发展又是中国经济和社会可持续发展的根本保证。

发展与环境的矛盾是我国农业发展面临的主要矛盾，人口多、耕地少、底子薄，是我国最基本的国情，人增地减的逆向运动，已成为我国经济社会发展的一个不容忽视的瓶颈；更为严重的是传统的农业生产方式对自然资源的掠夺开发，以及大量化肥和化学农药的使用，使农业生产所依赖的生态环境日趋恶化，从根本上制约了农业生产的持续和稳定发展，而且严重威胁着人类的健康和安全。

开发无公害食品，有两个根本目的，其一是通过消费无公害食品，增进人们的身体健康；其二是通过生产无公害食品，保护自然资源和生态环境。发展无公害生产，符合我国农业可持续发展的要求，是我国经济和社会发展的必然。

3. 发展无公害生产利于推动我国农业产业化进程

农业的产业水平太低是导致我国农业生产能力长期低下的主要原因。无公害食品的生产与开发是一项系统工程，强调“从农田到餐桌”的全程质量监控，实行产前、产中、产后一体化管理，将分散的农户和企业集中起来，以形成“市场引导龙头企业，龙头企业带动农户”的产业化格局，并通过技术和管理，使分散的企业和农户有组织地步人产业一体化的发展轨道，分散的产品有组织地进入流通大市场。因此，发展无公害生产能够推动我国农业产业化，加快农业现代化进程。

4. 发展无公害生产是提高农业整体效益的有效途径

发展无公害生产能够实现生态效益、社会效益、经济效益的高度统一，全面提高农业生产的整体效益。

无公害生产强调的就是整个生产过程的无污染，可以最大限度地保护生态环境，具有显著的生态效益。通过无公害生产产出的无公害食品强调的就是其质量安全，在提高人民的生活质量、保障人类身体健康方面起到了很大的促进作用；由于无公害食品生产属劳动力密集型产业，较传统农业可以消化更多的农村富余劳动力，缓解就业压力，因此，具有良好的社会效益。无公害农产品价格较传统农产品价格高，而且由于减少了化学农药、化肥的投入量，生产成本较传统农业并没有多大的增加，同时由于产业化程度的增加，单位管理成本低于常规农业生产，具有十分显著的经济效益。

5. 发展无公害生产是突破绿色壁垒参与国际竞争的需要

在当前国际贸易中，绿色壁垒已成为最重要的壁垒之一。不采取积极的措施以应对绿色壁垒，在国际市场上就只会是寸步难行，而大力发展绿色经济，提升

我国农产品的国际竞争能力，才是应对绿色壁垒的更为根本的措施。这就需要大力开发绿色产品、实施绿色生产、铸造绿色品牌等，也就是要积极发展绿色无公害生产，生产出无可挑剔的绿色食品。

6. 无公害食品市场潜力巨大

随着国民收入和生活水平的提高，对安全、优质、营养型的无公害食品的需求量大量增加，国际市场的需求也十分旺盛。据在上海、北京、广州等城市调查，有 79% ～ 84% 的消费者购买食品时优先选择无公害食品；英国大约 80% 的有机食品依赖进口，而德国的进口量已高达 98%。随着市场经济的发展，广大食品企业（农场）为增加产品在市场竞争中的筹码，对产品质量认证服务的需求越来越强烈；广大消费者则希望权威机构对产品质量进行客观、公正的评判，以监督企业对消费者权益保护的承诺，无公害食品正在成为全社会生产和消费的热点。

二、无公害园艺产品生产的标准和技术

无公害园艺产品生产是指园艺产品的生长环境、生产过程以及包装、贮存、运输中未被有害物质污染，或虽有轻微污染，但符合国家标准的园艺产品。无公害园艺产品的生产是有其严格标准和程序的，它主要包括环境质量标准、生产技术标准和产品质量检验标准，经考查、测试和评定，凡符合以上标准的方可称为无公害园艺产品。绿色食品必须经由中国绿色食品发展中心的检测和审定，获准后发给绿色食品证书，并准许使用绿色食品标志。生产无公害园艺产品还要和优质、高产结合起来，使其达到安全、优质、营养丰富的要求。

（一）环境质量标准

无公害园艺产品生产一定要选择好基地，周围不能有工矿企业，并远离城市、公路、机场、车站、码头等交通要道，以避免有害物质的污染，要对园艺产品生产环境中的大气、土壤、灌溉水进行监测，符合标准的才能确定为基地，这是生产无公害园艺产品的基础条件。大气、土壤、灌溉水等环境质量应以农业环保部门监测数据为准。

1. 大气监测标准

大气监测可参照国家制定的大气环境质量标准执行。

一级标准：为保护自然生态和人群健康，在长期接触情况下，不发生任何危害影响的空气质量要求。生产绿色食品和无公害园艺产品时的环境质量应达到一级标准。

二级标准：为保护人群健康和城市、乡村的动植物，在长期和短期接触情况

下，不发生伤害的空气质量要求。

三级标准：为保护人群不发生急慢性中毒和城市一般动植物（敏感者除外），正常的空气质量要求。

2．灌溉水标准

园艺产品生产时的灌溉水要求清洁无毒，并符合国家《农田灌溉水质量标准》（GB5084～92），其主要指标是：pH5.5～8.5，总汞≤0.001mg/L，总镉≤0.005mg/L，总砷≤0.1mg/L（旱作），总铅≤0.1mg/L，铬（六价）≤0.1mg/L，氯化物≤250mg/L，氟化物≤2mg/L（高氟区）、3mg/L（一般区），氰化物≤0.5mg/L。除此以外，还有细菌总数、大肠菌群、化学耗氧量、生化耗氧量等项。水质的污染物指数分为3个等级：1级（污染指数≤0.5）为未污染，2级（0.5～1）为尚清洁（标准限量内），3级（≥1）为污染（超出警戒水平）。只有符合1～2级标准的灌溉水才能用于生产无公害园艺产品。

3．土壤标准

土壤污染源主要有：①水污染，它是由工矿企业和城市排出的废水、污水污染土壤所致；②大气污染，由工矿企业以及机动车、船排出的有毒气体被土壤所吸附；③固体废弃物，由矿渣及其他废弃物施入土中造成的污染；④农药、化肥污染，土壤中污染物主要是有害重金属和农药。因此，园艺产品生产时的土壤监测的必测项目是：汞、镉、铅、砷、铬5种重金属和六六六、滴滴涕2种农药以及pH等。其中土壤中六六六、滴滴涕残留标准均不得超过0.1mg/kg，5种重金属的残留标准因土壤质地而有所不同，一般采用与土壤背景值（本底值）相比，具体可参阅中国环境质量监测总站编写的《中国土壤环境背景值》。土壤污染程度的划分主要依据测定的数据计算污染综合指数的大小来定，共分为5级：1级（污染综合指数≤0.7），为安全级，土壤无污染；2级（0.7～1）为警戒级，土壤尚清洁；3级（1～2）为轻污染，土壤污染超过背景值，作物、园艺产品开始被污染；4级（2～3）为中污染，即作物或园艺产品被中度污染；5级（>3）为重污染，作物或果树受严重污染。只有达到1～2级的土壤才能作为生产无公害园艺产品基地。

（二）生产技术标准

在园艺产品生产过程中要控制因农事操作造成的人为污染，对整地、施肥、灌溉、套袋、病虫害防治、农药使用、采收产品等田间管理的各个环节，都要从严掌握，不得因人为措施处理不当而造成新的污染。为此要按照无公害园艺产品的生产要求，因地制宜地制定出生产技术操作规程。在园艺产品生产的诸多农事操作措施中，最易造成污染的就是农药和肥料，特别是农药。例如，据某市农业

科学研究所试验，春季（4 月 29 日）用高毒农药甲胺磷在桃树上涂环防治蚜虫，施药后 2 个月测定，桃果中甲胺磷的残留量仍达 0.016mg/kg，而国家标准规定甲胺磷在果品、蔬菜中均不得检出。

（三）产品质量检验标准

生产无公害园艺产品应对其安全性和商品性进行检测，符合标准的方可称其为无公害园艺产品或绿色食品。

1. 园艺产品安全性测定

安全性检测主要是根据绿色食品标准或国家标准检测园艺产品中的有害重金属和农药残留量。若以上两个标准中没有的，则可参照国际标准确定是否超标。

重金属中铜、锌、汞、铬、铅、镉、砷和园艺产品中常用农药以及六六六、滴滴涕都是必检项目。绿色食品标准规定的残留指标一般均高于国家标准，无公害园艺产品可按照国家标准执行。园艺产品中有害物质残留量的测定，应以国家指定的测试部门测定的数据为准。

2. 园艺产品商品性测定

无公害园艺产品以其安全、优质、营养丰富为特色，有很大的市场潜力，因此对其商品性要求较高，除了要达到无污染指标外，还要根据园艺产品大小、色泽好坏分出园艺产品等级，外观要洁净，园艺产品质量的理化指标要达到标准，包装材料要符合清洁、无毒、无异味的要求，包装设计精美。另外，还要注意在贮藏、运输和销售过程中不能造成二次污染。这样的商品在市场上才有较强的竞争力。

（四）无公害园艺产品生产技术要求

园艺产品的污染源主要来自环境污染和生产污染两个方面。环境污染情况比较复杂，牵涉到政策、资金、技术等诸多问题，一时尚难以进行全面治理，只能是逐步改善。但是我们不能等环境问题解决了才搞无公害生产。我国地域辽阔，环境污染有轻有重，差别极大，因此我们可以选择污染极轻的地方作为生产基地。生产污染主要是人为造成的，只要在园艺产品生产的各个环节中采取先进的科学的管理措施，因地制宜地制定优质园艺产品的生产管理技术规范，特别是严格限制农药和肥料的使用，就可以控制污染。

第五章

设施蔬菜栽培技术

第一节　茄果类蔬菜设施栽培技术

一、辣椒设施栽培技术

辣椒，别名海椒、辣子、番椒等。为一年生茄科植物，原产南美洲热带地区，世界各国普遍种植，我国约明代末年传入，至今已有300多年的栽培历史。随着日光温室和塑料大棚等栽培设施的发展，辣椒的设施栽培面积不断扩大，栽培季节也发生了较大的变化。

1．辣椒生长发育对环境条件的要求

（1）温度

辣椒为喜温蔬菜，种子发芽的适宜温度为20～30℃，最适温度为27℃左右；生育最适温度白天27～28℃，夜间18～20℃，地温17～26℃。初花期，低于12℃难于授粉易引起落花落果；高于32℃花器发育不全，或柱头干枯不能受精而落花。果实发育和转色要求温度在25℃以上。

（2）光照

辣椒对光照长短和光照强度的要求不严格，只要温度适宜，一年四季均可栽培。辣椒种子在黑暗的条件下容易发芽，而幼苗生长需要良好的光照条件，光饱和点为（3～4）$\times 10^4$lx，光补偿点为1500lx。相对于茄子、番茄等果菜类蔬菜，辣椒比较耐荫，适合进行设施早熟栽培。

（3）水分

辣椒在茄果类蔬菜中是较耐旱的，因为它的根系发达，吸收力强，且叶片小蒸发量小。辣椒不同的生长期对水分的需求不同，种子发芽需要较多的水分；幼苗期植株小，需水少；进入开花结果期需要充足的水分，否则，果实膨大迟、瘦

小、产量低。

（4）土壤营养

辣椒对于土壤的适应性较强，但相对而言，地势高燥、排水良好、土层深厚、肥沃、富含有机质的壤土或砂壤土较为适宜，尤其在早熟栽培中，宜选择土温容易升高的沙质壤土。辣椒适宜的土壤 H 值为 6.0 ～ 6.8. 辣椒对氮、磷、钾肥料三元素均有较高的要求，幼苗期植株小，需氮肥较少，但需适当的磷、钾肥；进入开花结果期对氮、磷、钾肥的需要量较大，因为氮肥能促进发新枝，磷、钾肥供根系生长和果实发育。此时施入适当的硼肥可加速花器的发育，增加花粉和受精能力。据报道，生产 1000kg 辣椒，需吸收氮 5.17kg、磷 1.05kg、钾 6.41kg。

2．辣椒的生活周期

辣椒的生活周期包括发芽期、幼苗期、开花期、结果期。

3．栽培品种分类

目前普遍栽培的辣椒按果形主要是长角椒类和灯笼椒类的品种；按果实辣味可分为甜椒类型、半（微）辣类型和辛辣类型三大类；根据成熟期的差异又可分为早熟、中熟、晚熟品种。

4．栽培技术

①品种选择。塑料大棚早熟栽培要选用早熟、耐寒、耐湿、耐弱光、株形紧凑而较矮小的抗病良种。大棚早熟辣椒要早播种，育大苗。

②种子处理。播种前 1 ～ 2d 选晴天晒种，注意不要烫坏种子。播种前将种子置于 55 ～ 60℃温水中浸泡 15min，浸泡时不断搅拌，然后再加水浸泡 5 ～ 7h，用清水洗净种皮上的黏质，沥干。洗净后的种子用 0.1% 的高锰酸钾溶液浸泡 5min，清洗后准备播种。

③播种育苗。辣椒早熟栽培一般是头年 9 月中下旬 -10 月上中播种育苗，11 月移栽，定植时苗矮壮，已分杈、带花蕾。苗床选择前茬未种过茄果类作物、土壤肥沃的壤土或砂壤土。播种前先浇足苗床底水，再将处理好的种子均匀撒入苗床，然后盖腐熟细粪肥或营养土，厚度以看不见种子为宜。一般每平方米苗床可播种辣椒种子 25 ～ 30g（每亩栽培面积需种量长辣椒类型为 150g 左右，灯笼椒类型为 120g 左右）。播种后用塑料薄膜将苗床盖严，以保证适宜的温、湿度，顺利出苗。

④假植。假植前 15d 至 1 个月用 50% 园土和 50% 的腐熟粪肥配制营养土，按 $1m^2$ 加入磷肥 3 ～ 5kg，每 $667m^2$ 准备营养土 1500 ～ 2000kg，拌匀，浇水，盖膜堆沤。齐苗后 10 ～ 15d（2 ～ 3 片真叶时）即可假植于营养钵中，遮阳管理。

⑤整地、定植。定植前要尽早深翻土地任其暴晒和霜冻，以利改良土壤和

消灭部分病菌及害虫。结合耕翻土地施入基肥。基肥应以有机肥为主。一般每667m² 施优质有机肥 5000kg，氮、磷、钾复合肥 50kg，钙镁磷 50kg，硫酸钾 10kg。定植前 7 ～ 10d 扣上棚膜，畦面盖地膜，提高棚温和地温。

二、番茄设施栽培技术

番茄，别名番茄、番柿、柿子等。为一年生茄科植物，原产于南美洲的秘鲁、厄瓜多尔、玻利维亚。大约在 17 ～ 18 世纪传入我国，经过多年的摸索，其栽培技术特别是设施栽培技术得到了发展，在全国栽培迅速发展起来，目前番茄已成为我国各地主要蔬菜之一。

1．番茄生长发育对环境条件的要求

（1）温度

番茄为喜温性的茄果类蔬菜作物，种子发芽的最低温度为 12℃，最适温度为 26 ～ 29℃左右；营养生长最适温度 21 ～ 26℃；开花结果期温度应稍高一些，但不宜高于 30℃，如果高于低于 32℃会引起生理障碍；根系生长的适宜土温（5 ～ 10cm 土层）为 19 ～ 22℃，低于 12℃根系生长受阻。

（2）光照

番茄是喜光作物，适宜的光照强度为（3 ～ 5）$\times10^4$lx，光饱和点为 7×10^4lx，从光饱和点开始，随着光照强度的下降，光合作用的能力降低。如果光照弱，番茄节间细，叶片变薄，叶色淡绿，影响产量。

（3）水分

番茄半耐旱，而不耐涝，对土壤湿度要求较高，以维持土壤最大持水量的 60% ～ 80% 为宜；对空气湿度要求低，以 45% ～ 55% 为宜。

（4）土壤营养

番茄对土壤的要求不太严格，但相对而言，以地势高燥、排水良好、土层深厚、肥沃、富含有机质的微酸性土壤（pH 值为 6.0 ～ 6.8）较为适宜，番茄对氮、磷、钾肥料三元素均有较高的要求。据报道，生产 1000kg 果实，需吸收氮 2.00kg、磷（P_2O_5）1.00kg、钾（K_2O）6.60kg。

2．栽培品种分类

番茄的栽培品种按照其花序着生的位置及主轴生长的特性，可分为有限生长型和无限生长型两大类。

3．栽培技术

①品种选择

塑料大棚早熟栽培要选用在低温、弱光下坐果率高，早熟、耐湿、株形紧凑的抗病良种。大棚早熟番茄栽培。一般头年 10 ～ 11 月上中播种育苗，12 月至

翌年 2 月移栽，定植时苗矮壮，已分杈，有的带花蕾。

②播种育苗

目前我国番茄栽培全部采用育苗移栽。育苗移栽可延长植株的生长期及采果期，提高产量；育苗移栽有利用茬口安排，充分利用土地；育苗移栽育苗环境易于控制，可以育出健壮的幼苗；育苗移栽通过分苗或移栽切断主根，可以促进幼苗的侧根发生，有利用对肥水的吸收和植株的生长发育。

③幼苗管理

a. 温度管理。出苗前，大棚温度控制在白天 25 ～ 29℃、夜间 18 ～ 20℃，有利益出苗。幼苗出土后大棚温度控制在白天 15 ～ 20℃、夜间 10 ～ 15℃，相对湿度控制在 60% ～ 70%，有利益根系生长，控制徒长。

b. 假植。当幼苗二叶一心时，将幼苗按 5cm×5cm 的见方假植于营养钵或另外的苗床。

c. 幼苗锻炼。为了使番茄幼苗定植后能适应低温环境，应在定植前一段 7 ～ 10d 进行“锻炼”，主要措施为：加强大棚或小拱棚的通风，减少浇水和施肥，控制生长量。番茄幼苗比茄子和辣椒幼苗容易徒长。而低温锻炼是防止徒长和冻害的有效措施，并有促进花芽分化。

④整地、作畦与施基肥

前茬收获后，尽早深翻土地任其暴晒和霜冻，以利改良土壤和消灭部分病菌及害虫。结合耕翻土地每亩施入腐熟的有机肥 4000 ～ 5000kg，氮、磷、钾复合肥 50kg，钙镁磷 50kg，硫酸钾 10 ～ 12kg。随后做成宽（连沟宽）1.2 ～ 1.3m 的高畦。

⑤定植

定植前 10 ～ 15d 扣上棚膜，畦面盖地膜，提高棚温和地温。11 月至次年 2 月，在畦上作横行栽培，每畦两行，单株定植，采用双干整枝的每亩栽培 2000 ～ 2500 株为宜；采用单干整枝的每亩栽培 3000 ～ 3500 株为宜。定植前一天宜对苗床浇一次透水，拔苗时应多带土，减少伤根。定植的深度以子叶为界，不宜过深或过浅。定植后要及时浇足“定根水”，以保证秧苗缓苗的需要。

第二节　瓜类蔬菜设施栽培技术

一、黄瓜设施栽培技术

黄瓜，又名胡瓜、王瓜等，属葫芦科黄瓜属一年生草本植物。黄瓜营养丰富，经济价值高，既可生食又可熟食，是人们喜爱的水果型蔬菜。黄瓜是保护地栽培的主要蔬菜种类。可利用塑料大棚进行冬春早熟、秋延后反季节栽培，配合露地越夏栽培可实现四季栽培，周年供应。

1．黄瓜生长发育对环境条件的要求

（1）温度

黄瓜原产热带印度西北部潮湿森林地带，长期处于水肥充足、有机质丰富的土壤和潮湿多雨的环境中，形成了根系浅、叶片大、喜温、喜湿和耐弱光的特征特性。其种子发芽的适温为 27 ～ 30℃，20℃以下发芽缓慢，低于 12℃不能发芽，高于 35℃发芽率降低；生长发育适温为白天 25 ～ 30℃，夜间 12 ～ 18℃，昼夜温差 10℃为宜；10℃以下生长缓慢，低于 5℃受冻害，高于 40℃光合作用衰退，生长停止。

（2）光照

黄瓜是瓜类作物中相对比较耐弱光的蔬菜，光饱和点为（5.5 ～ 6.5）$\times10^4$lx，光补偿点为（1.5 ～ 2.5）$\times10^4$lx，生育期间最适宜的光照强度为（4 ～ 5）$\times10^4$lx，2×10^4lx 以下不利于高产，茎叶弱，侧枝少，生长不良。黄瓜属短日照作物，8 ～ 10h 的日照能促进雌花形成。

（3）土壤

黄瓜根系浅，根群弱，栽培宜选用有机质丰富疏松、透气、能排能灌的肥沃壤土。黄瓜适宜的 pH 值为 5.5 ～ 7.2，但以 pH6.5 最适宜。黄瓜喜肥，但不耐高浓度肥料，因此黄瓜的施肥原则是“少量多餐”。

黄瓜整个生育期间要求钾最多，氮次之，再次为钙、磷、镁。黄瓜在幼苗期和抽蔓发棵期吸收的氮、磷、钾量占整个生育期的 20%，而在结果期占 80% 以上，故应把结果期作为施肥的关键时期。每生产 1000kg 黄瓜需吸收氮 2.8kg，五氧化二磷 0.9 ～ 1.1kg，氧化钾 9 ～ 1kg，钙 3.1 ～ 3.3kg，硫酸镁 7kg。

（4）湿度

黄瓜根系浅、叶片大、蒸腾作用大，消耗水分多，故喜湿、怕涝而不耐旱。黄瓜生长发育适宜的空气湿度为 80% ～ 90%，土壤湿度为 70% ～ 90%，但长期高湿易导致病害发生。黄瓜不同生长发育阶段需水量不同，种子发芽时要求有足量的水分，使营养物质分解以迅速发芽；幼苗期应适当供水，以防沤根、徒长及引起病害发生；初花期要适当控水，以后随植株生长需水量逐渐增多，尤其是结果期，必须满足水分供应以防出现畸形瓜或化瓜，并延长结果期。

（5）气体

黄瓜栽培要求土壤要有较好的通透性，要求土壤中氧的含量一般为 15% ～ 20%，因此在黄瓜生长发育前期要注意中耕松土。

2. 类型

我国目前黄瓜栽培品种的类型划分方法不一致。有的按栽培方式划分为地黄瓜和架黄瓜两类；有的按黄瓜果面有无棱刺将黄瓜划分为有棱刺类型和无棱刺类型。近代学者多数是按栽培品种的次级起源地和果实形状，将黄瓜划分为华北系品种、华南系品种、欧美系品种、小黄瓜、野生黄瓜5种类。

3. 黄瓜设施栽培技术

①品种选择

大棚黄瓜秋延后栽培，就是在深秋较冷凉季节，夏秋露地黄瓜已不能正常生长时利用大棚的保温防霜作用继续生产黄瓜的一种栽培方式。该茬口的气候特点和早春早熟大棚栽培正好相反，前期处于高温多雨季节，而后期急剧降温，温度较低。因此，选用品种要求苗期耐高温、耐强光，结瓜期耐低温、耐弱光，始瓜部位高，抗病性、适应性强。

②播种育苗

a. 播种期的确定。播种过早，苗期赶上高温多雨，病害严重，导致植株早衰，并且与露地夏秋黄瓜同时上市，既不利于延后供应，也影响产值；播种过晚，生长后期气温急剧下降，结瓜期缩短，影响中后期产量，降低产值。一般适宜播种期为7月下旬至8月上旬。

b. 整地、做畦施底肥。前茬作物收获后应及时清地块，并深挖地，让其在阳光下充分暴晒，杀死部分病菌及害虫，以减少其危害。并施足底肥，每667m^{2}施入腐熟有机肥4000～5000kg，普钙50kg，钾肥10～15kg，肥土均匀混合深翻后，做成宽130cm、高20～30cm的畦。

c. 播种。黄瓜设施栽培一般有直播和育苗两种方法，但秋大棚延后栽培，生产上多采用扣棚直播法，每667m^{2}大田需种200g左右。具体为：按行距60cm，株距20～30cm，在畦上开深3～4cm，宽4～5cm的小沟，浇足底水，每隔8～9cm放1～2粒干种子（一般不用浸种催芽），播种后覆土厚1cm。

二、西瓜设施栽培技术

西瓜，又名水瓜、寒瓜等，属葫芦科西瓜属一年生草本植物。西瓜果肉多汁味甜，清凉爽快，经济价值高，是人们盛夏解暑的特殊水果。现在世界各国普遍栽培，除常规露地或地膜覆盖栽培外，已采用塑料大棚等保护设施栽培，并取得了较好的经济效益。

1. 西瓜生长发育对环境条件的要求

（1）温度

西瓜原产非洲草原，耐热力极强。种子发芽的适温为26～30℃，15℃开

始发芽，低于15℃不能发芽，高于35℃发芽受到影响，并造成裂壳；生长发育适温为白天25～31℃，营养生长温度要低一些，10℃时生长缓慢，低于5℃受冻害，高于35℃生长受阻，但在坐果和果实生长时需要的温度要高些，最低为15℃，在较低温度下，果实发育缓慢，果皮厚，易空心和畸形，含糖量下降，品质差。

（2）光照

西瓜是短日照作物，光饱和点为8×10⁴lx，光补偿点为4×10⁴lx。西瓜苗期日照8h以内，第一雌花节位低；若日照16h以上则抑制雌花形成。

（3）土壤

西瓜为深根系作物，其根系入土深而广，吸收能力强，栽培宜选用土层深厚、疏松肥沃、排水良好的壤土或砂壤土。西瓜对土壤pH值要求不严格，在pH值为5～8的范围内都可以生长。西瓜营养生长期需要较多的氮、钾肥，果实膨大期特别需要钾肥。

（4）湿度

西瓜耐旱而不耐涝，要求空气干燥，相对湿度为50%～60%。西瓜一生需水多，不同生长发育阶段需水量不同，种子发芽时要求有足量的水分，使营养物质分解以迅速发芽；苗期以65%为宜，抽蔓期、开花结果期以70%～75%较适宜。栽培中要注意的是西瓜怕渍水，淹水超过12h即死亡。因此，栽培时应选用排水良好的地块。

2．类型

西瓜的分类有多种方法，根据用途分为果用西瓜和子用西瓜；根据果实大小分为大西瓜、中西瓜和小西瓜；根据成熟期又可分为早、中、晚熟品种。我国目前西瓜栽培品种生产上比较实用的是按熟性分类，但在早、中、晚熟品种的区别尚无统一的国家标准，通常以雌花从开花到果实成熟所需要时间来确定。

3．西瓜设施栽培技术

（1）品种选择

西瓜设施栽培应选择耐低温、耐弱光、耐湿，主蔓雌花出现节位低，结果能力强，果实发育周期短的早熟品种。

（2）播种育苗

①播种期的确定

西瓜设施栽培以早熟栽培为主，主要有塑料大棚及日光温室栽培。

根据不同的气候类型，可周年生产。在长江下游的浙江、江苏、上海等地，主要是塑料大棚栽培，一般1月下旬至翌年2月播种，5月上中旬开始收获。而在北方是日光温室栽培（如北京），一般12月下旬至翌年2月下旬播种。4月

上中旬开始收获。

②选地、整地、做畦施底肥

西瓜忌连作，因此，应选择背风向阳，排灌条件好的砂壤土或砂土，前茬作物收获后，及时清地块，并深挖地，让其在阳光下充分暴晒，杀死部分病菌及害虫，以减少其危害。并施足底肥，每 667m^2 施入腐熟有机肥 2000 ～ 3000kg，普钙 30 ～ 50kg，钾肥 5 ～ 15kg，肥土均匀混合深翻后，爬地栽培做成宽 80cm、高 15 ～ 20cm 的畦；搭架栽培做成宽 60cm、高 10 ～ 15cm 的畦，覆盖地膜，准备定植。

③播种育苗

西瓜设施栽培有直播和育苗两种方法。早熟栽培一般采用温床育苗。西瓜根系再生能力差，伤根后容易成僵苗，因此，应采用营养钵等进行护根育苗。在热区早熟栽培（如西双版纳），一般采用直播法，播种前用 50℃温水浸种 12 ～ 24h，用湿润纱布包好在 25 ～ 30℃的条件下催芽，3 ～ 4d 破口即可播种。

育苗移栽最好用营养土育苗，西瓜适龄壮苗为 35 ～ 40d，具 3 ～ 4 片真叶即可定植。

（3）定植

西瓜早熟栽培定植最好选晴天上午 10 时左右进行，每 667m^2 大果形定植 300 ～ 400 株，中果形定植 400 ～ 500 株，小果形定植 500 ～ 600 株。定植时在已经盖好的地膜上按不同品种需要的行株距打孔，每孔定植 1 株，然后盖严四周。

第三节　绿叶菜类蔬菜设施栽培技术

一、西芹设施栽培技术

西芹，别名西芹菜、洋芹菜等。西芹原产地中海沿岸沼泽地带，西方国家栽培普遍。西芹营养丰富，含有钙、铁、磷和维生素 A、B、C 及芳香油等，可炒食、凉拌、做馅和调味。在医药上有镇静和保护血管的作用，常食芹菜对防止高血压、血管硬化、糖尿病等有一定疗效，是一种药食兼用的蔬菜，西芹为伞形花科芹菜属 1 ～ 2 年生草本植物，为芹菜的一个变种。近几年来从国外引进的大型芹菜品种，株型紧凑粗大，叶柄宽，肥厚，纤维少，质脆味甜，可凉拌、炒食、做馅，深受人们欢迎，目前已经成为市场上当家蔬菜品种。

1. 西芹对环境条件的要求

（1）温度

西芹是喜欢冷凉温和环境的半耐寒作物，怕高温强光，种子发芽适温15～20℃，4℃开始发芽，但发芽慢。营养生长期适温15～22℃，高温和强光照影响叶数的增加和叶柄的肥大生长。相对耐低温，经过锻炼的幼苗能忍耐-5至-4℃的低温，成株可耐-7至-6℃的低温。

（2）光照

西芹较耐荫，夏秋高温季节育苗和栽培，要采取有效的遮光降温措施，冬春季节栽培要利用大棚和温室等保护地设施。

（3）水分

西芹喜欢湿润，尤其是浅根性作物，根系分布范围较小，吸收能力弱，栽培密度较大，总的蒸发量大，所以从育苗开始必须经常浇水，幼苗期缺水生长不良，还容易死苗。成株输导组织发达，比较耐涝，幼苗期畦面存水容易涝死。

（4）土壤肥料

西芹为浅根系作物，其根系吸收能力弱，适于保肥力强，富含有机质的壤土或粘壤土。土壤pH6.5～7.0较适宜。营养生长期需要充足的营养，要施足底肥，并多次追施速效肥。西芹要求氮、磷、钾肥配合施用，氮肥不足，叶数减少，叶柄伸长缓慢，质量减轻，产量不高，特别是初期和后期影响最大。钾充足时可促使叶柄薄壁细胞贮蓄养分，促进叶柄伸长生长，并加粗加重，品质好，筋少而有光泽，提高商品品质，所以初期缺钾影响较小，后期缺钾影响较大。磷对叶柄第一节的伸长影响较明显，所以初期缺磷比其他时期影响大。

施氮、磷、钾过多对西芹叶片的生长也有不利影响。氮肥过多使叶柄变细，叶片大，易倒伏，立心期延长，收获期晚；钾肥过多妨碍钙的吸收，容易诱发干心病，也阻碍对硼的吸收，容易使叶柄开裂；磷肥过多，叶柄细长，维管束增粗，影响品质。此外，西芹对硼和钙需要严格。土壤缺硼，或由于温度过高或过低，硼素吸收受影响，不仅发生叶柄横裂，还容易并发黑心病；钙不足时会发生黑心病；因此，栽培时应注意多施土添肥，并增施硼、钙等肥料。

综上所述可以看出，西芹营养生长期具有生长速度快，温、光、水、肥条件要求严格的特性，产品的产量和品质与各个时期的环境条件有密切的相关性，只有掌握其特性，采取适宜的农业技术措施，才能获得优质高产。

2. 生长发育特性

西芹在正常情况下，第一年形成营养器官，第二年抽薹开花结实。它的整个生育过程分为营养生长期和生殖生长期。

3．塑料大棚西芹栽培技术

西芹品质脆嫩，产量高，现将其栽培技术介绍如下。

①品种选择

夏秋季栽培西芹宜选用耐高温的抗病品种。

②准备苗床

2月下旬至4月上旬，选择排灌方便、土质疏松肥沃的地块作苗床。栽 $1hm^2$ 大棚需苗床 750 ～ 900m^2。整地前每平方米施优质农家肥 7kg，过磷酸钙 25g，翻耙耧平后做成 1.2m 宽的平畦。

③适时播种

a. 播种期。采用塑料大棚保温育苗，于2月下旬 -4月上旬播种。

b. 播种量。西芹种子发芽率较高，一般每公顷用种量为 750 ～ 1500g 即可。

c. 播前处理

种子处理：播种前将种子用 15 ～ 20℃清水浸泡 12 ～ 24h，搓去种子表面黏液，淘洗干净后将种子沥干，用湿纱布包裹后在 15 ～ 20℃温度下催芽，催芽过程中每 6 ～ 8h 左右翻动 1 次种子，用水冲去种子表面黏液，大约 7 ～ 8d，当有 65% 左右种子露白时即可播种。

苗床处理：播种前 7 ～ 15d 在大棚内选 3 年以上未种过芹菜等伞形科植物的地块作播种苗床，苗床按每公顷施 90000kg 腐熟有机肥，深翻细耙，并用五氯硝基苯或多菌灵进行苗床消毒。苗床面积为实栽面积的 1/5 ～ 1/8。

播种技术：播种时苗床要浇足底水，由于芹菜种子小，将种子与细沙按 1：20 的比例混合均匀后撒播在苗床上，盖土宜浅，以不见种子为度。

播种后的管理：采用塑料大棚保温育苗，播种前 1 个月左右扣棚，以提高棚内气温和地温，播种后如棚内气温过低，可在大棚内加盖小拱棚。出苗前保持棚内温度 20℃左右，出苗后适当降低温度，白天不超过 22℃，以 15 ～ 20℃为宜，夜间不低于 8℃，以后随着气温升高，苗床在白天应注意通风降温，保持 15 ～ 20℃。当幼苗长到 2 片真叶时开始施薄肥，每公顷施尿素 75 ～ 150kg，苗密时应进行间苗，苗距 2 ～ 3cm 见方，以后根据情况再追施 2 ～ 3 次稀薄肥料，每次每公顷施尿素 150kg。整个苗期应经常保持床面湿润。注意防治蚜虫、猝倒病。蚜虫可用辟蚜雾、吡虫啉、乐果防治；猝倒病可用普力克、拌种双、敌克松防治，效果均较好。4月中下旬，幼苗 4 ～ 5 片真叶时定植。

④合理密植

外销均为一次性采收，为使成熟整齐一致，首先要出苗整齐，使发芽温度保持在 10℃左右；其次是分苗假植；第三是定植时分级选苗，大小苗分开定植。西芹定植于大棚内，定植前棚内土壤要深翻细耙，每公顷施粪肥

75000～105000kg或三元复合肥1500kg，硼肥7.5kg，然后做成1.5m宽的高畦，6m宽的大棚可做成4畦。定植时浇足底水。定植时株行距要大，以株行距40cm×32cm，每667m^{2}栽5211株为宜；定植不宜过深，以土壤不埋到生长点（心叶）为度；定植后要小水勤浇，保持湿润。

二、生菜设施栽培技术

生菜为菊科莴苣属一二年生草本植物，原产于地中海沿岸，汉朝时传入我国。生菜在世界各国普遍栽培，尤以欧、美盛行。我国华南一带栽培较多，近年随着保护地蔬菜的发展，生菜的生产面积不断扩大，也成为重要的外销蔬菜之一。

生菜营养丰富。据中国预防医学科学院营养与食品卫生研究所分析，生菜每100g食用部分含蛋白质0.6～1.9g，脂肪0.2～0.4g，粗纤维0.6～1.2g，碳水化合物1.8～3g，钙20～58mg，磷14～35mg，铁1.4～1.8mg，胡萝卜素0.09～4.48mg，维生素B_2 0.01～0.08mg，维生素B_2 0.03～0.09g，烟酸0.3～0.5mg，维生素C 2～32mg，还含有多种无机盐。生菜生食，维生素没有损失，营养丰富，越来越受到人们的喜爱。

生菜以茎叶和种子供药用，性凉味甘苦，入肠、胃经，能治小便不利、尿血、乳汁不通等症。生菜茎叶中的乳状液含有糖、甘露醇、蛋白质、莴苣素等，味道清新略苦，能刺激肠胃，增加胃液和消化酶及胆汁分泌，有助于增加食欲，还能刺激消化道各器官的蠕动，所以食生菜对消化无力、胃酸少、患有便秘的人十分有益。

1. 生菜生长发育环境条件的要求

（1）温度

生菜喜冷凉、温和的气候，不耐高温。种子可发芽的温度为4～29℃，发芽的适宜温度为15～20℃，超过30℃发芽受阻。生菜幼苗可忍耐-5～6℃的低温，幼苗生长的适宜温度为12～20℃。发棵期适温为11～18℃，超过21℃结球生菜不容易抱合结成叶球，或结球松散，有时还容易因温度过高引起心叶坏死腐烂。开花结实的适宜温度在22～28℃范围内，在此温度范围温度越高，从开花到种子成熟所需时间越短。10～15℃以下虽可正常开花，但结实率太低。

（2）光照

生菜是喜阳性作物，阶段发育上属长日照作物，在长日照下发育速度随着温度的升高而加快，以早熟品种最为敏感。生菜的生长要求中等光照强度，其光饱和点为2.5×10^{4}lx，光补偿点0.15×10^{4}lx。光照过强，温度过高，不易结球，品质差；光照不足，互相荫蔽，影响叶片生长和光合作用。

（3）水分

生菜不同生长发育时期对水分的要求不同，苗期需水较多，但水分过多容易徒长，幼苗期应保持土壤湿润，勿过干过湿，以免幼苗老化或徒长；发棵期适当控制水分，促进莲座叶生长充实。生菜结球前期水分要充足，外叶大才能结成较大的叶球，并降低苦味。进入结球后期减少浇水，以防叶球开裂，降低品质，引起腐烂或导致病害。总的说来，生菜叶片多，组织柔嫩，蒸发量大，生长比较快，消耗水分多，不耐干旱。所以栽培生菜需要浇水量较多。

（4）土壤营养

生菜根系分布浅，吸收能力弱，且对氧气的要求较高。因此，生产上应选择疏松、肥沃、保水保肥力强的壤土或砂壤土进行栽培，并在种植过程中多施农家肥。生菜适宜微酸性的土壤，pH 值以 5.5 ～ 6.5 较为适宜，pH 值低于 5 或是高于 7 生长发育不良。生菜任何时期缺氮都会抑制叶片的分化及增大，使叶数少和面积减小；缺磷不但叶数少，而且植株也矮小，产量降低；缺钾对叶片分化影响不大，但影响叶片重量，特别是结球生菜，进入结球期缺钾，减产更为明显。因此，在保证氮、磷充足的同时应增施钾肥。

2．生长发育周期

生菜的生长发育周期包括营养生长期和生殖生长期。

3．品种类型

生菜可分为皱叶生菜、直立生菜和结球生菜 3 个类型。

4．栽培技术

（1）栽培茬次季节安排

根据生菜的生物学特性及其对环境条件的要求，保护地栽培主要是秋冬茬、越冬茬和冬春茬。利用不同品种排开播种，分期收获，几乎全年均可种植，但以 10 月至翌年 4 月上市的品质好、产量高。

①秋冬茬栽培。8 ～ 9 月露地播种育苗，10 月中旬 -11 月上旬塑料大棚定植，12 月至翌年 2 月上旬收获。

②越冬茬栽培。9 下旬 -10 月塑料大棚播种育苗，11 月上旬 -12 月塑料大棚定植，翌年 1 ～ 2 月中旬收获。

③冬春茬栽培。12 中旬至翌年 1 月塑料大棚播种育苗，1 月下旬 -2 月塑料大棚定植，3 ～ 5 月收获。

（2）品种选择

塑料大棚秋冬茬、越冬茬、冬春茬栽培均宜选用耐寒性强、早熟、高产的优质品种。如结球生菜选择凯撒、萨林纳斯、皇后、奥林匹亚等品种。

（3）播种育苗

散叶生菜多行直播、可点播或撒播，分批间拔采收；结球生菜种子较贵，撒播用种量大，成本高，故多采用育苗移栽。

①种子处理

a. 种子消毒。播种前可采用药剂浸种或药粉拌种，如用种子重量 0.2% ～ 0.3% 的 0.25% 福美双或 75% 百菌清可湿性粉剂拌种，拌后应立即播种。

b. 浸种催芽。选用 20℃左右的清水浸种 4 ～ 6h，搓洗控干水后用纱布或湿毛巾包裹种子，放置到 20℃左右的温度下催芽 2 ～ 3d，当有 50% ～ 60% 的种子露白即可播种。

②苗床准备及播种

a. 苗床地的选择。应选择地势高燥，排灌方便，背风向阳、土质疏松肥沃，透气性良好的壤土或砂壤土。

b. 施肥播种。在播种前半个月深挖炕垡，打碎土块。栽一亩大田，需要种子 15 ～ 20g，需要苗床 25 ～ 30m²。底肥按每平方米施入充分腐熟农家肥 10kg、过磷酸钙 0.1 ～ 0.2kg、硫酸钾 20 ～ 3g，并充分拌匀，做到精细整地，畦面平整。播种前浇足底水，然后均匀撒播种子，播后盖一层 0.5 ～ 0.6cm 厚的细干粪土，随即在畦面上铺一层地膜，既增温又保湿，利于出苗。当多数幼芽顶土时，及时揭去地膜，当幼苗出齐后，在畦面上薄薄地撒一层过筛细土，堵塞苗床孔隙保墒。

③苗期管理

播种后至出苗前应保持土壤湿润。生菜育苗温度不能过高，一般控制在白天 15 ～ 23℃，夜间 12 ～ 15℃的范围内，当苗床白天温度高于 23℃时要通风排湿，降至 17℃闭通风口；当苗床夜间温度低于 10℃时要添加覆盖保温物。当幼苗出现 2 ～ 3 片真叶时，要及时间苗，间苗要把握“去密留疏、去弱留强、去杂留纯”的原则，把并生苗、过密苗、弱小的苗间开，使幼苗保持一定的营养面积，长成壮苗。间苗后施一次 10% ～ 15% 稀薄人粪尿。如果苗床面积小，播种过密，等幼苗长至 3 ～ 4 片真叶时，需进行分苗；分苗时，按 6cm×7cm 的行距进行假植。尽量让小苗带土，按 10cm 为行距开小沟，6 ～ 7cm 株距摆苗。直播的幼苗 2 ～ 3 片真叶时，要及时间苗，3 ～ 4 片叶时即可定苗。

（4）定植

①定植期。当幼苗 30 ～ 35d，有 4 ～ 6 片真叶时即可定植。定植时选阴天或晴天的傍晚进行。

②整地、施基肥、作畦。前作收后应立即清洁田园，深翻土壤，打碎土块。每 667 施入腐熟农家肥 4000 ～ 5000kg、过磷酸钙 50kg、硫酸钾 10 ～ 15kg，并

充分拌匀，做成高 30cm、宽 1.2m 的畦。

③定植密度。种植密度依品种及播期而异，早熟种及不结球类型可稍密，一般行株距为 25cm×30cm，在宽 1.2m 的畦上栽培 5 行，每每 $667m^2$8000 ～ 10000 株；中晚品种及结球类型，栽培可稍稀植。行株距以 30cm×35cm 为宜，在宽 1.2m 的畦上定植 3 行，每 $667m^2$ 栽 5500 ～ 6000 株。定植深度以不埋过心叶为宜。

第四节 芽苗菜设施栽培技术

芽苗菜以其幼嫩组织供食，新鲜多汁，质地柔嫩，口感极佳，风味独特，富含多种人体所需的营养成分，是一种新型无公害蔬菜，深受广大消费者青睐。我国劳动人民在长期的生产实践中，早已认识到一些植物（种子）的芽及幼嫩的器官可供食用，并将这一类食用器官冠以“芽”、“脑”、“头”、“梢”、“尖”等名字。近年来，随着科学技术的进步，芽苗菜生产技术由传统栽培发展到无土栽培及栽培环境的自动或半自动控制；种植种类也迅速扩大，豌豆苗、萝卜苗、苜蓿苗、香椿芽、花生芽、绿豆芽、花椒芽、荞苗等已被中国绿色食品发展中心认定为安全、优质、富营养、无污染的高档次绿色食品。所以，芽苗菜是很有发展前途的高效蔬菜和新兴蔬菜。

一、芽苗菜的定义、种类及特点

凡是利用作物种子或其他营养器官（如根、茎、枝条等），生长出可供食用的芽苗、芽球、嫩芽、幼茎或幼梢，均可称为芽苗菜或芽菜。

芽苗菜栽培的种类很多，目前已达 15 个科 40 多种。芽苗菜的分类主要是根据芽苗菜产品形成所利用的营养来源不同，可将芽苗菜分为种芽菜和体芽菜两种类型。其中，种芽菜是指由种子萌发形成的芽苗菜，如豆芽苗、萝卜芽苗、向日葵芽苗等；体芽菜是指直接从植株营养器官（如根、茎、枝条等）长出的幼嫩的芽、梢、幼茎，如根培育出的竹笋、姜芽，枝条培育出的香椿芽、枸杞苗等。

芽苗菜种类很多，在植物学分类上分属于不同的科、属、种，生物学特性也各不相同，但它们则都属于芽苗菜，并有着以下共同的特点。

芽苗菜生产较易达到绿色食品的要求。因为芽苗菜的产品形成所需营养，主要依靠种子或根、茎等营养储藏器官所累积的养分，不必施肥，只需在适宜的温度环境下，保证其水分供应，便可培育出芽苗菜，栽培管理上一般也不用激素和

农药，栽培基质也经过灭菌处理，故属于无毒、无污染、无公害的绿色食品。芽苗菜具有很高的生产效率和经济效益。芽苗菜多属于速生蔬菜，尤其是种芽菜，它们在适宜的温、湿度条件下，产品形成周期最短只需 5 ～ 6d，最长也不过 25d 左右，平均每年可生产 20 ～ 30 茬，复种指数比一般蔬菜生产高出 10 ～ 15 倍。例如，萝卜苗，萝卜种子在 7 ～ 10d 内每 100g 种子可形成 500 ～ 700g 芽苗菜，每平方米可生产 3500g 产品。加之芽苗菜大多较耐弱光，适合进行多层立体栽培，土地利用率可提高 3 ～ 6 倍。

芽苗菜生产技术具有广泛的适用性。由于大多数芽苗菜较耐弱光、耐低温，因此既可以在露地进行遮光栽培，也可于严寒冬季在设施内栽培，以及在空闲房中栽培；芽苗菜栽培不但可采用传统的土壤栽培，也可采用无土栽培。正是上述这种适于多种方式栽培的特点，使芽苗菜在我国南北各地得以广泛的栽培，尤其适合于土地资源紧缺的繁华城市以及外界环境条件恶劣的地区栽培。芽苗菜还具有生育期短、生长快速、品质脆嫩等特点；而且大多数芽苗菜皆具食疗两用之功效，如苜蓿苗具有抗癌功效、萝卜苗含有丰富的维生素、豆苗类含有丰富的可被人体吸收利用的蛋白质、氨基酸。总之，芽苗菜是未来人类一种功能保健型的蔬菜，以其营养丰富、口味独特、食疗皆具的优点而成为百姓餐桌之佳肴，宾馆之美食。对于种植芽苗菜的生产者来说，也可带来了较高的经济效益。

二、芽苗菜生产的环境条件

影响芽苗菜生产的环境因素主要有温度、水分、空气和光照等。

1. 温度

温度是芽苗菜生产中比较关键的环境因素之一。芽苗菜种类较多，不同种类的芽苗菜对温度的需求不同。总的来说，一般白天温度要求在 15 ～ 30℃，夜间温度保持在 10 ～ 20℃。温度过高或过低不仅会影响种子的发芽，而且要影响芽苗菜生产的速度和质量。

2. 水分

水分是芽苗菜发芽的重要条件之一。芽苗菜生产需要大量的水分，尤其是种子生产的芽苗菜只有充分吸足水分后才能发芽。因此，芽苗菜生产中要供给充足的水分，以保证芽苗菜生长的需要。

3. 空气

芽苗菜是活体，具有生命，一直在进行呼吸作用，尤其是种子生产芽苗菜从种子吸收水分开始，就要消耗大量氧气并放出二氧化碳和热量。所以，氧气的供应在芽苗菜生产中具有很重要的作用。因此，生产芽苗菜的场地，应选择通风良好、有充足的氧气的地方。

4. 光照

芽苗菜生产中不同种类需要的光照强度不同，有些种类要在遮光的条件下生产，如黄豆芽、绿豆芽等，在遮光的条件下，洁白、质脆，品质佳；有些种类需要见光，如萝卜芽、豌豆苗，生产中要求保持 200 ～ 50001x 的光照强度，在有光的条件下，色绿、质脆、鲜嫩。

三、芽苗菜生产场地的选择

芽苗菜可露地生产，也可在设施内生产。因此，对生产场地要求不严格。但在芽苗菜生产场地的选择上必须具备以下条件：①要满足芽苗菜生产所要求的适宜温度，在不适宜芽苗菜生长的季节，必须具有催芽室，并能保持 16 ～ 25℃的温度调控能力；②必须有遮阳网忌遮荫避强光的设施；③必须具有通风设施，以保持室内空气清新；④应具有自来水或贮水装置，以满足芽苗菜对水分的需求，此外还必须设置排水系统。

总之，芽苗菜生产选择场地时应根据上述条件因地制宜地进行选择。一般来说南方地区生产重点在酷热夏季，宜选择在较易降温的房室内，生产半软化型产品（在室内弱光下形成茎杆较细，叶片较少、色泽较浅的产品；北方地区生产重点在严寒冬季，可选择在高效节能型日光温室等耗能较少的保护地设施中，生产绿化型产品（在稍强的光照下，形成茎杆较粗壮、叶片肥大、色泽较深的产品）。此外，在温度适宜的季节，也可在露地遮阳棚或塑料大棚中进行芽苗菜生产。

四、芽苗菜生产设施、设备

（1）栽培架

为充分利用空间，提高生产场地的利用率，可进行多层立体栽培，即使用栽培架栽培。一般栽培架高 2 ～ 2.5m，宽 50m 左右，长 1 ～ 2m，5 ～ 6 层，每层高 35cm 左右。

（2）栽培容器

栽培容器是芽苗菜生长的场所，应选择质轻的塑料育苗盘。并且盘的大小要适当，且坚固耐用。一般使用规格为：外径长 60cm，宽 25cm，高 4 ～ 5cm。

（3）栽培基质

芽苗菜的栽培基质种类很多，可用纸张（新闻报纸，包装用纸等），白棉布，无纺布，泡沫塑料片、河沙以及珍珠岩等，只要是清洁、无毒、质轻、吸水、持水能力较强即可。

（4）浇灌装置

目前，为降低成本，生产芽苗菜多用人工浇水，并根据各种芽菜的不同生长

阶段，可使用背负式植保用喷雾器喷枪或淋浴喷头或接在自来水管引出的皮管上的细孔加密喷头或安装微喷装置等。但如果大规模种植，最好采用喷灌。

（5）设备消毒

芽苗菜栽培前应该对栽培设施如育苗盘、塑料桶等生产用具进行消毒。具体方法有：（a）用 100 倍高锰酸钾水溶液浸泡消毒 5min；（b）用 100 倍的石灰水浸泡消毒 15min；（c）用 90℃左右的热蒸汽对生产工具进行消毒，消毒后，取出用清水冲洗干净即可使用。

（6）产品运输工具

芽苗菜产品形成周期短，一般需每天播种，每天上市，故需配备运输工具，多采用密封汽车、人力平板三轮车、自行车等多种运输工具。

五、芽苗菜栽培技术

1. 芽苗菜种类和品种选择

用来栽培芽苗菜的蔬菜种类和品种较多，但作为芽苗菜栽培的蔬菜种类和品种应该具备条件：芽苗生长速度快，抗病，高产，芽苗品质柔嫩。

2. 用于芽菜生产的种子

要求芽苗菜种子：纯度高、净度好、无霉烂、发芽率高、价格便宜、无任何污染的新鲜种子。特别要注意香椿种子在高温下极易失去发芽率，因此必须选用未过夏的新种。

3. 芽苗菜种子的清选与浸种

（1）芽苗菜种子的清选

种子的好坏对芽苗菜生长的整齐度、商品率以及产量密切相关，因此用于芽苗菜生产的种子除采用优质种子外，还必须在播种前进行种子剔去虫蛀、破残、畸形、腐霉、瘪粒、已发过芽的种子和杂质。

（2）芽苗菜种子的浸种

为了促进种子发芽，使芽苗菜整齐，便于出售，提高产量。所以，经过清选的种子还需进行浸种。具体方法为：先用 20 ～ 30℃的清水将种子淘洗干净，然后浸泡种子，浸种水的用量为种子体积的 2 ～ 3 倍较适宜。浸种时间根据芽苗菜种类确定：荞麦类需 30 ～ 35h，豌豆、香椿为 20 ～ 24h、萝卜为 5 ～ 8h。浸种结束后轻轻揉搓，漂去附在种子表皮上的黏液，注意不要损坏种皮，然后捞出种子，进行播种。

4. 催芽与播种

（1）播种

芽苗菜播种多在塑料苗盘中进行，通常采用撒播。播种时要求撒种均匀，每盘播种量一致。播种前，除种子细小的种类直接进行干种子播种外，如绿芽苜蓿

等。其他均需在浸种后进行播种催芽。

（2）催芽

为了保证出苗，播种前种子要催芽。催芽温度要根据蔬菜种类和品种决定，一般是在 20 ～ 25℃，催芽时间约 5 ～ 7d，需待 65% 种子露芽时再播种。播种量以干种子重量计，如豌豆每个苗盘为 500 ～ 550g 左右，萝卜 70 ～ 80g、荞麦 150 ～ 200g、香椿 60 ～ 100g。播种完毕后，将播好的苗盘叠摞在一起，放平进行催芽。条件适宜，4 ～ 7d 即可"出盘"，结束催芽，将苗盘散放在栽培架上进行绿化。"出盘"时豌豆芽苗高约 1 ～ 2cm。萝卜种皮脱落，荞麦苗高 1 ～ 3cm，香椿 0.5 ～ 1cm，子叶和真叶均未展开。催芽期间应注意以下几个问题：①盘上面要覆盖湿麻袋片或黑色农膜或遮阳网，以保持适宜的湿度，有利益种子发芽；②催芽应专设的催芽室，有利于管理；③催芽温度应根据蔬菜种类来定，一般应保持在 20 ～ 25℃之间；④催芽期间每天应喷一次水，并注意喷水量不要过大，以免发生烂芽；⑤每天喷水时应调换苗盘上下前后的位置，使苗盘所处栽培环境尽量均匀，促进芽苗整齐生长。

5．"出盘"后的管理

（1）光照管理

根据芽苗菜种类的不同，进行光照管理。首先从叠盘催芽的黑暗环境安全地过渡到栽培环境，为生产"绿化型产品"，在芽苗上市前 2 ～ 3d 苗盘应放在光照较强的区域，以使芽苗更好地绿化。但进入 6 ～ 8 月份以后，为避免过强的光照，必须在温室外覆盖遮阳网，以减少光照，使芽苗菜生长良好。

（2）温度与通风管理

芽苗菜"出盘"后的温度管理应根据不同种类、不同生长期进行管理。一般来说，芽苗菜生长前期要求温度范围较为严格，中后期则可放宽一些。豌豆苗、香椿芽喜欢低温；萝卜苗、荞麦苗则较喜欢高温。如果同一生产场地同时种植几种芽苗菜，那么室内温度应掌握夜晚不低于 15℃，白天不高于 26℃。

栽培室温度的管理，通风是最重要的调节措施之一。因此，在保证芽苗菜不受冻害的情况下，每天至少要通风换气 1 ～ 2 次，即使在室内温度较低时，也要进行短时间的通风。

（3）水分管理

芽苗菜幼嫩、鲜嫩多汁，加之一般是采用纸床栽培。因此，需水较多，多采取"小水勤浇"，冬天每天喷淋 2 ～ 3 次水，夏天每天喷淋 3 ～ 4 次水。水分管理要注意：（a）先浇上层、后浇下层，浇水要均匀；（b）浇水量以苗盘内基质湿润、苗盘纸刚滴水为度；（c）生长前期水量宜小，生长中后期稍大，而阴雨、低温天气水量宜小，晴朗高温天气宜稍大。

第五节　蔬菜的采收与采后处理技术

蔬菜生产从狭义上讲，指从播种到采收的整个过程。但从广义上讲，蔬菜生产还包括了采收后的商品化处理，即清洗、分级、包装、加工和贮运等环节。蔬菜经过采后商品化处理，既减少蔬菜腐烂，避免浪费，提高商品性，使蔬菜商品增值，又方便人民生活，使生产者和经营者增加经济效益。

一、蔬菜的采收

1. 蔬菜采收的概念及目的

蔬菜采收是蔬菜栽培过程中最后的环节，是指蔬菜的食用器官生长发育到有最佳商品价值时而进行收获。蔬菜种类繁多，收获的产品是植物的不同器官，有根、茎、叶、花、果实和种子，食用器官不同，成熟采收标准难以统一，采收方法和技术也不相同，针对不同的蔬菜应采取不同的采收方法。如果采收方法不当会引起蔬菜产品的损伤，特别是对多次采收的蔬菜，采收方法不正确会给植株带来不良影响，影响以后的产量。因此，必须具有正确的采收方法和技术。

采收的目标是使蔬菜产品在最适成熟度时转化为商品，以避免最小的损失，收到最大经济效益。蔬菜大部分为鲜食商品，采收速度要尽可能快，采收时力求做到最小的损伤，避免造成不必要的损失。

2. 采收方法

蔬菜采收的方法多种多样，具体的采收方法应根据各类蔬菜产品来定。但总的来说，有人工采收和机械采收两种。中国一般是人工采收，而在国外发达国家尽可能多的采用机械采收，实在没办法的才采用人工采收。

（1）人工采收

蔬菜种类多种多样，吃法也是多种多样。一般情况下，作为鲜销和长期储藏的蔬菜产品，尤其是根菜类蔬菜最好采用人工采收，因为人工采收可以针对蔬菜产品不同的形状、不同的成熟度、不同生长方式，及时地灵活采收，并进行分类处理，机械损伤少，有利益蔬菜的长期储藏。

在我国，由于劳动力价格便宜，蔬菜产品的基本上是采用人工采收。但是目前我国人工采收蔬菜产品还存在采收工具落后，采收粗放，没有统一的蔬菜采收标准等问题，还有待于今后进一步完善。

（2）机械采收

目前机械采收主要用于加工的蔬菜产品或能一次性采收，并且对机械损伤不敏感的产品。机械采收与人工采收相比，具有采收效率高，节省劳动力，降低采收成本。但由于机械采收不能进行选择采收，对不是一次性采收或不一次性成熟的新鲜蔬菜还不能完全采用机械采收。另外，机械采收还能造成产品的损伤，影响产品的质量、商品的价值，尤其在存储期间容易感染病虫害。机械采收与人工采收相比机械采收需要培训机械操作技术人员，使他们很好地操作机械，否则不规范的操作将会造成设备损坏和大量的蔬菜产品机械损伤，造成不必要的经济损失。此外，机械采收需要购买机械设备，投资成本较大。

3. 蔬菜产品采收时应注意的事项

①戴手套采收。戴手套采收一方面可以保护手不受伤，另一方面可以有效地减少采收过程中人的指甲对产品所造成的划伤，以减少产品受伤。

②选用适宜的采收工具。蔬菜种类多，要针对不同的产品选用适当的采收工具。如采收茄子、菜豌豆用剪子从果柄剪下，防止从植株上用力摘时拉伤植株，影响后期产量。

③采收前的水分管理。采前 3 ～ 7d 最好不要灌水，以减少蔬菜产品中的水分含量，增加其耐储藏性。

④选择采收时间。蔬菜采收应该在晴天上午露水干后的进行。因为露水未干采收果实表面潮湿，容易受病原菌侵染。而在晴天的中午或午后采收，果实体温过高，呼吸加快，会促进果实腐烂。

⑤装果箱的选择。蔬菜产品多为鲜嫩多汁，应选择光滑平整的木箱、防水纸箱和塑料箱为好。我国目前使用的装果箱主要是柳条箱、竹筐等，容易刺伤产品，造成损失。

⑥采收时要轻拿轻放。蔬菜产品的表面结构是良好的天然保护层，如蔬菜的表面的蜡粉等，当其受到破坏后，组织就失去了天然的抵抗力，容易受病菌的感染而造成腐烂。

⑦适时采收。蔬菜产品采收应该根据产品的特点并考虑产品的采后用途、储藏期的长短、储藏方法等因素进行。蔬菜产品一定要在适宜成熟度时采收，采收过早不仅产品的大小和重量达不到标准，而且产品的风味、色泽和品质不好，耐贮性也差；采收过晚，产品已过熟，开始衰老，不耐储藏和运输。一般来说，就地销售的产品，可以适当晚采，而用做长期储藏和远距离运输的产品，应当适当早采。

二、蔬菜的采后处理技术

蔬菜的采后处理是蔬菜采收后到消费前所进行的一系列的处理，是为了保持和改进采后蔬菜产品质量，提高其商品价值所采取的一系列措施的总称。蔬菜的采后处理过程主要包括整理、挑选、预贮愈伤、药剂处理、预冷、分级、包装、催熟、脱涩、辐射处理、涂膜处理等环节。可根据产品种类，选用全部的措施或只选用其中的某几项措施。这些程序中的许多步骤可以在设计好的包装房生产线上一次性地完成。即使目前设备条件尚不完善，暂不能实现自动化流水作业，但仍然可以通过简单的机械或手工作业完成蔬菜的商品化处理过程，使蔬菜产品做到清洁、整齐、美观，有利于销售和食用，从而提高产品的商品价值和信誉。加强采后处理已成为我国蔬菜产品生产和流通中迫切需要解决的问题。

1．整理与挑选

蔬菜采后处理的第一步是整理与挑选。整理就是将蔬菜产品从田间收获后所带的残叶、根、泥土等杂质清除。因为这些残叶、泥土，影响产品的外观，最终影响产品销售。整理对小型叶菜类非常重要，因为小型叶菜类单株体积小，需要进行捆扎。挑选是在整理的基础上，进一步剔除有机械伤、被病虫侵染、外观畸形等不符合商品要求的产品，不仅可以改善商品形象，而且可避免携带微生物孢子和虫卵等有害物质，挑选一般用人工方法进行。在蔬菜产品挑选过程中必须戴手套，并注意轻拿轻放，防止对产品造成新的机械伤害。

2．预冷

预冷是为采后蔬菜产品创造良好温度环境的第一步，它是指将采收回来的蔬菜产品在运输、储藏或加工以前迅速除去田间余热，将其温度降低到适宜温度的过程。大多数蔬菜产品都要进行预冷，恰当的预冷可以延缓蔬菜的新陈代谢，使其呼吸减弱，保持新鲜状态，延长其货架寿命，减少产品的腐烂。如果不预冷，保持蔬菜产品采收后的高温，那么产品呼吸快，容易衰老和腐烂。尤其是一些需要低温冷藏的蔬菜，如西芹、菜豌豆，若不能及时降温预冷，在运输贮藏过程中会大大缩短寿命。

3．清洗

蔬菜产品由于多在土壤中生长，表面常带有大量泥土和病原微生物，严重影响其商品外观。所以蔬菜产品在上市销售前需进行清洗。蔬菜产品清洗最简单的办法是用水清洗。清洗方法可分为人工清洗和机械清洗。我国主要是人工清洗，其方法是将产品轻轻放入已清洗干净的容器中，用软质毛巾、海绵或软质毛刷等洗去果面污物，取出在阴凉处晾干。机械清洗是用传送带将产品送入洗涤池中，通过转动的毛刷，将果面洗净，然后用清水冲洗干净，通过烘干装置将产品表面水分烘干。机械清洗比人工清洗效率高，适宜规模化生产使用，但是对产品表面固有的保护层（如蜡层）有一定的破坏作用，致使不耐贮运。

4．涂蜡

涂蜡主要用在果菜上，如番茄、茄子、西瓜、黄瓜、南瓜。我国蔬菜产品涂

蜡技术处于起步阶段，至今仍未在生产中普遍应用；世界发达国家和地区，涂蜡技术已有 7 多年的历史，已成为蔬菜产品商品化处理中的必要措施之一。蜡液生产已形成商品化、标准化、系列化，涂蜡技术也实现了机械化和自动化。

5．愈伤

蔬菜产品无论人工采收或者机械采收，在采收过程中或多或少都会造成一些损伤，特别是块根、块茎、鳞茎类蔬菜更容易受伤。产品受伤后伤口容易受微生物侵入而引起腐烂，因此，在储藏前必须进行愈伤处理。各种蔬菜愈伤处理的要求的环境条件不同，这要根据蔬菜特性来定。如山药采收后愈伤要求温度 27 ～ 28℃，湿度 90% ～ 95% 条件下愈伤 24 ～ 26h，就可以完全抑制表面真菌的活动和减少内部组织的坏死。就大多数蔬菜而言，愈伤的条件为温度 25 ～ 32℃，相对湿度 80% ～ 95%，而且通气良好，确保愈伤环境中有充足的氧气。

6．晾晒

对有些蔬菜，如大白菜、洋葱、大蒜等，采收后储藏前进行适当晾晒，可提高其耐藏性以及减少储藏中病害的发生，延长储藏期。

7．催熟

有些蔬菜在田间生长成熟度不一致，为了使产品集中采收，并达到最佳成熟度和很好的风味上市，以获得最佳经济效益，有必要对其进行人工处理，促进其后熟。如番茄，可将绿色未熟番茄采收回来，用（100 ～ 150）$\times 10^{-6}$ 的乙烯液处理后，放在 20 ～ 25℃温度下 5 ～ 6d，果实可由绿转红，即可出售。

8．分级

为了方便储藏、销售和包装，实行优级优价，使生产者获得更好的经济效益，使消费者更好地选择自己适合的蔬菜产品，对蔬菜产品分级销售非常重要。所谓分级就是根据蔬菜产品的形状、色泽、大小、重量、成熟度、新鲜度、清洁度、营养成分、病虫害和机械损伤程度等情况，按照一定的标准进行严格挑选，并分为若干等级。

9．包装

蔬菜包装可使蔬菜产品在运输途中减少互相摩擦、碰撞、挤压而造成的机械损伤，减少病害蔓延和水分蒸发，避免蔬菜产品散堆发热而引起腐烂变质，提高产品商品率和卫生质量，使产品标准化、商品化，保证安全运输和储藏的重要措施。蔬菜包装也是商品的一部分，是贸易的辅助手段，还可为市场交易提供标准的规格单位，免去销售过程中过秤，便于流通过程中的标准化，以增强产品的竞争力。因此国外特别重视产品的包装质量。而我国在商品包装方面不十分重视，尤其是蔬菜等鲜活产品，这有待于进一步发展。

第六章

果树设施栽培的关键技术

第一节　设施栽培品种的选择

选择适宜的优良品种，是确保果树设施栽培成功的前提和根本保证。果树设施栽培，是在人为控制果树生长发育的环境条件下，所进行的反季节、超时令果品生产，是一种高度集约化，资金和技术密集型的产业。因此，对品种选择有着特殊的要求。

一、根据设施栽培目的选择“两极”品种

果树设施栽培，就其目标而言，有促成栽培和延迟栽培两种方式。促早栽培的目标是使果实提早成熟上市，故必须选择极早熟和早熟品种；而延迟栽培是为了使果实推迟到秋、冬季成熟上市，故必须选择极晚熟和晚熟品种。

二、选择需冷量低的品种

不同树种、品种的需冷量各不相同，这就决定了不同树种、品种在设施栽培中的扣棚时间的早晚。品种的需冷量越低，通过自然休眠的时间就越短，扣棚升温的时间也就可以相应提早，它的果实成熟期比露地栽培的果树成熟期提早的时间就越多。所以，在设施栽培中，要尽可能选择需冷量低的果树品种。

三、选择花粉量大、自花结实力强、早实丰产的品种

设施栽培没有昆虫传粉，棚内相对湿度较高，要尽可能选择复花芽多、花粉量大、自花授粉坐果率高、能连年丰产的品种，如杏最好选用自花结实率高的凯特杏、金太阳杏等欧洲品种群的品种。对于以雌性花品种为主的，必须配置授粉树，授粉树应选花量大，与主栽品种花期相同，果实成熟期基本一致的品种。

四、选择优质鲜食品种

由于设施栽培的果品主要用于鲜食，因此，要选择那些果实个大、色泽艳丽诱人、果形整齐、果面光洁、含糖量较高、糖酸比适度、耐贮运、商品性强、货架寿命长的优质品种。

五、选择树体紧凑、矮化，易花、早果的品种

栽培设施空间有限，加之光照状况较差，故需选择树体矮小、紧凑，当年形成花芽，第二年开花结果的品种。矮化砧目的应用与紧凑型品种的选育，是果树设施栽培品种选择的重要目标。

六、选择适应性强的品种

栽培设施内温度高、湿度大，加之采取了密植栽培方式，对土壤条件要求高。因此，应选择对温、湿环境条件适应范围较宽，耐弱光，对土壤适应性强，对病害抵抗能力强，花芽抗寒性较强的品种。

第二节　设施果树品种引进及筛选

一、设施葡萄新品种引进

（一）果实性状及产量

1. 早黑宝为欧亚种，果粒中等大小，果实黑色，肉脆，有浓的玫瑰香味，抗病，抗日灼病；成熟期早；早期产量高；适宜日光温室促早栽培。

2. 香妃成熟早；平均穗重较小，果实绿黄色，可溶性固形物高达 15.5%，肉质脆，有浓的香味，抗日灼病；产量中等，但品质优良，成熟特早，市场售价较高；缺点是果粒偏小，果实过熟后易从果梗处环裂。

3. 玫瑰紫果实紫红色，肉脆，有玫瑰香味，可溶性固形物含量为 13.5%，抗病，抗日灼，产量中等。

4. 早玫瑰成熟期早，果实粉红色至紫红色，果粒较小，可溶性固形物含量为 16.5%，有玫瑰香味，抗病，抗日灼，产量中等，适宜促早栽培。

5. 无核早红为早熟大粒无核品种，可溶性固形物含量为 19.1%，肉脆，有

香味，产量中等；抗病，抗日灼；适宜促早栽培。

6. 奥迪亚为无核品种，果实黑色，可溶性固形物19.3%，有浓香味；坐果率高，丰产抗日灼；果粒着生紧密，如不疏果，易挤破果粒，引起灰霉病的发生而失去商品价值。

7. 高路比为欧美杂交种，巨峰系大粒品种，产量中等；果肉软，有浓的哈密瓜香味。

8. 摩尔多瓦为黑色品种，果皮较厚，有香味，酸甜，可溶性固形物高（21.0%），成熟期较晚，产量较低，品质风味较好，初期产值较低。

9. 魏科为欧亚种，紫红色大粒品种，肉脆，味甜，有香味，可溶性固形物含量15.5%；树势较强，抗病，较抗日灼；结果系数1.45，产量较高。

10. 维多利亚为欧亚种，黄色大粒品种，肉脆，味甜，无香味，可溶性固形物含量10.3%，品质较好，抗病，抗日灼，产量较高，早熟品种（105天），适宜设施促早栽培。

（二）适宜生产中推广的品种

1. 香妃成熟早，花芽易形成，果实绿黄色，可溶性固形物高达15.5%，肉质脆，有浓的香味。单位面积产量低于早黑宝，但稳产性较好，品质优良，成熟特早，市场售价较高。

2. 早黑宝葡萄穗形整齐，果粒大，汁多味甜有浓郁玫瑰香味，外观、内在品质俱佳，且丰产抗病、不裂果，管理容易，成熟早，综合性状优于目前国内同期成熟的其他品种，可作为优良早熟鲜食品种推广。

3. 奥迪亚无核葡萄在银川地区设施内栽培表现生长健壮，抗病性及丰产性较强，适宜棚篱架栽培。综合性状及品质优良、经济效益高，是一个优良的早熟品种。由于坐果率高、穗紧，栽培时应注意疏果和严格控制负载量，以免影响果实品质。温室窗口处应设置防鸟网，采用套袋技术可大幅提高果实品质。在干旱、半干旱地区是一个十分难得的优良品种。

4. 无核早红为大粒无核品种，可溶性固形物含量高（19%），肉脆，有香味，抗病，抗日灼，综合性状优良，可作为日光温室促早栽培优良品种适量发展。

5. 魏科为大粒极晚熟品种，可作为日光温室和塑料大棚延迟栽培优良品种在银川灌区和南部山区推广种植。

二、设施李品种引进评价研究

李是我国重要的落叶果树树种之一，栽培历史悠久，果实营养丰富、鲜艳美

观、酸甜适口、香味浓郁，具有较高的经济价值。由于长期以来国内，对李树新品种选育工作不重视，致使生产栽培中品种老化落后，果品产量低、质量差的问题十分突出。为此，项目组自辽宁、山东等省引进一批李树良种资源，如黑宝石、黑琥珀、秋红、幸运、安哥诺、盖州大李等品种，进行了系统比较和栽培试验。

（一）物候期观察

多年的观察资料表明，在正常年份，7个李品种，除女神4月上旬花芽膨大，其余品种均于3月中下旬。花期较早的品种有黑琥珀、秋红和幸运，较晚的有女神、黑宝石和安哥诺。4月下旬幼果出现，5月上旬新梢开始生长；从7月中下旬至9月中下旬均有果实成熟，其果实发育期为90～140天，落叶期比较集中，均在10月中旬。

（二）生长结果习性

盖州大李、黑宝石、安哥诺和黑琥珀萌芽率高成枝力低，幸运和秋红成枝力和萌芽率均高，女神萌芽率中等、成枝力偏强；各品种长、中、短和花束状果枝均能良好结果，但以短果枝和花束状果枝结果为主；品种间坐果率差异较大，在自然授粉条件下，以女神、幸运坐果率最高，秋红、盖州李、安哥诺和黑琥珀则较低。

（三）丰产性能

7个李品种早实丰产性均较好，在正常栽培管理条件下，栽后第2年开花株率均达2/3以上，黑宝石、秋红、幸运和盖州大李开花株率可达100%；第3年开始有经济产量；第4年开始大量结果，进入丰产期。早期丰产性与第2年开花株率存在一定相关性，第2年开花株率高的黑宝石、秋红、幸运和盖州大李早期丰产性好，而第2年开花株率低的安哥诺、黑琥珀和女神早期丰产性稍差。

（四）果实品质

果实品质测定结果表明，7个李品种平均单果重女神和幸运李最大，分别为为148g和145.2g，盖州大李较小，为82.2g，可溶性固形物除盖州大李低于10.5%外，其余品种均在12.0%以上，品质优良；从糖酸比方面比较，安哥诺、幸运和黑琥珀口感最好，其次是女神、黑宝石和秋红，盖州大李稍差；可食率以安哥诺和黑琥珀最大，黑宝石、秋红、幸运次之，盖州大李最小。

7个李品种都有不同程度的大小年结果现象，要在增施有机肥的基础上适当控制负荷量，以保证树体健壮及丰产稳产。黑宝石、秋红、幸运和盖州大李成花容易，第2年开花株率即达100%，冬剪时要适当加大修剪量，避免因开花结果过多造成树势衰弱，影响来年产量。连续多年的试验研究表明，7个李新品种除盖州大李综合性状较差外，其余品种均能正常生长结果，表现出早结果、产量高、品质好、耐贮藏、综合经济性状突出等优良性状，是发展前景广阔的李子品种，可在广泛推广种植。

第三节　设施果树破眠技术与休眠期的管理

一、生产实践中采取的破眠技术

设施果树促早栽培，扣棚时间愈早，成熟上市时间愈提前，效益越高。但设施栽培中扣棚时间是有限制的，并不是无限提前和随意定的。因为，落叶果树都有自然休眠习性，如果低温累积量不够，达不到果树的需冷量，没有通过自然休眠，即使扣棚保温，给予生长发育适宜的环境条件，果树也不会萌芽开花，有时尽管萌芽，但往往开花不整齐，开花周期长，坐果率低。因此，需冷量是决定扣棚时间的首要依据。满足果树的需冷量，使其通过自然休眠后，扣棚是设施栽培获得成功的基础，只有这样才能使果树在设施条件下正常生长发育。

目前，大多数专家的观点是，果树通过自然休眠的有效温度是0℃～7.2℃的低温累积小时数（称需冷量），而10℃以上或0℃以下的温度对低温累积小时数基本上无效。一般来讲，桃的需冷量在450～1200h，杏的需冷量在500～900h，李的需冷量在700～1000h，葡萄的需冷量在1000～1500h，灵武长枣的需冷量为450～500h。

（一）低温处理法

生产实践中，常采用人工低温集中处理法来打破果树休眠，即当外界平均温度低于10℃时，一般在7℃～8℃，开始扣棚保温，覆盖薄膜并加盖棉被，只是棉被的揭放，与正常保护时正好相反，夜晚揭开棉被，打开风口作低温处理，白天盖上棉被并关闭风口，保持夜晚低温。大多数落叶果树按此种方法集中处理20～30天，便可顺利通过自然休眠，以后进行保护栽培即可。

已成功应用于草莓、桃（普通毛桃和油桃）、葡萄等树种。草莓一般在花芽分化后放入0℃～3℃的冷库中，保持80%的湿度，处理时间长度可根据品种打

破休眠需要的低温量确定。在生产实践中，为使设施栽培的果树迅速通过自然休眠，于9月下旬采取人工提前落叶，迫使果树进入休眠，以提前扣棚做超早促成生产，在桃、李、杏、樱桃、葡萄、草莓等树种上采用“人工低温集中处理法”。

桃大多数品种需要450～1200h。如果冬季不能满足品种对低温的要求，自然休眠不会充分结束，那么升温后发芽不良、也不整齐。尤其是叶芽对低温的要求比花芽还要严格，即使能够勉强开花，也因为不能展叶多半要造成结实不良；另外开花不整齐，花期拖得很长，花蕾大多中途枯死脱落，即使坐了果也因为果实生育期缩短，果形变小，使总产量下降。

低温解除休眠的生理机理目前尚未被确切阐明。仅知在休眠期的开始阶段，芽鳞内积累了脱落酸（ABA）等抑制物质，阻止重新开始生长。桃、李、杏、梅等核果类果树还产生氢氰酸、苦杏仁苷和氢氰酸配糖体等抑制物质，对脱落酸（ABA）起着增效作用。虽然0℃以上低温很可能使某些酶反应改变内源激素之间的某种平衡关系，但迄今尚无证据表明，休眠后期脱落酸（ABA）的下降与低温有关。尽管如此，在低温量不足的地区已知可以喷施某些化合物人为的打破果树的休眠，但这也仅对所栽培的果树低温部分解除休眠的基础上所发生的促进作用。

（二）高温处理

高温处理对打破葡萄芽的休眠有明显的效果。在日光温室栽培中，果树落叶后扣棚，扣棚后室内温度升至30℃以上，当达到36℃时，越是高温越促进打破休眠。

（三）摘叶处理

摘叶对打破休眠也有一定的作用。我国台湾在生产期调节的栽培中利用摘叶的方法促使葡萄、桃、梨等树种的休眠芽萌发，可使葡萄1年3次开花，收获3次；使桃、梨1年2次开花，2次收获。

（四）化学药剂法

目前使用的化学药剂较多，如赤霉素、石灰氮（氰氨基化钙）、2-氯乙醇、玉米素、细胞分裂素、生长素等。最成功、应用最广泛的是石灰氮打破葡萄休眠。石灰氮是氰氨基化钙，是一种很好的落叶剂，石灰氮有打破葡萄休眠、促进发芽的效果，经石灰氮处理后，大大提高了葡萄芽内和节内氮素的含量，可比未处理的提前发芽，且发芽整齐。这是因为生长抑制物质脱落酸（ABA）是休眠

的诱导体，石灰氮的作用在于消除了脱落酸（ABA）对休眠的诱导作用。也有人研究了葡萄休眠和芽萌发的氮代谢作用后指出，氮素化合物具有促进芽萌发的作用。

二、休眠期的管理

（一）升温前的管理

1. 日光温室升温前的管理

日光温室促早栽培应在落叶前后扣棚遮阴降温。升温前果树要求较低的温度以利于休眠，白天覆盖棉被，晚上揭起棚膜和棉被（揭棉被的程度要根据当地气候条件，温度控制在3℃～10℃之间），打开通风口，降低棚内温度，使树体处于黑暗下约1个月的黑暗休眠。

2. 延后栽培升温前的管理

延后栽培的设施应在2月中下旬至5月上中旬，晚上打开风口，揭起棉被和棚膜，降低棚内土壤温度，以利于推迟萌芽物候期。

（二）升温后至萌芽期的管理

1. 日光温室升温至萌芽期的管理

（1）升温后的管理。土壤温度是影响栽培效果的一个重要因素，土壤散热途径多，升温缓慢，在开始升温后，往往气温已达到生育要求，但地温不够，使果树迟迟不萌动。覆盖地膜保持土壤温度是促早栽培获得成功的一项重要措施。为了保持休眠期土壤较高温度，必须在扣棚后清除所有残枝落叶，整平地面后覆盖地膜；延后栽培则在休眠期设法降低后期土壤温度，如在树盘下覆盖20cm左右厚秸秆、杂草或冰块，使果树根系处于生物学零度以下。

（2）萌芽期的管理。日光温室栽培升温时间在11月下旬至12月上旬。由于果树经历了黑暗休眠期，开始升温适应环境，逐渐升起棉被，先升起1/4、1/3、1/2，分段分别经3～5天后全部揭开。太阳升起时约7：30～8：00时卷起棉被见光升温，下午日落时17：00时盖好棉被。从休眠结束至萌芽期，气温白天最高调控在20℃，夜间最低气温在1℃～3℃。此期间因前期室内冬灌，室内空气湿度较高，白天在70%左右，晚间可达95%。为了降低棚内湿度和提高地表温度，地面在扣棚时即可铺盖地膜。

（3）土肥水管理。在果树萌芽前20天左右沟施速效肥。其目的是补充树体贮藏养分的不足，为萌芽做好物质准备，对花芽的继续分化和提高坐果率有促进作用。升温后、开花前，喷0.3%的尿素，促进花芽发育。

2．设施延后栽培升温至萌芽期的管理

（1）萌芽前的管理。延后栽培的葡萄大部分时间（5 月下旬、6 月、7 月、8 月、9 月上旬）是在露天全光照下生长，春季的温度管理与推迟果实成熟关系密切。早春平均气温稳定在 10℃以上时，葡萄的芽开始萌发并形成新梢。延后栽培为了推迟物候期，早春 2 月下旬至 3 月上旬，通过白天盖棉被保温，晚上揭膜升起棉被，或株行间覆盖 20 ～ 25cm 厚的杂草，使土壤缓慢解冻，或在棚内放冰块、灌水降低土温等各种措施，控制棚内温度，白天在 10℃以下，晚上在 0℃左右。春季的气温上升较快，在春季（3 上旬至 4 月上旬）气温不断回升的情况下，为了防止棚内温度过快回升，延缓葡萄萌发，采取白天整个大棚覆盖棉被，打开通风口，夜间两侧棉被和塑料膜卷起 1 ～ 1.5m，加强通风，促使夜间降温，白天放下两侧棉被，防止白天升温（棚内放冰块最好），最大限度地推迟葡萄萌发，达到推迟物候期的目的。

（2）深冬季的温度管理。深冬季（1 ～ 2 月）葡萄修剪后，扣膜、盖棉被，葡萄不下架，不埋土，维持棚内温度最低不低于 -10℃（1 月中旬气温降至 -20℃左右时，白天揭棉被增温），自根苗 20 ～ 40cm 内土壤最低温度不能低于 -3℃至 -4℃，嫁接苗地表最低温度不能低于 -7℃至 -9℃。

（3）萌芽后的温度管理。延后栽培的葡萄 5 月 10 日后萌芽，此时棚内开始不断升温。5 月 15 日后开始为揭棉被和棚膜做准备，前 3 ～ 5 天每天从塑料大棚棚的两侧（日光温室从前屋面）拉起棉被 1 ～ 1.5m 高，5 天后全部卷起，于 5 月 20 日前后撤除棚膜和棉被，葡萄在全光照下生长。

第四节　果树设施栽培树体调控技术

设施果树投资大，应在短期内取得经济效益，因此，应以矮化、密植、早果为目标。但是，由于设施条件下温度高、湿度大、光照弱、生长周期长，因而树势生长非常旺盛，枝梢容易徒长，造成树冠郁闭，导致内膛光照不良、枝条生长细弱、花芽分化不良等。

一、果树设施栽培密度的控制

适宜的栽培密度是早期丰产的基础。合理密植可以充分利用有效的空间，增加单位体积的果枝量，提高早期产量，尽快形成经济效益。

根据国内资料，当前生产上常用的密度为：

桃、油桃：多为（1.0×1.5m）-（1.5×2.0m），222 ～ 444.5 株 /666.7m²；

中国樱桃：多为（1.0×2.0m）-（1.5×2.5m），178 ～ 333 株 /666.7m²；

甜樱桃：多为（2.0×3.0m）-（2.0×4.0m），83 ～ 111 株 /666.7m²；

李：多为（1×2m）-（1.5×2.0m），222 ～ 333 株 /666.7m²；

杏：多为（1.5×2.0m）-（1.5×2.5m），178 ～ 444.5 株 /666.7m²；

枣：0.75×1.0m，3 年后间伐为 1.5×2m，889 ～ 222 株 /666.7m²；

葡萄：宽窄行，窄行 60cm，宽行 250cm，株距 60 ～ 80cm，550 ～ 740 株 /666.7m²。单行的株行距为 30×170cm，1307 株 /666.7m²，或 80cm×170cm，采用高千“V”字形单臂水平整枝。

二、设施果树整形方式

高密度设施栽培果树的整形原则是矮干、窄冠和少主枝。根据这个原则，目前设施果树所采取的主要树形有圆柱形、纺锤形、开心形、“Y”字形等。

（一）设施桃、李、杏树的整形

1. 圆柱形

主干芽萌发后，不摘心，使其保持中央主干自然生长。侧枝按自然状态在中干上错落排开，一般不摘心。当中央主干长至理想高度（即根据设施高度，靠棚体前沿 1 ～ 3 株中干高度应控制在 30 ～ 60cm，中间靠后墙走道处 4 ～ 8 株树的中干高度不应小于 70 ～ 100cm，以便空气流通）时摘心，整个树冠呈圆柱形。这种树形的特点是无主枝，结果枝直接着生在中干上。

王志强等对设施油桃圆柱形和自然开心形两种整形方式进行了对比，结果表现，与自然开心相比，圆柱形整枝有利于形成较大面积的叶幕和较大体积的树冠，且冠内透光率高，果实品质好，成熟期提前。

2. 自然开心形

自然开心形的特点：干高 30 ～ 50cm，在主干上分布 3 个主枝，各主枝以 45° 角延伸。在整形过程中简化树形结构，不留侧枝和大枝组，在主枝上直接着生枝组和各类果枝。在主侧枝上培养大、中、小型结果枝组。

培养方法：嫁接苗定干后的第一年冬剪时，选留在主干上错落生长的 3 个主枝，剪留长度一般为 40cm 左右。定植的第二年冬剪时，在 3 个主枝的顶端，每主枝两侧直接培养枝组。

在管理好的情况下也可进行快速整形。当春季的嫁接苗长至 60cm 时摘心；第一次副梢长至 40cm，对副梢第二次摘心；8 月上旬进行主、副梢的第三次摘心。对不作为主、侧枝的进行拉枝、扭梢、别枝。这样整形时间可缩短一年。在

肥水条件好的情况下可当年形成花芽。

3.“Y”字形

该树形是只留两个主枝的开心形。定植当年于60cm处定干。定植第一年冬剪时选留方向相反并伸向行间的两个主枝，角度为40°左右，剪留长度40～50cm，其余枝条可根据树种进行缓放、拉枝、扭梢、短截等，培养成不同类型的结果枝组。第二年冬剪时，在两个主枝上各选留2～3个侧枝，侧枝角度为60°左右，剪留长度视枝条生长势而定。在主侧枝上培养大、中、小型结果枝组。

4. 纺锤形

树高1.5～1.7m，冠径1.5m左右。干高50～70cm，有中心干，主枝水平，短于1.5m，上下插空螺旋状排列，不分层，主枝数8～10个。上稀（间距25cm左右）、下密（间距20cm左右），外稀内密，行间稀，株间密。一般要求行间有40～50cm间距（作业道），株间允许适度交叉，同一方向主枝间距不少于50cm。下部主枝长，上部主枝短。各级主轴（中干轴、主枝轴、枝组轴）粗细相差悬殊，子枝与母枝粗度比为1/3，从属关系明显，有利于枝组更新，维持结果部位幼龄化和优势化。设施边缘处树高距屋面30～50cm，中部距屋面50～100cm，以利通风透光。

（二）设施葡萄树的整形

1. 独龙蔓垂直篱架的架式与整形修剪

架面与地面垂直，棚内不设立柱，仅在2.2m高处纵向和横向拉铁丝。葡萄主蔓用细绳吊起引缚到架面纵向的铁丝上。这种架形的主要优点是适于密植（株行距50～60cm×160～170cm），整形速度快，易于早果丰产，光照与通风透光条件较好，田间作业方便，投资少，成本低。缺点是植株顶端优势旺，易出现上强下弱，结果部位上移。

定植当年每株选留1条强壮的、剪口粗度应在0.8cm以上的新梢做结果母枝，用细绳直立吊起引缚到架面上。当新梢长到1.5m时摘心，只留最顶端2～3个副梢，每次留2～3片叶反复摘心。冬剪时主蔓（结果母枝）均剪留1.2m左右。

第二年春在主蔓60cm以上处，选留1～2个强壮新梢做结果新梢，将其用细绳吊起，引缚到篱架空间。对多年生主蔓上的枝组，冬剪时选留靠近主蔓的健壮枝作下年结果母枝，回缩上部的结果母枝，刺激主蔓或结果枝组基部潜伏芽萌发，对潜伏芽发出的心梢，除掉花序不让结果，冬剪时将剪口粗度达到0.8cm以上的枝留2～3芽短截。以后各年依此法反复进行修剪和更新。延后葡萄栽培，

独龙蔓中上部出现衰弱迹象时，应提前在主蔓下部培养健壮新梢作预备主蔓，待冬季果实采收后再进行更新，秃裸严重的可在生长期自主蔓基部环剥或多道环割，刺激隐芽萌发，培养新的主蔓。

2．单“厂字形”整形与修剪

架高 1.6 ～ 1.7m，距地面 70 ～ 100cm 沿行向拉一道铁丝，在篱架上部距第一道铁丝 100cm 左右处沿行向平行拉 2 道铁丝，间距 80cm。这种整形，有利于平衡树势、通风透光、果实着色、优质、丰产和高效。

苗木按 0.5m×1.6m 株行距定植，定植当年每株选留一条健壮新梢，直立向上引缚，按照正常管理进行摘心和副梢处理。第一年冬剪时，先将每株的一年生枝顺一个方向向北（南）引缚到第一道铁丝上呈水平状态，然后在 2 株交接处剪截；冬剪后至萌芽前，在距第一道铁丝 70 ～ 80cm 处，平行拉两道铅丝（间距 80cm 左右），将剪留的主蔓一左一右水平顺行向绑平在两道平行的铁丝上。第二年春夏季，在每株水平枝上每隔 20cm 选留一个结果新梢，第一道铁线以下萌芽和多余新梢抹去，留下的新梢用细绳吊起，向上倾斜呈 V 字形引缚到上部平行的双道铁丝上。第二年冬剪时，每棵树只留 4 个结果母枝，每一结果母枝只留 2 个芽，来年萌发后只选留健壮芽抽枝结果，每一结果枝只留一穗果，其余新梢作预备枝，并在第一道铁丝主蔓折弯处培养一健壮新梢，去掉花序，作预备更新枝，第三年或第四年冬剪时，将预备枝以上的原母枝剪除，用新的预备枝代替原母枝。以后各年依此反复进行，防止结果部位上移。

3．宽窄行篱架的架式与整形修剪

适宜于日光温室南北行种植，宽窄行篱架的架高 1.7 ～ 1.8m，不设立柱。沿栽植行方向距地面 70 ～ 80cm 处平行拉两道铁丝（间距 50cm 左右），自下部铁丝向上 70 ～ 80cm 平行拉第二层双道铁丝（架高 160 ～ 170cm）。日光温室、阴阳棚沿后墙走道（东西向）地面处拉一道钢丝，并隔 5 ～ 6m 距离埋设地，在每一葡萄定植行靠人行道处，按窄行宽度，平行（上中部间距 70cm，中下部间距 50 ～ 60cm）垂直拉两根与地面钢丝连接的铁丝。宽窄行篱架的有效架面较厂字型篱架扩大 1 倍以上，从而可容纳较大的新梢负载量和获得较高的产量。

苗木按 60cm×50cm×170 ～ 180cm 的宽窄行株行距定值。定植当年按整形要求选留主蔓，生长到 1.5m 左右时，于 8 月上旬摘心；第一年冬剪时，根据主蔓成熟度以及株距大小进行短截，主蔓长度不足时，则翌年顶端继续延伸到与临近主蔓相接近时摘心。培养的主蔓长度和粗度达到要求时，将主蔓上的副梢全部剪掉，每株的主蔓（一年生枝）顺一个方向引缚到第一道铁丝上呈水平状态，在 2 株交接处剪截。第二年新梢萌发后，将主干 70cm 以下的萌芽尽早抹去，在每株水平枝上每隔 1 节留 1 个果枝（新梢），共留 4 ～ 5 个新梢结果，并均匀的将

其绑在第二或第三道铁丝上；冬剪时，在每个果枝基部留 2 芽短截。第三年，在每个结果母枝上留 1 ～ 2 个结果枝结果，冬剪时仍留相同数量的 2 芽短截，留作结果母枝下年结果。以后按第三年的方法继续培养。

4. 高宽 V 字形（双厂子形）水平篱架的整形修剪

架高 1.7m 左右，不设立柱，沿行纵向距地面 80 ～ 100cm 处平行拉双道镀锌铁丝。第一层平行的铁丝间距为 40 ～ 50cm，第二层平行的双道铁丝距第一层铁丝 70 ～ 80cm，平行的双道铁丝间距为 70 ～ 80cm，形成上宽下窄的 V 字形。沿东西横向于地面（后墙）拉防锈钢丝，并每隔 6m 埋设地铺，在距地面 1.8 ～ 2.0m 高处（后墙），东西横向拉铁丝。高宽 V 字形架适于冬季葡萄不下架埋土防寒地区的塑料大棚、日光温室和阴棚，即可降低架面高度和增加栽植株数，又易于早果、丰产、优质，同时，还具有平衡树势、抑制顶端优势、防止结果部位外移和改善通风透光等优点。由于新梢呈 V 字形引缚生长，其有效架面较大，因此这种架式具有较大的增产潜力。

葡萄按株行距（40 ～ 50）cm×170cm 定植，当年每株选留 1 条强壮的、剪口粗度应在 0.8cm 以上的新梢做主蔓。每株主蔓左右分开，分别水平绑缚在第一层平行的铁丝上，每条主蔓在铁丝上的水平长度与前一株衔接，不得超越前株，其上新梢按 20 ～ 25cm 间距用细绳呈 V 字形吊起，引缚到第二层铅丝上。第二年冬剪时，每棵树只留 4 个结果母枝，每一结果母枝只留 2 ～ 3 个芽，来年萌发后只选留健壮芽抽枝结果，每一结果枝只留一穗果。2 ～ 3 年更新一次，防止结果部位上移。

三、设施果树的控冠技术

（一）限根栽培

设施密植栽培，单靠地上部措施控冠效果差，甚至失败，通过控制根系生长，可使营养生长适度减缓，树体变小，促进早果丰产。

1. 起垄栽培

建园时用表土添加有机肥堆积起垄，垄高 20 ～ 30cm，垄宽 80 ～ 100cm，果树栽植于垄上，有利于提高地温、增强土壤透气性，可使根系分布浅、范围小、吸收根发生量大，树体矮化紧凑、易花早果。但作业时间长了，垄上土回落，根系易外露，应经常培土维护，以采用滴灌和随水施肥效果好。

2. 容器栽培

把果树栽植于单个容器中限根效果最为显著。

3．台式砖槽栽培

在棚室内栽培区开挖宽 80 ～ 100cm，深 40 ～ 50cm 的土槽，并按行距南北向砌砖槽，槽沿与地平面相平，槽底铺薄膜或无纺布等，回填营养土（表土加有机肥、沙、草炭土等），按设计株行距定植苗木。台式砖槽栽培限根效果好，又有利于提高地温和改善根系透气性，便于作业和有利于树冠通风透光，兼有起垄和容器栽培的诸多优点。

4．断根（根系修剪）

断根可打破根冠平衡，抑制营养生长，促使树体矮化紧凑，增加短枝和花芽比例。

（二）化学控冠

植物生长延缓剂可减少果树的营养生长，促进生殖生长，起到控冠的目的。生产中常用的药剂有整形素、矮壮素、PBO 等。

（三）修剪控冠

修剪，特别是夏季修剪是果树设施栽培中重要的控冠手段。拉枝、扭梢、摘心、环剥等都可以有效地缓和树势，控制树冠生长。

（四）限水控冠

人为干旱胁迫也可有效地控制树体生长。在花芽分化期适当旱水，或循环干旱胁迫可使树体生长量减小，促进花芽分化。

（五）选用矮化砧木

设施栽培时应尽量采用矮化砧木，以达到控制树冠的目的。如桃用蒙古扁桃做砧木，可使栽培品种桃矮化；毛樱桃和欧李作为桃树的矮化砧，矮化效果很好。据张凤敏试验，用毛樱桃作砧木嫁接桃树，可使树体矮小 30% 以上，同时还具有显著的早果性、早熟性、抗逆性，并能提高果实品质。葡萄的矮化砧木品种有 5C、1616C、420A、101 ～ 14 等，这些砧木品种生长势较弱，多为矮化砧，嫁接后会降低树势，可用于土质肥沃、栽培品种自身长势较旺，利用其控制生长过旺。

（六）以果控冠

果树一旦开花结果，其营养生长就会受到抑制。所以利用各种促花、促果措施，促使果树提早结果，也是实现树体矮化的重要途径之一。

第五节 设施果树花芽分化及调控技术

一、花芽分化的内控技术

果树花芽分化受多种内外因素的制约。目前，调控果树花芽分化的方法主要有3种。

（一）花芽分化的“内控”措施

根据果树成花的碳氮比学说、细胞液浓度学说等学说，在果树花芽分化临界期内和进入临界期以前控氮、控水、增磷有助于花芽分化。研究表明，氮素过多，营养生长旺盛，抑制花芽分化或使花芽分化延迟。为了促进花芽分化，在花芽分化期间要控制施用过量的氮肥，尤其是对幼旺树，氮肥的施用应尽量在花芽分化前。

（二）花芽分化的“外控”措施

“外控”措施多用于幼旺树。如拉枝、弯枝、圈枝、拿枝等，可以开张角度，缓和顶端优势，使枝条内蒸腾液流速度减缓，同时枝条内含氮量降低，碳水化合物自留量增多，顶芽中生长素（1AA）和赤霉素（GA）水平降低，而乙烯含量增加。这些变化的结果，使枝条生长趋于缓和，有利于成花。环剥、环割中断了光合产物向下运输，增加了环剥口以上部位碳水化合物的积累，并使其生长受阻，枝梢内碳氮比提高，乙烯、脱落酸（ABA）、和细胞分裂素（CTK）增加，而IAA、GA减少。所以，适期环剥、环割能促进花芽分化。

（三）花芽分化的“化控”措施

使用能延缓或抑制果树新梢生长、加大枝条角度的植物生长调节剂，一般都能促进果树花芽的分化，而赤霉素类物质则对花芽分化有抑制作用。目前，常用的促花调节剂有矮壮素、乙烯利、整形素等应用最为广泛有效。它们的促花机理主要是抑制树体内赤霉素（GA）的生物合成，影响生长素水平或阻碍它们在茎中的传导，使枝梢生长延缓或受到抑制。

二、生理性落花落果

果树开花后，经过传粉、受精而坐果。但是坐果数并不等于花数，而且坐果

数也不等于成熟的果实数。因为盛花期没有受精的子房一般在开花后一周左右就会脱落，不能形成果实。受精后的种子如果发育不好，在花后 1 ～ 2 周幼果会自行脱落，这种现象称为生理落果。生理落果是植株本身的一种自疏现象，起到自我调节作用，是树体保持适宜的生殖生长与营养生长平衡。但如生理落果过多，表现坐果率低，葡萄果穗不整齐，将对生产造成影响。

三、保花保果的措施

1．提高树体营养水平

树体的营养状态能充分满足果实、新梢生长多有机营养的需求，特别是贮藏营养和当年的同化养分的及时供应，是提高坐果率的首要前提。

2．扣棚时间适宜，切忌升温过急

果树在自然休眠期间，进行着一系列的生理生化的变化和组织形态的分化发育过程，其中花器官仍进一步充实发育和分化，过早过快升温，果树没有通过自然休眠，经过快升温后，花芽勉强开放，但开花不整齐，尤其是花粉生活率大大降低。所以，只有在果树完成自然休眠后，才能进行促早生产。

3．昆虫授粉

在设施栽培中，果树缺乏自然环境下的授粉受精条件，应人为采取措施提高坐果率。桃、李、杏、樱桃等树种中大多数品种虽能自花授粉结实，但异花授粉可以提高坐果率，定植时因配置授粉树。花期辅助授粉的方法主要有人工授粉和昆虫授粉，因人工授粉工效低，成本高，加之设施栽培密度大，3 ～ 4 年后树冠即相互交接，造成人工授粉不易操作，因此生产中常采用昆虫授粉。

4．喷施微肥和植物生长调节剂

生长期喷施钙、镁、硼、锌、铁、锰、铜、钼等微量元素，或喷生长素、赤霉素、矮壮素、防落素等植物生长调节剂对不同树种和不同品种都有防止落果、提高坐果率的作用。

第七章

花卉设施栽培的管理

第一节　花卉的播种育苗

一、播种期的确定

播种是育苗工作的主要环节，播种时期影响苗木的生长时间和出圃年限。适宜的播种时期可使种子提早发芽，提高发芽率；使出苗整齐，苗木生长健壮；使苗木的抗旱抗寒抗病能力强；并可节省土地和人力。

播种期确定要根据植物的生物学特性和气候条件。总原则是：适时、适地和适宜的植物。

适地即根据土壤的性质，沙土播种期可以早些，黏土播种期可以晚些。

适时就是根据植物的生物学特性确定适宜的播期。

适宜的植物就是根据植物的生物学特性选择适宜的播种期。

1．春播

春播是种苗生产应用最广泛的季节，一般在 3 ～ 4 月份为宜。其优点为：

（1）从播种到出苗的时间短，可以减少圃地的管理次数。

（2）春季土壤湿润、不板结，气温适宜，利于种子萌发，出苗整齐。

（3）幼苗出土后温度逐渐增高，可以避免低温和霜冻的危害。

（4）较少鸟、兽、病、虫危害，一年生草本花卉、沙藏的木本花卉均可在春季播种。

2．秋播

多数二年生、多年生植物和园林树种都可在秋季播种，一些球根花卉也可在秋季播种。一般在 9 ～ 10 月份。秋播的优点：

（1）可使种子在苗圃地中通过休眠期，完成播前的催芽阶段。

（2）幼苗出土早而整齐，幼苗健壮，成苗率高。

（3）增强苗木的抗寒能力。

（4）减免了种子贮藏和催芽处理。

（5）缓解了春季作业繁忙和劳动力紧张的矛盾。

适宜秋播的植物有：休眠期长的植物如红松、水曲柳、白蜡、椴树等；种皮坚硬或大粒种子：栎类、核桃、板栗、文冠果、山桃、山杏、榆叶梅等；二年生草本花卉和球根花卉较耐寒，可以在低温下萌发、越冬生长，如郁金香、三色堇等。

3. 夏播

在夏秋成熟而又不耐贮藏的种子，如杨柳、桑桦等，要随采随播。最好在雨后播种或播前浇透水，利于发芽，播后要保持土壤湿润，降低地表温度。夏播尽量提早，以使苗木在冬前充分木质化，以利安全越冬。

4. 冬播

冬播实际上是春播的提早、秋播的延续。在温室内一年四季都可播种。

二、播种密度与合理密植

1. 播种密度是单位面积（或单位长度）上苗木的数量

合理密植是在单位面积上有足够的基本苗，在该密度下，植株的通风透光要良好，有利于植株的健康生长和发育。密度过大和密度过小都不利于提高苗木的产量和质量。

2. 确定合理的密度

首先应根据花卉的生物学特性，生长快冠幅大密度宜小，如山桃、泡桐、枫杨等。反之宜大。对于播种后、第二年要移植的树种可以密些。

第二节　花卉的栽培管理技术

一、花卉种子处理技术

种子清选和种子处理是实现花卉的工厂化育苗的关键性技术之一，清选是为清除种子中的夹杂物，如鳞片、果皮、果柄、枝叶、碎片、瘪粒、病粒、土粒、其他种类的种子等，以便于播种的顺利进行。一般少量种子可用手选。种子量比较多时可用风选、筛选和水选。

1. 风选：适用于中小粒种子，利用风、簸箕或簸扬机净种。少量种子可用簸箕扬去杂物。

2. 筛选：用不同大小孔径的筛子，将大于小于种子的夹杂物除去，再用其他方法将与种子大小等同的杂物除去。筛选可以清除一部分小粒的杂质，还可以用不同筛孔的筛子把不同大小的种粒分级。由于种子的大小不同，种子的发芽出苗能力不同，幼苗的生长势也就不同。种子分级播种，即把大小一致的种子分别播种，可保证花卉的幼苗发芽出苗整齐，生长势一致，便于管理。实践证明，在同一来源的种子中，种子粒越大越重者，幼苗越健壮，苗木的素质越好。将同级的种子进行播种，出苗的速度整齐一致，苗木的生长发育均匀，分化现象少，不合格率降低，对生产的意义很大。分级工作通常与净种同时进行，亦可采用风选、筛选及粒选等方法进行。

3. 水选：一般使用于大而重的种子，如栎类、豆科植物的种子。利用水的浮力，使杂物及空瘪种子漂出，饱满的种子留于下面。水选一般用盐水或黄泥水，把漂浮在上面的瘪粒和杂质捞出。水选后可进行浸种，但不能曝晒，要荫干。水选的时间不宜过长。

二、种子消毒

种子消毒常用杀菌剂、杀虫剂及杀菌与杀虫混剂进行处理。

（一）种子消毒的作用

种子消毒可以防治系统性病害的传播流行；预防烂种和秧苗枯萎病；促进发芽；预防贮藏性病害；防治土传性病害等。

其目的在于提高种子发芽率，出苗整齐，促苗生长，缩短育苗期限，提高苗木的产量和质量。

（二）种子消毒的方法

1. 物理消毒法：种子物理消毒的方法有如日光曝晒、紫外光照射、温汤浸种等。

日光曝晒仅适于那些在日光曝晒下不易丧失发芽率的花卉种子。温汤浸种一般水温为 40℃～45℃左右，浸种 1 天。该方法适于黑松、侧柏、苦楝、油松、落叶松等。

2. 化学消毒法：为了防治种传病、虫害，化学消毒是十分必要的。目前用于花卉及林木浸种处理的化学药剂有：氰胍甲汞、醋酸甲氧乙汞、福尔马林、高锰酸钾、多菌灵、福美双、硫酸亚铁、硫酸铜、退菌特等。药剂浸种可以处理花

卉林木的种子、球茎及根系等，对防治种传、土传病害和系统性病害有良好的效果。该法的优点是无粉尘，药剂与种子的接触面广，药效好。其不足为药剂的蒸汽有毒，需要专门的防毒面具和专用设备。浸种后要把种子贮藏于密封的仓库或房间中24小时后才能播种，且浸种后需要干燥。

（三）种子的休眠

有些植物的种子虽具有生命力，但并不是随时都可以发芽，即使外部环境条件适宜，仍不能萌发，这种由于种子内在的原因不能萌发的现象，叫休眠。要想让种子萌发，必须打破休眠，首要的应该找到导致休眠的原因，才能对症下药。导致休眠的原因大致有：种皮效应、存在抑制发芽物质和胚尚未完成后熟等。

（四）种子催芽

种子催芽是解除种子休眠和促进种子发芽的措施，通过催芽解除种子休眠，使种了适时出土，出土整齐，提高发芽率和提高成苗率，减少播量，提高苗木的产量和质量。

种子催芽的方法有以下几种：

1. 机械擦伤：主要用于种（果）皮不透水、不透气的硬实，通过擦伤种皮处理，改变了种皮的物理性质，增加种皮的透性。常用的工具有：锉刀、锤子、砂纸、石磙等。

2. 酸碱腐蚀处理：酸碱腐蚀是常用的增加种皮透性的化学方法。把具有坚硬种壳的种子浸在有腐蚀性的酸碱溶液中，经过短时间处理，可使种壳变薄增加透性。常用98%的浓硫酸和氢氧化钠。处理时间是关键，处理得当的种子的表皮为暗淡无光，但又无凸凹不平。98%的硫酸浸泡10～120分钟，少数种类可以浸泡6小时以上；用10%氢氧化钠浸泡24小时左右。浸泡后必须要用清水冲洗干净，以防对种胚萌发产生影响。

3. 浸种催芽：浸种的关键技术首先为水温，可以根据种皮的厚薄、种子的含水量高低确定水温，硬实可采用逐次增温浸种的方法。种子和水的比例以1:3为宜；浸种时间，根据种子大小、内含物而定。

4. 层积催芽：层积催芽即在一定的时间里，把种子与湿润物混合或分层放置，促使其达到发芽程度的方法。

第三节　花卉的土壤处理技术

土壤是花卉生长发育的环境条件之一，根系在土壤中舒展延伸，只要土层深厚，排水透气，酸碱度适宜，并有一定的肥力，就能正常生长和开花。由于花卉的生长发育所要求的环境条件不同，包括对土壤的理化特性的要求也因花卉的种类而异。因此，土壤处理技术是花卉栽培成功与否的关键。一般盆栽花卉根系被局限在花盆里，依靠有限的土壤来供应养分和水分，维持生长和发育的需要。因此，对土壤的要求就更加严格。

一、花卉对土壤的基本要求

花卉的种类很多，与其生长发育相适应土壤的特性也有很大的差别。一般而言，多数花卉要求土壤富含腐殖质，土壤疏松肥沃，排水良好，透气性强。绝大多数露地花卉要求土壤的 pH 值在 7.0 左右，而温室花卉则要求酸性土壤。

（一）花卉要求的土壤特性

1. 团粒结构良好。排水透气团粒结构是土壤中的腐殖质与矿物质粘结所成的 0.01 ～ 5 毫米大小的团粒。团粒内部有毛管孔隙，可蓄水保肥，团粒之间又有较大的孔隙，可以排水透气，浇水或雨后不板结。团粒结构不良的土壤，多为黏重、板结、排水不畅，栽培花卉容易导致花卉根系腐烂，叶片发黄，甚至干枯死亡。

2. 腐殖质丰富，肥效持久。腐殖质是动植物残体及排泄物经腐烂后形成的有机物。腐殖质含量丰富，有效态营养元素的含量丰富，利于花卉根系的吸收。增加土壤的腐殖质的方法，主要依靠增加充分腐熟的有机肥。

3. 酸碱度（pH 值）要适宜。一般大多数露地花卉要求中性土壤，而大多数温室花卉要求酸性土壤。植物对环境中酸碱性的适应性是由植物的根系特性决定的。根据植物根系对环境酸碱性的适应性将其分为：酸性土植物；弱酸性土植物；近中性（偏酸性）土植物；弱碱性土植物。土壤的酸碱度通常可以用硫酸和生石灰调节，硫酸亚铁也可调节土壤的 pH 值。一般用工业废硫酸调节，以节约成本。

（二）各类花卉对土壤的要求

1．露地花卉

（1）一、二年生花卉：在排水良好的沙质壤土、壤土上均可生长良好，黏土及过轻质的土壤生长不良。适宜的土壤为表土深厚、地下水位较高、干湿适中、富含有机质的土壤。夏季开花的种类最忌土壤干燥，因此要求排灌方便。秋播花卉以黏质壤土为宜，如金盏菊、矢车菊、羽扇豆等。

（2）多年生宿根花卉：根系较强，入土较深，应有 40 ～ 50 厘米的土层；下层应铺设排水物，使其排水良好。栽植时应施较多的有机肥，以长期维持较好的土壤结构。一次施肥后可维持多年开花。一般宿根花卉在幼苗期要求富含腐殖质的轻质壤土。而在第二年以后则以稍黏重的土壤为宜。

（3）球根花卉：对土壤的要求十分严格。球根花卉一般都以富含腐殖质的轻质排水良好的壤土为宜。壤土也可。尤以下层为排水良好的砾石土、表土为深厚的沙质壤土为宜。但水仙花、风信子、百合、石蒜、晚香玉及郁金香等则以壤土为宜。

2．温室花卉

要求富含腐殖质，土壤疏松柔软，透气性和排水性良好，能长久维持土壤的湿润状态，不易干燥。一般绝大多数温室花卉都要求酸性土壤。

（三）适宜花卉栽培的土壤类型

一般花卉生产常用的土壤类型有：河沙、园土、腐叶土、草炭土、松针土、塘泥、草皮土、沼泽土等。

1．河沙：河沙不含有机质，洁净，酸碱度为中性，适于扦插育苗、播种育苗以及直接栽培仙人掌及多浆植物。一般黏重土壤可掺入河沙，改善土壤的结构。

2．园土：园土一般为菜园、果园、竹园等的表层砂壤土，土质比较肥沃，呈中性或偏酸或偏碱。园土变干后容易板结，透水性不良。一般不单独使用。

3．腐叶土：腐叶土一般由树叶、菜叶等腐烂而成，含有大量的有机质，疏松肥沃，透气性和排水性良好。呈弱酸性，可单独用来栽培君子兰、兰花和仙客来等。一般腐叶土配合园土、山泥使用。一般于秋冬季节收集阔叶树的落叶（以杨、柳、榆、槐等容易腐烂的落叶为好），与园土混合堆放 1 ～ 2 年，待落叶充分腐烂即可过筛使用。

4．松针土：在山区森林里松树的落叶经多年的腐烂形成的腐殖质，即松针土。松针土呈灰褐色，较肥沃，透气性和排水性良好，呈强酸性反应，适于杜鹃

花、栀子花、茶花等喜强酸性的花卉。

5. 草炭土：又称泥炭土，是由芦苇等水生植物，经泥炭藓的作用炭化而成。北方多用褐色草炭配制营养土。草炭土柔软疏松，排水性和透气性良好，呈弱酸性反应，为良好的扦插基质。用草炭土栽培原产南方的兰花、山茶、桂花、白兰等喜酸性花卉较为适宜。

6. 塘泥：塘泥或称河泥。一般在秋冬季节捞取池塘或湖泊中的淤泥，晒干粉碎后使用与粗砂、谷壳灰或其他轻质疏松的土壤混合使用。

7. 草皮土：在天然牧场或草地，挖取表层 10 厘米的草皮，层层堆积，经一年或更长时间的腐熟，过筛清除石块草根等而成。草皮土的养分充足，呈弱酸性反应，可栽培的花卉植物有月季、石竹、大理花等。

8. 沼泽土：在沼泽地干枯后，挖取其表层土壤，为良好的盆土原料。沼泽土的腐殖质丰富，肥力持久，呈酸性，但干燥后易板结、龟裂。应与粗沙等混合使用。

9. 谷壳灰：又称砻糠灰，是谷壳燃烧后形成的灰，呈中性或弱酸性反应，含有较高的钾素营养，掺入土中可使土壤疏松、透气。

二、花卉营养土

（一）营养土的类型

花卉营养土为人工堆制、沤制而成，一般分为普通营养土、加肥营养土和特需营养土、焦泥营养土等。

1. 普通营养土：秋季收集杂草、锯末、残枝落叶、菜叶等，先在底层铺放 30 厘米，并浇水或浇适量的人粪尿，再盖上一层 10 厘米厚的泥土，如此层层堆积，达 1.5 米左右为宜。最后用泥土封顶。发酵腐熟后过筛清除杂物即可使用。堆肥层厚要注意管理，避免雨淋造成养分流失。

2. 加肥营养土：在普通营养土中加入 10% 的腐熟的饼肥、或 20% 的动物粪便等。适于多数草本花卉栽培。

3. 特需营养土：在普通营养土中加入 0.1% ～ 0.2% 的硫矿粉，堆制一段时间，然后摊开，使硫气味散发干净，这种堆肥的 pH 值在 5.5 左右，适于喜酸性花卉。

4. 焦泥营养土：在秋季把植物的残体如枯枝落叶等与园土层层堆积，状如馒头，并用泥土封盖，然后用火慢慢燃烧熏制成黄褐色的灰土。堆放一段时间过筛使用。适于种植小金橘、佛手类的观果植物。

（二）营养土配制

1．温室一、二年生花卉，如报春花、瓜叶菊、蒲苞花、蝴蝶草等。幼苗期营养土为：腐叶土：园土：河沙 =5：3.5：1.5。定植用营养土为：腐叶土：园土：河沙 =2 ～ 3：5 ～ 6：1 ～ 2。

2．宿根花卉，如紫苑、芍药等的营养土可用腐叶土：园土：河沙 =3 ～ 4：5 ～ 6：1 ～ 2。

3．温室球根花卉，如大岩桐、仙客来、球根秋海棠等的营养土，可用腐叶土：园土：河沙 =5：4：1。

4．温室木本花卉的营养土，如山茶、含笑、白兰花等，可用腐叶土 3 ～ 4 份，再混以园土及等量的河沙，加少量的骨粉。

5．仙人掌及多浆植物的营养土为，土：粗砂 =1：1；令箭荷花、昙花、蟹爪兰等：腐叶土：园土：河沙 =2：2：3。

6．杜鹃类推荐用松针土：腐熟的马粪或牛粪 =1：1 最为适宜。

7．主要花木营养土一般推荐，实生苗和扦插苗：腐叶土：园土：河沙 =4：4：2；橡皮树、朱蕉等用：腐叶土：园土：河沙 =3：5：2；棕榈、椰子等用：园土 5 份，河沙 2 份。盆景及盆栽树木：腐叶土及堆肥土适量，河沙必须保证 1 ～ 2 份，以利于排水。

三、土壤消毒

为了防治土壤传播的病虫害，土壤消毒是十分必要的。常用的消毒方法有：

1．蒸气消毒法

有条件的地方可以用管道（铁管等）把锅炉中的蒸气引导到一个木制的或铁制的密封容器中，把土壤装进容器进行消毒。蒸气温度在 100℃～ 120℃左右。消毒时间为 40 ～ 60 分钟。在容器中铁管上打一些小孔，蒸气由小孔喷发出来。

2．高温消毒法

在少量种植时可以用大锅炒土的方法。要不断地翻动，温度 120℃～ 130℃时，40 分钟即可。

3．药剂消毒法：

（1）甲醛熏蒸：用 40% 的甲醛 400 ～ 500 毫升浇灌土壤，并密闭 2 ～ 4 小时即可。消毒后，土壤要晾晒 3 ～ 4 天，待药剂挥发后再使用。也可以用甲醛 50 倍液浇灌土壤，密闭 24 小时，再晾 10 ～ 14 天即可使用。

（2）氯化苦：是一种剧毒熏蒸剂，既可杀虫、杀鼠、灭菌，又可防治线虫。每平方米 25 穴，穴深 20 厘米，穴距 20 厘米时，每穴灌药液 5 毫升，施药

后立即用土把穴盖上，踩实，在土壤表面洒水，延缓药剂挥发。气温在20℃以上时，保持10天，15℃时保持15天，然后多次翻地耙地，以免药剂对植物的根系产生影响。使用氯化苦时要戴手套和防毒面具。

（3）70%五氯硝基苯粉剂，2.5～5千克/亩在畦上条施，然后翻入土壤内，也可防治病虫害。

第四节　花卉生产的配方施肥技术

一、花卉生长发育所需的营养元素

（一）主要元素氮、磷、钾

1．花卉的氮（N）素营养：氮是植物生长发育过程中所必需，通常虽然在植物体内氮的总量不太高，如水稻全株为1.0%～2.0%。植物是含氮量较高的生物，植物叶片中的含氮量占其干重的3.5%～5.0%左右。氮素主要以铵态氮和硝态氮的形式被吸收，有些小分子的有机氮如尿素等亦能被植物吸收利用。氮是构成蛋白质的主要成分，此外，某些植物激素如生长素和激动素、维生素中也含有氮。因此，氮在植物生命中占有首要地位，故氮又称为生命元素。

2．花卉的磷（P）素营养：磷也是植物生长发育所必需的营养元素。一般植物的含磷量为1%～8%。植物在花芽分化期至开花期对磷的吸收量较大，因此在花芽分化期前要进行适当增施磷肥；在土壤温度较低时土壤中的有效磷含量低，应增加磷肥；在秋后适当施用磷肥，可提高植物的抗寒能力，并增加根蘖和茎蘖的数量。

3．花卉的钾（K）素营养：钾是植物生长发育所必需的三大要素之一，土壤中的钾的含量较丰富，因此长期以来人们对施钾肥重视不足。近年来由于大量的使用氮肥和磷肥，对钾肥的需求也日趋增加。植物的含钾量为1.0%～3.5%左右。钾可促进碳水化合物的合成和运输，所以施钾使茎秆粗壮；钾还可提高植株的抗旱性和抗寒性，一般在秋末冬初施钾肥可提高植物的抗寒性。

（二）次要元素钙、镁、硫

虽然钙镁硫在植物体内的含量不如氮磷钾多，但也是植物生长发育所必需的，如果缺乏则会表现出缺乏症。

1．钙（Ca）：缺钙时常使顶芽嫩叶坏死，根尖受损更为严重；影响多种元素的吸收，如栽培基质中钙含量过多时，会影响钾和镁离子的吸收，也拮抗铁和锰的吸收。

2．镁（Mg）：镁是叶绿素的组成成分，缺镁时影响叶绿素的合成，因而影响光合作用。缺镁还会影响植物一些物质的合成和能量的转化等。

3．硫（S）：硫是蛋白质的组成要素之一。

（三）微量元素

与大量和中量营养元素一样，对植物营养同等重要，尽管通常植物对它们的需要量并不多，但它们中有任何一个缺乏也会限制植物生长。伴随着亩产量的提高，带走的微量元素的数量越来越大，所以微量元素日益被受到重视。

二、花卉的营养诊断

花卉的外部形态特征是内在因素和外界环境条件的综合反应，当土壤中缺乏或过量任何一种必要的营养元素，都会引起花卉特有的生理病症，即缺素症。

据此可判断某种元素的缺乏或过量，从而可用采取相应的措施。一般根据花卉的生长发育状况，是否有生长和发育障碍，形态是否异常，有无枯死等判断植物是否缺乏某种营养元素，即营养诊断，常见的营养诊断方法有如下几种：

1．形态诊断：土壤中缺少任何一种必要的营养元素时都会引起花卉产生特有的症状，据此可以判断某种元素缺乏或过量，从而采用相应的措施。

2．化学诊断：通过分析植株体内的化学成分，与正常植株的化学成分进行比较，来诊断苗木营养条件好坏的方法称化学诊断。

3．施肥诊断：通过形态诊断、化学诊断等方法初步确定所缺乏的元素，补充施入这些矿质肥料，经一段时间，若症状消失，即可确定病因，这种方法叫施肥诊断。

三、花卉的缺素症

1．缺氮：花卉在氮素不足时，生长受阻，生长量大幅度下降，起初颜色变浅，然后发黄脱落，一般不出现坏死现象。缺氮症状总是从老叶上开始，再向新叶上发展。缺氮时分枝受到抑制，茎叶和叶柄常变成紫红色。

2．缺磷：磷在植物体内的移动能力很强，能从老叶迅速转移到幼芽和分生组织，因此缺磷症状首先表现在老叶上。花卉缺磷时叶片呈暗绿色，茎和叶脉会变成紫色。严重缺磷时植物各部位还会出现坏死区。缺磷时也会抑制花卉的生长，虽不如缺氮时严重，但对根的生长抑制甚于缺氮。

3．缺钾：钾在植物体内具有高度的移动性，植物缺钾时首先表现在老叶上。缺钾时叶片出现斑驳的缺绿区，然后沿着叶缘和叶尖产生坏死区，叶片卷曲，最后发黑枯焦；茎秆生长量减弱，抗病性降低。

4．缺钙：由于钙在植物体内的移动性很差，因此植物缺钙的症状首先表现在新叶上，缺钙的典型症状是幼嫩叶片的叶尖和叶缘坏死，然后是芽的坏死，根尖也会停止生长、变色和死亡。

5．缺镁：典型症状为叶脉间缺绿，有时出现红、橙等鲜艳的色泽，严重时出现小面积坏死。缺镁症状通常发生在老叶上。在大量使用钾肥时也容易发生缺镁症。

6．缺硫：缺硫的症状与缺氮的症状相似，如叶片的均匀缺绿和变黄、生长受抑制等。但缺硫通常是从幼叶开始的，并且程度较轻。

7．缺铁：典型症状是缺绿。铁在植物体内不能移动，故缺铁首先表现在幼叶。缺铁的缺绿特征是叶脉间变黄而叶脉仍能保持绿色，一般没有生长受抑制或坏死现象。在碱性土壤或石灰性钙质土上植物常缺铁，原因是在碱性条件下土壤中的铁以不溶性的氧化铁或氢氧化铁的形式存在。土壤中镁素过多也会影响铁的吸收。

8．缺锌：典型症状是节间的生长受到抑制，叶片严重畸形，顶端优势被抑制，这可能是生长素（IAA）的供应不足引起的，因为锌是生长素合成所必需的；老叶缺绿也是缺锌的常见症状。在中性和碱性土壤上较易出现缺锌的症状。我国的许多地区土壤中缺锌，从而影响作物的产量，包括植物的产量也会受到影响。同时由于该地区人们长期食用缺锌的食物，也普遍影响人们的健康。在施用锌肥时常遇到锌与磷拮抗的问题，锌肥一般用作根外追肥的效果较好，可避免锌磷拮抗。

9．缺硼：缺硼的典型症状是叶片变厚和叶色变深，枝条和根的顶端分生组织死亡，缺硼引起根和枝条的发育受阻。缺硼症状的发展是缓慢的，土壤中硼有效性受钙的影响，土壤中钙的含量高，能降低硼的吸收，其原因可能是钙使硼在土壤中复合或发生沉淀，或降低根系对硼的吸收能力。

10．缺锰：缺锰的症状是叶片缺绿，并在叶片上形成小的坏死斑，注意要和细菌性斑点病、褐斑病等相区别，缺锰的症状在幼叶和老叶上都可发生。一般在酸性土壤中不缺锰，但在 pH 值大于 6.5 的土壤中，常发生缺锰的危害。在氧化状态高的土壤和碱性土壤中，锰和铁一样能转化成无效态，而引起植物缺锰。在锰含量过高和过低时都影响植物的产量。

11．缺铜：缺铜的症状是叶尖坏死和叶片的枯萎发黑，症状在幼叶上最先出现。土壤施用过量的磷肥时，会使铜成为不溶性的沉淀而降低有效性。食用植物

施用硫酸铜可增产，并可提高抗病能力。

12. 缺钼：缺钼的最初症状是老叶脉间缺绿和坏死，有时呈斑点状坏死。缺钼也会引起缺氮的症状。在pH值较高的土壤中容易被植物所吸收。

四、肥料种类

（一）有机肥

含有大量有机物质的肥料称有机肥料，又称农家肥。有机肥中含有大量的腐殖质和有机质，能为植物提供各种营养元素；能提高土壤中难溶性硫酸盐的有效性，减少土壤对磷的固定作用，对于提高土壤肥力，改善土壤的结构均有重要的意义。

常用的有机肥有人粪尿、牲畜粪尿、禽类粪、骨粉、鱼粉，厩肥、堆肥、绿肥、饼肥，泥炭、草木灰、落叶、杂草等。有机肥中的有机质含量丰富，营养成分全面，肥效期长等特点。值得注意的是使用有机肥时要充分腐熟。

1. 堆、沤肥的施用：堆肥和沤肥都是利用植物残落物，如秸秆、树叶、杂草、植物性垃圾以及其他废弃物为主要原料，加进人粪尿或牲畜粪尿进行堆积和沤制而成的。堆肥的堆制要为微生物创造好气分解的条件，发酵温度较高。沤肥多在水下沤制，以嫌气分解为主，发酵温度低。一般微生物发酵所需的碳氮比为25：1最适宜。不同有机物的碳氮比不同，发酵时需要用适量的氮肥加以调整。

堆、沤肥中含有较高的有机质和各种营养元素，是完全肥料，肥效缓慢而持久，一般用作基肥。长期施用堆、沤肥可起改良土壤作用。苗圃中施堆、沤肥的用量，通常750～1500千克/亩。堆肥中氮素因微生物的消耗而不足，最好施堆肥后，再追施速态氮肥。各种沤肥材料的配合比例，应根据肥料用途而定。如作当年追肥，要求肥料腐熟快。可用50千克青草，加入10～15千克人粪尿，1～2千克石灰，或2.5～5千克草木灰。如作第二年底肥，先将青草晾晒1～2天，切成7～10厘米长段，将碎草铺在坑底，约17厘米厚，再铺骡马粪，并浇水和人粪尿，将草全部淹没。肥料发酵，粪水变成黑绿色时再加一层黑土，然后再加青草、马粪和水。如此一层层堆至地面，最后灌水，使坑面保持有3厘米厚的水。秋季，将沤好的肥料起到地面上来，经过翻捣再堆成馒头形大堆。堆肥腐熟是微生物活动的结果。影响微生物活动的外界条件有水分、空气、温度、堆肥材料的碳氮比，以及微生物所处环境条件的酸碱度等。只要满足微生物活动所需要的条件，堆肥就能腐熟。堆制前需要将植物残落物浸泡吸水。水分在堆肥过程十分重要，通常含水量是干材料的60%～70%为宜，有利于堆内微生物的生活和有机材料的软化，还可促进堆肥上下腐熟均匀。通常用手紧握材料有水滴挤

出，即表示水分适度。肥堆中若通气良好，则好气性微生物活动强烈。有利于微生物堆肥腐熟；通气条件差时，嫌气微生物活动旺盛，则有机物质分解缓慢，有效养分释放少，堆肥腐熟时间长，但有利于腐殖质的形成和累积。因此，可以将二者结合：堆制前期以好气为主，使堆肥迅速分解，释放养分，而中后期使堆肥处于空气不流通状态，以保存已放出的养分，促使腐殖质的累积。其方法为：堆肥前期可以通过设立通风塔、通风沟或用疏松堆积的方法，使堆肥通气。到堆肥腐熟时，堆肥自然塌陷，然后，再压紧封泥，撤除通风塔等设施，使肥堆减少空气流通。堆肥在腐熟过程中，堆内的温度随有机质的分解而变化，由低温、中温而进入高温。高温纤维分解细菌要求的温度为 50℃～ 60℃，属好热性微生物。冬季堆制时，可在堆肥材料中增加适量马粪，利用其中所含高温纤维分解细菌活动时产生的热量提高堆肥温度，或采用堆面封泥，以减少热量散失，加快堆肥的腐熟。微生物活动需要碳素作为能源，需要氮素作为建造细胞的材料。微生物的活动和繁殖，对碳素和氮素要求要有一定的比值，一般小于 25：1. 若堆肥造林中的碳氮比大于 25：1 时，微生物不能大量繁殖，有机残体分解缓慢，微生物将从外界环境中吸收无机氮。如果有机物质的碳氮比小于 25：1，微生物繁殖快，有机残体快速分解。为了加速微生物的活动，促进堆肥腐熟，可在堆肥中加入粪稀或其他氮肥，用以调节微生物所需要的碳氮比。堆肥在腐熟过程中，有机质分解会产生大量有机酸，使环境变酸，影响微生物的生命活动。因为一般微生物适宜生活在中性或微酸性环境中，所以，在堆肥中应适当加入石灰或草木灰、石灰性土壤等偏碱性物质，以调节堆肥中的 pH 值。堆肥分普通堆肥和高温堆肥两种。前一种发酵温度低，后一种要经高温发酵。

（1）普通堆肥：适用于温度高、雨量多的地区或季节。堆肥要选择地势较平坦、靠近水源的地方。堆宽 2 米，最高 1.5 ～ 2 米，堆长以材料多少而定。堆置前先将地面夯实、整平，铺上一层草皮土或草炭，以吸收下渗的肥液，再将枯枝落叶、杂草、垃圾等均匀铺上，泼以人畜粪尿和污水等。每层厚约 15 ～ 26 厘米，堆顶盖一层细土或河泥，以减少水分蒸发和氨的挥发。堆置 1 个月左右，翻捣一次，并适量加水。夏季高温多雨，堆肥 2 个月左右，翻捣一次，冬季需 3 ～ 4 个月即可腐熟。

（2）高温堆肥：高温堆肥是有机物质无害化处理的一个主要方法。人粪尿、树木落叶、杂草、混合枯株、各种秸秆等经高温处理后，可以消灭潜伏其中的病菌、虫卵和草子等，有利于环境卫生和人、畜健康。为了加快杂草、树叶等的分解，提高肥堆温度，高温堆肥必须加入马粪，利用马粪中的好热性高温纤维分解菌，促进植物残体的分解。若高温堆肥采用半坑式，则腐熟快且充分，养分损失少。其方法为：选择背阴高燥、靠近水源的地方做肥场。在地上挖坑，若植

物材料按 0.5 吨算，则坑深 1 米，挖出的土围在坑的四周，成一圈土硬。坑底铲平，挖一个十字沟，沟的深、宽均为 20 厘米，沟的两端沿边向上挖，直挖出土埂，外面出口呈喇叭形。坑底纵横铺两层短树枝，坑边的沟竖几根秸秆或树枝做通气塔。然后铺上植物材料踏紧，加一层细土，泼石灰水，撒一次马粪，再泼人粪尿。然后又铺一层材料，如此一层一层堆到高出坑面 30 厘米左右，上面盖一层土，厚约 3 厘米，使肥堆呈馒头形。过 1 ～ 2 天，使之充分通气，最后再用河泥、塘泥等封顶。上述两种堆肥，是农作物用肥的传统制肥法。其特点是养分含量丰富、全面。高温堆肥具有杀菌灭虫作用。花卉生产中常用的培养土、腐叶土的制造方法与堆肥相似。它们也是用落叶、落花等植物材料，浇上人粪尿促使植物残体腐熟。不同之处是腐叶土要加进相当量的园土，腐熟时间长，没有高温发酵过程，不能灭虫杀菌，常使菌、虫卵潜伏在培养土或腐叶土中，使新植株感染病毒或孳生害虫。

2. 泥肥的施用：河、塘、沟、湖中肥沃的淤泥统称泥肥。它是由风雨带来的地表细土、污物、枯枝落叶等汇集于河、沟、塘、湖底部，再加上水生动物的排泄物及遗体，还有水生植物的残体共同组成的。这些物质经长期嫌气性微生物的分解而形成泥肥。不同泥肥，其肥效不同。如果淤泥水面黑绿色、味臭，挖出的淤泥有很多蜂窝状孔穴，看不清其中的植物茎叶痕迹，体积较轻的肥效高；相反，如果水面清亮，挖出的泥块颜色灰白，结构紧密，没有蜂窝状孔穴的肥效则较差。泥肥属凉性肥料，肥效期长而稳定。为了使泥肥养分迅速转化和消除因长期在淹水的嫌气情况下所产生的还原性有毒物质，施肥前要先将其铺开，晾晒一段时间，然后再打碎施用。苗圃用泥肥做基肥施用量很大，它不仅可以供给苗木养分，还可增厚土壤耕层，改善土壤理化性质。用泥肥配制培养土栽植花卉效果良好。先将泥肥摊于露地，稍干燥后，切成 1 厘米大小的泥块，掺入 1/5 左右的砻糠灰，用此土栽种白兰花、茉莉等，叶茂花艳。

3. 草炭与腐殖酸：草炭不仅有强大的吸附能力，而且从草炭中提取的腐殖酸盐对植物生长有刺激作用，所以，草炭的利用是多方面的。

（1）用作牲畜垫圈材料：用草炭为牲畜垫圈，不但能吸收牲畜的粪尿液，还能吸收牲畜粪便分解时产生的气体（氨气、硫化氢、二氧化碳）。既避免肥分损失，又保持环境洁净。

（2）制作草炭污泥肥：用两种草炭（高位、低位）与由城市污水沉淀下来的污泥混合（重量为 1：1），再添加不同分量的矿物肥料，制作草炭污泥肥。结果证明，草炭污泥混合肥酸性弱，富含易熔性氮、磷、钾，特别适合草坪的培育。

（3）制作草炭菌肥：以草炭为主要成分（100 份）加石灰 0.2 ～ 0.3 份，微

生物培养基 0.1 ～ 0.2 份，固氮菌剂 0.05 ～ 0.1 份，制成的草炭菌肥，施用方便。

（4）制作草炭纸：利用分解法使草炭纤维质与黏结剂结合制成草炭纸，其中也可加入肥料和其他化学添加剂。混有草籽的草炭纸，可铺在新建筑物周围的土地上，形成草坪和其他地被物。

（5）制成堆肥：将草炭、褐煤粉、针叶树皮、培植蘑菇的废基质、石棉及土壤混合，通过 7 ～ 14 天的沤制，制成的肥料适用于种植园林观赏植物。

（6）用草炭作温室土：用鲜类草炭（高位草炭）添加营养元素，可做温室土，培养植物。

（7）制造花卉培养土：因草炭有很强的吸附能力，近年来，外国不少地区应用草炭制造花卉营养土。

（8）制成草炭营养钵：用中等分解程度的草炭制造营养钵，管理、运输、携带方便。另外，根据草炭松散程度和泥沙含量，制造营养钵时，可加入少量淤泥作黏结剂，或加人锯末屑、沙子做松散剂。配料充分混合后，用手工或机械制成草炭营养钵。由于草炭松紧适合，种在草炭营养钵中的花、苗木根系生长良好。种植植物或其他喜酸性花卉时，可在营养钵中加适量硫酸亚铁，以调节 pH 值。腐殖酸肥就是用含腐殖质丰富的草炭褐煤、风化煤等作为主要原料，加碱、酸析制成的各种腐殖酸盐。主要腐殖酸肥有：腐殖酸铵，硝基腐殖酸，腐殖酸氮、磷肥。草炭与其他肥料配方：草炭（半干的）60% ～ 80%、腐熟厩肥 10% ～ 20%、过磷酸钙 0.1% ～ 0.4%、硫酸铵 0.1% ～ 0.2%、草木灰 1% ～ 2%。以草炭、尿素、过磷酸钙、氯化钾做原料，经干燥粉碎、计量混合、造粒、筛分包装等工序，生产腐殖酸氮、磷、钾复合颗粒肥料。它不仅含氮、磷、钾，还混有腐殖酸物质，是一种长效缓性复合肥料。我国生产的腐殖酸肥在早菊生产上取得了良好的效果，对盐碱化较高的土壤尤为适宜。我国前几年研制的各种腐肥，经试用，也有一定的肥效。并经公园连续两年用腐殖酸肥在早菊上试验。经对照相比，施用腐肥的早菊，根系繁多，叶子明显增厚色绿。

（二）无机肥

无机肥也称化肥。与有机肥相比，化肥的养分含量高，成分单纯，易溶于水，肥效快而短，并有酸碱反应等特点。长期使用化肥会对土壤产生板结、盐渍化等不良的影响。按其所含的主要养分，化肥常分为：

1．氮肥：包括硫酸铵、硝酸铵、氯化铵、尿素等。

2．磷肥：有过磷酸钙、磷矿粉等。

3．钾肥：有磷酸二氢钾、硫酸钾、氯化钾等。

4．复合肥：有三元素，磷酸二氢铵等。

5．微量元素肥料（微肥）：有铜、锌、锰、钼、硼、铁等。

6．菌肥：根瘤菌、磷化菌、钾细菌等。

花卉的生长发育需要大量的营养物质，这些营养物质主要依靠根系从土壤中所吸收的。如果不能及时补充所需的养分，就会影响生长和产量。研究表明，单位面积上产量与施肥量成正比，只有通过施肥才能满足花卉不同的生长时期对养分的需要。

五、施肥的方式

（一）底肥

以有机肥为主配合缓效性无机肥，在整地时施入土壤。使用有机肥时，一定要充分腐熟，不能使用“生粪”，因生粪由于发酵生热，容易伤害苗木的根系，同时生粪中带有大量的病菌和害虫的卵，容易造成病虫害发生。一般以有机肥为主，使用量为 3000 ～ 10000 千克，再配合一定量的无机肥料。沙土地和黏重土地施用有机肥料特别重要。

（二）种肥

在播种育苗时把肥料撒于种子附近。一般用速效磷肥为主。种肥不仅给幼苗提供养分，又能提高苗圃发芽率。

1．苗木在幼苗期对磷肥很敏感，幼苗期如果缺磷，会严重影响苗木的生长。磷在土壤中的移动性差，并且容易被固定。施用种肥应离幼苗的根系近，利于根系吸收和生长。

2．基肥和种肥配合使用，分层施肥，苗木可以分层利用肥料。

3．磷肥颗粒肥料与土壤的接触面积小，可以减少被土壤的固定，提高肥效 25% ～ 100%。

4．颗粒肥料有较好的物理性，有利于种子发芽和幼苗根系及地上部分的生长。

（三）追肥

在植物生长期内为了补充土壤中某些养分而追施的肥料。分土壤追肥和根外追肥二种。根外追肥的原理是植物的叶片有气孔、皮孔和水孔等，小分子的物质可以通过，如尿素，可以直接进入叶片被吸收利用。

1．土壤追肥：用速效肥，一般以氮肥为主，在后期追肥以磷、钾为主。常用的追肥方法有：撒施，浇灌法，穴施法，沟施法等。一般每年 3 ～ 5 次。追肥

的结束时期不能过晚，特别是氮肥追肥期晚容易造成苗木徒长，降低抗寒能力。

2. 根外追肥：在苗木生长期间将速效性肥料配成稀释溶液，施于苗木的地上部分主要是叶片上。

（四）施肥自动化与配方施肥

自动化灌溉的出现，为配方施肥提供了方便。这是国外普遍采用的一种技术。其方法是将易溶解的肥料配成浓溶液，然后使这种浓溶液通过注入器，按照花卉所需要的浓度比例进入温室水管中。注入器有不同比例规格可供选用。例如1：1000 的注入器表示 1 升的母液与 100 升的灌溉水相混合；1：200 的注入器则是 1 升母液与 200 升的水相混合。通过注入器的液体肥料必须全部溶解，或事先进行过滤，否则注入器易被阻塞。母液必须配制正确。采用自动注入器时如是硝酸钙这类物质，不应和磷酸镁一起放在同一浓缩桶中，因这类物质会产生沉淀。微量元素如硼酸或硼砂在加入浓缩桶之前一定要用沸水溶解。另外，对水质也要进行分析，如果水中已含有钙和镁，那就不必再加这类物质。碳酸盐含量高的水在灌溉系统中会引起沉淀，在这种情况下，可用硝酸中和，在 200 升母液中加入103 ～ 300 毫升的硝酸。

（七）控制施肥的主要手段

控制施肥的手段和方法很多，在国外应用较为普遍。如：植物诊断；pH 值分析；电导度测定；土壤分析；植物组织分析等。在有些情况下，只用一种手段是很难确定的，因此使用这些方法时，要了解和掌握它们的使用范围和局限。

第五节 花卉的花期调控技术

花期调控的主要方法有：控温控花法、控光控花法、颠倒昼夜处理法、遮光延长开花时间处理法、播种期调节控花法、控水控肥控花法、调节气体控花法、修剪控花法。

人们在长期的花卉生产实践中，根据不同的气候、温度、湿度、花卉植物本身的特性，创造出许多的花期控制的有效方法。近年来，科学技术突飞猛进，日新月异，花卉花期控制技术也得到很大的发展。尤其是温度控制花期技术发展得迅猛，对花卉生产的高速普及起到推波助澜的作用。当然，光照控花法、植物生长调节剂控花法、水肥控花法、修剪控花法、播期控花法、气调控花法，都对花

卉花期控制起到非常重要的作用。但是，我们要提醒急于学习花卉花期控制技术的人们，花卉花期控制技术是一门综合技术。首先要了解每一种花卉植物的生物特性，然后要种好花卉植株，只有生长健壮的花卉，才能开出高质量的花朵，即使掌握了控花技术，没有控花前的栽花技术，也开不出好花来。

另外，每一种花卉植物的花期控制技术都不相同，而且采用控花技术时还受到技术开始使用时的时间、温度、湿度、地理环境、设备等多方面因素的影响。在首次进行花期控制处理时，用花量不能多，并且要分期分批进行；要做好时间、温度、气象变化、处理过程、处理结果的记录，以便总结经验，寻找出符合当地环境条件的花期控制手段。在掌握了花期控制技术以后，才可以逐步扩大应用范围。否则，就有可能造成不应有的损失。

一、控温控花法

在日照条件满足的前提下，温度是影响开花迟早极为有效的促控因素。人为地创造出满足花卉植物花芽分化、花芽成熟和花蕾发育对温度的需求，创造最适宜的开花条件，便可达到控制花期的目的。

（一）增加温度法

主要用于促进开花，提供花卉植物继续生长发育以便提前开花的条件。特别是在冬春季节，天气寒冷，气温下降，大部分的花卉植物生长变缓，在5℃以下大部分花卉停止生长，进入休眠状态，部分热带花卉受到冻害。因此，增加温度阻止花卉植物进入休眠，防止热带花卉受冻害，是提早开花的主要措施。如瓜叶菊、牡丹、杜鹃、绣球花、金边瑞香等经过加温处理后，都能够提前花期。大家知道，河南洛阳、山东菏泽的牡丹花名扬天下，每年5月份牡丹花盛开。吸引了千千万万的中外宾客。但在广东地区，每年春节的元宵花市上，广东人都能够目睹牡丹花的娇姿，并能买上一盆放到家里欣赏，比河南、山东牡丹故乡的人们早享受牡丹的艳丽3～4个月。牡丹花提前开放，采用的主要就是温度控花法的加温手段。

1. 利用南方冬季温度高的气候优势进行提前开花处理：牡丹花在经过我国北方寒冷冬季的自然低温处理后，运输到南方，利用南方的自然高温，打破牡丹花植株的休眠，经过1个多月的精心管理，牡丹花盛开。这就是典型的利用地区性自然温差促使提前开花的处理方法。

2. 利用温室保温、加温：在秋末、冬天和初春时期，天气较冷，温室内的温度往往较室外高，如果在室内多加一层薄膜，保温的效果会更好。如果温度太低，只能通过电热加温（包括电热器、电热风扇、电炉、红外线加热管、高温灯

泡等）对温室进行加热，以达到提高温室温度的目的。

3．采用发电厂热水加温：有条件的地方，可以利用火力发电厂的水冷却循环系统通过温室，再循环回电厂，这样可以大大减少能源消耗，降低加温成本，提高花卉产品的竞争力，是一种廉价高值的加温手段。

4．利用地热加温：有地热条件的地方，可以用管道将热水接到温室里，提高温室的温度，既可以增加温室里的湿度，又可以降低成本，大量生产鲜花，提高经济效益。

（二）降低温度法

降低温度法究竟降到多少为准？这个问题是一个复杂的问题。首先我们必须始终牢记这样一个原则：在花卉花期控制过程中，每一种花卉植物都有自己的一个温度范围（这个范围包括两个范畴：一个是营养生长的范围，另一个是生殖生长的范围），这个温度范围各不相同；不但温度的度数不同，还有温度的持续时间的长短也不同。

二、控光控花法

不同的花卉植物对光照强度、光照时间的需求是不同的，同一植物不同生长发育期对光照的需求也是不同的。但影响花卉花期的光照因素主要是光周期。

（一）短日照处理法

在长日照的季节里（一般是夏季），要使长日照花卉延迟开花，就需要遮光；使短日照花卉提前开花也同样需要遮光；长日照花卉的延迟开花和短日照花卉提前开花都需要采取遮光的手段，就是在光照时数达到满足花卉生长时，用黑布或黑色塑料膜将光遮挡住，使它们在花芽分化和花蕾形成过程中人为地满足所需的短日照条件。这样使受处理的花卉植株保持在黑暗中一定的时数。天天照此方法做。一段时间之后，花芽分化完成，就可以不用遮光了。在长日照条件下仍然可以长期保持处理后的效果，直到开花。如菊花、一品红在下午 5 时至第二天上午 8 时，置于黑暗中，一品红经 40 多天处理即能开花；菊花经 50 ～ 70 天才能开花。采用短日照处理的植株一定要生长健壮，有 30 厘米高度，处理前停施氮肥，增施磷、钾肥。

（二）长日照处理法

在短日照的季节里（一般是冬季），要使长日照花卉提前开花，就需要加人工辅助光照；要使短日照花卉延迟开花，也需要采取人工辅助光照。长日照花卉

的提前开花和短日照花卉延迟开花都需要采取人工辅助灯光的处理手段。在天黑之前，就要把电灯打开，延长光照 5 ～ 6 个小时；或者在半夜用辅助灯光照 1 ～ 2 小时，以中断暗期长度，达到调控花期的目的。如菊花是对光照时数非常敏感的短日照花卉，在 9 月上旬开始用电灯给予光照，在 11 月上中旬停止人工辅助光照，在春节前菊花即可开放。电灯泡安置在距菊花顶棚上方 1 米处，100 瓦灯泡的有效光照面积为 4 平方米。利用增加光照或遮光处理，可以使菊花一年之中任何时候都能开花，满足人们周年对菊花切花的需要。

三、颠倒昼夜处理法

有些花卉植物的开花时间在夜晚，给人们的观赏带来很大的不便。例如昙花，它总是在晚上开放，从绽开到凋谢至多 3 ～ 4 小时。所以只有少数人能够观赏到昙花的艳丽风姿。为了改变这种现象，让更多的人能欣赏到昙花一现的美妙之处，我们可以采取颠倒昼夜的处理方法，使昙花在大白天悠然开花。一般的处理方法是：把花蕾已长至 6 ～ 9 厘米的植株，白天放在暗室中不见光，晚上 7 时至翌日上午 6 时用 100 瓦的强光给予充足的光照，一般经过 4 ～ 5 天的昼夜颠倒处理后，就能够改变昙花夜间开花的习性，使之白天开花，并可以延长开花时间。

四、遮光延长开花时间处理法

有部分花卉植物不能适应强烈的太阳光照，特别是在含苞待放之时，用遮阳网进行适当地遮光，或者把植株移到光强较弱的地方，均可延长开花时间。如把盛开的比利时杜鹃放到烈日下暴晒几个小时，就会萎蔫；但放在半阴的环境下，每一朵花和整棵植株的开花时间均大大延长。牡丹、月季花、康乃馨等适应较强光照的花卉，开花期适当遮光，也可使每朵花的观赏寿命延长 1 ～ 3 天。因此，在花卉植物开花期间，一是不要让阳光直接晒到花朵，二是尽可能降低温度，这样鲜花才能延长它的观赏期。

五、播种期调节控花法

播种期在花卉植物花期调控措施中的概念除了种子的播撒时间之外，还包括了球根花卉种球下地时间及部分花卉植物扦插繁殖时间；一、二年生的草本花卉大部分是以播种繁殖为主的，种子的保存对种子的发芽率起着极为重要的作用。种子保存得好，贮存的时间长。用调节播种时间来控制开花时间是比较容易掌握的花期控制技术，关键问题是要十分清楚，什么品种的花卉在什么时期播？从播种至开花需要多少天？这个问题解决了，只要在预期开花时间之前，提前播种即

可。如在南方，天竺葵从播种到开花大约是 120 ～ 150 天，我们希望天竺葵在春节前（通常春节在 2 月中旬）开花，那么，在 9 月上旬开始播种，即可按时开花。球根花卉的种球大部分是在冷库中贮存，冷藏时间满足花芽完全成熟后，从冷库中取出种球，放到高温环境中进行促成栽培。在不长的时间里，冷处理过的种球便会开花。如郁金香、风信子、百合花、唐菖蒲等。从冷库取出种球在高温环境中栽培至开花的天数，就是我们进行球根花卉控制花期所要掌握的重要依据。有一部分草本花卉是以扦插繁殖为主要繁殖手段，扦插繁殖开始到扦插苗开花就是我们需要掌握的花期控制依据。如四季海棠、一串红、菊花等。

六、控水控肥控花法

水、肥在花卉植物的整个生命周期中是必不可少的重要条件。花卉植物只有在适宜的水、肥环境中才能茁壮成长。在健壮的花卉植物上采用人为控制开花处理手段，才可能取得令人满意的结果。我们知道，部分木本植物在遇到恶劣的生活环境时（例如干旱、严重的虫害等），为了本身延续后代的需要，它们会在很短的时间内完成开花、结果的整个繁殖后代的过程。

我们正是利用木本花卉的此种特性，采取控制水分的措施，达到提前开花的目的。例如深圳市花勒杜鹃（别名：宝巾花、三角梅、叶子花），在它长大成株后，停止往花盆里浇水，直到梢顶部的小叶转成红色后再浇水，很快就会开花。开花后浇水的量一定要控制在少量（约 3 ～ 4 天浇一次，土表湿润即可），才能保持延续不断开花。如浇水过量，便很快转为营养生长，不开花了。在球根花卉的种球采取低温处理时，一定要控制湿度，湿度过大易感病、提前抽芽；湿度低有利于种球的贮存。种球含水量愈少花芽分化愈早。郁金香、风信子、百合等种球都是如此。在花期控制处理阶段，必须控制施用肥料的种类及施用量，尽量少施或不施氮肥，以施磷、钾肥为主；氮肥过多，影响花芽分化，只是抽梢长叶而不开花，从而造成控花失败。

七、调节气体控花法

花卉植物在生长发育过程中需要不断地进行新陈代谢活动，在植物的整个呼吸过程中，除了主要吸入二氧化碳外，还有氮、氧等空气中含有的其他气体成分，如果我们在花卉植物生活的环境中人为地增加不同成分的气体，植物吸收后对其体内的生理生化反应起作用，从而达到打破休眠、提早开花的目的，例如，对休眠的洋水仙、郁金香、小苍兰等球茎用烟熏的方法来打破休眠，从而使它们提前开花。1893 年人们就发现，在温室中燃烧木屑可以诱导凤梨开花。这主要是烟雾中存有乙烯的缘故。用大蒜挥发出的气体处理唐菖蒲球茎 4 小时，可以缩

短唐菖蒲的休眠期，比未处理的球茎提前开花，花的质量也好。

八、修剪控花法

这里的修剪主要是指用以促使开花，或再度开花为目的的修剪。如一串红、天竺葵、金盏菊等都可以在开花后修剪，然后再施以水、肥，加强管理，使其重新抽枝、发叶、开花。不断地剪除月季花的残花，就可以让月季花不断开花。摘心处理一是有利于植株整形、多发侧枝；二是延迟花期。例如菊花一般要摘心 3 ～ 4 次；一串红也要摘心 2 ～ 3 次（最后一次摘心的时间就是控制开花的处理时间）再让其开花，就能达到株形理想、开花及时的商品花。

第八章

园艺产业的现代化

第一节　现代化技术在园艺中的应用

一、生物技术在园艺产业中的应用

生物技术是指以生命科学为基础，利用生物体系和工程原理创造新品种和生产生物制品的综合性科学技术，主要包括植物组织培养、人工种子、细胞工程、性状的分子标记和分子育种以及基因遗传转化（基因工程）等。

1．植物组织培养

植物组织培养或称植物细胞工程，是在园艺产业中应用最早、最广泛、成效最显著的高新技术。植物组织培养在园艺产业中主要应用在种苗快速繁殖、脱毒育苗、种质资源保存、创新、新品种选育等方面。

无性繁殖的园艺植物，如草莓、葡萄、香蕉、马铃薯、大蒜、非洲菊、一品红等，长期栽培和繁殖会感染并积累病毒。当病毒积累较多时，就会导致生长变弱、产量降低、品质变差、效益降低，但到目前为止，还没有一种有效的药剂防治方法。以植物组织培养技术为基础的微茎尖培养，能够有效脱除病毒，再利用获得的脱毒苗进行扩繁，从而进行脱毒种苗的繁育。利用组织培养技术脱毒是目前最有效的植物脱毒技术，已在葡萄、草莓、苹果、柑橘、香蕉、大蒜、马铃薯等多种园艺作物上取得巨大成功，并可实现脱毒种苗的产业化生产。如我国马铃薯脱毒快速繁育技术在国际上就处于领先地位。

2．分子标记技术

20 世纪 80 年代发展起来的分子标记辅助育种是生物技术的另一个重要应用领域。分子标记技术是通过遗传物质 DNA 序列的差异来进行标记，基于 DNA 水平多态性的遗传标记，是通过检验基因组的一批识别位点来估测基因组的变异性或多样性的方法。分子标记作为一种基本的遗传分析方法，是继形态标记、细胞学标记和生化标记之后发展起来的一种新的遗传标记形式。分子标记技术在植物分类和遗传多样性、种质资源保护和利用、遗传图谱建立、基因定位、指纹图谱用于作物品种鉴定等多方面已得到广泛应用。利用分子标记技术，可以对果树、蔬菜、花卉等多种园艺作物的重要经济性状进行标记，为这些重要性状的应用提供方便快捷的途径。如通过分子标记和遗传作用，已建立了番茄、黄瓜等多种园艺作物分子图谱。而将分子标记用于亲本之间遗传差异和亲缘关系的确立，有助于杂种优势群的划分，提高杂种优势潜力。

3．植物基因工程

植物基因工程又称植物遗传工程，是指以类似工程设计的方法，按照人们的意愿，将不同生物体的DNA在体外经酶切和连接，构成新的DNA分子，然后借助一定的方法转入受体植物细胞，使外源目的基因在受体中进行复制和表达，从而定向改变植物性状的技术方法。自1983年世界上成功获得第一株转基因植物以来，植物基因工程技术在作物品种改良、抗虫剂、抗除草剂、杂种优势的利用等方面得到了广泛应用。美国、加拿大等国家已有众多转基因作物品种得到应用，其中以大豆、玉米、水稻等粮食作物为主。虽然目前园艺作物转基因育种与大田作物相比还有一定差距，但一些基础研究和技术手段已基本成熟。也有部分品种通过转基因技术获得了新的性状，成为具有某种特定性状和功能的转基因品种，如番茄、马铃薯、白菜、香蕉、木瓜、香木瓜、康乃馨等。1977年，我国第一例转基因耐贮藏番茄获准进行商业化生产，2002年又有抗病毒番茄、抗病毒甜椒、改变花色的牵牛花等园艺作物品种进入商业化生产。

二、信息技术在园艺产业中的应用

1．信息技术

信息技术是当今世界发展最快的高新技术，它推动着全球经济朝着以计算机及信息网络为基础的信息化方向发展。在这一背景下，我国农业已开始从传统农业向现代农业转变。信息技术目前被广泛应用在农业的各个领域，农业信息化已成为现代农业的重要标志。

2．农业信息技术

农业信息技术是信息技术与农业科学技术的有机结合，是在信息科学与农业科学不断发展的推动下建立起来的。农业信息技术着重研究农业系统中生物、土壤、气候、经济和社会等信息的综合管理和利用，通过建立智能化信息系统或决策支持系统，为不同层次的用户提供单机决策或网络系统服务。农业信息技术使农业生产系统从定性理解到定量分析，从概念模式到模拟模型，从专家经验到优

化决策，实现定时、定量、定位的智能化农业管理。农业信息技术是一门新兴的边缘性应用科学，因农业科学与信息技术相互交叉渗透而产生，其研究和开发涉及农业的各个领域，已成为引导农业生产、科研、教育、管理进一步发展的强大动力。农业信息技术主要包括农业信息网络、农业数据库、管理信息系统、决策支持系统、专家系统、3S 技术（RS、GPS、GIS 的简称）、信息化自动控制技术、农业多媒体、精准农业、生物信息学、数字图书馆等内容，其中以 3 技术和精准农业在农作物管理方面的应用最为广泛和成功，信息化自动控制技术在设施园艺和工厂化农业中应用广泛，农业信息网络和农业数据库更是延伸到农业各个部门和领域，覆盖千家万户。

农业信息化在发达国家已被广泛应用，其领域包括农业硬件和设施的操作、农业生产技术和知识的推广普及以及产品市场经营等。在美国的农业生产中，82% 的土壤采样由地理信息系统完成，74% 的农田利用地理信息系统进行制图，38% 的收割机带有测产器，61% 的作物采用产量分析系统，90% 的耕地采用精确农业技术。法国农业部植保总局建立了全国范围的病虫测报计算机网络系统，可适时提供病虫害实况、农药残毒预报和农药评价信息。日本农林水产省建立了水稻、大豆、大麦等多种作物品种、品系的数据库系统。新西兰农牧研究院利用信息技术向农场提供土地肥力测定、动物接种免疫、草场建设、饲料质量分析等信息服务。

我国引进农业信息化的概念是在 20 世纪 80 年代。经过几十年的发展，我国农业科研部门已在系统开发、数据库、信息管理系统、遥感技术应用、专家系统、决策支持系统、地理信息系统等高层研究领域取得了一定成果，某些领域已达到国际先进水平。

第二节　园艺产业的标准化与产业化

一、园艺产业的标准化意义

农业标准化是指种植业、林业、畜牧业、渔业、农用微生物的标准化，即以农业科学技术和实践经验为基础，运用简化、统一、协调、优选的原理，把科研成果和先进技术转化成标准并实施，以取得最佳经济、社会和生态效益的可持续过程。

（一）标准化是对现代园艺进行全面科学管理的基本要求

农业标准化有力地推动农业生产力水平的不断提高。先进的农业生产、采收、加工、流通技术要有效地应用于园艺产业，必须以标准化为手段和途径，园艺产品质量的控制、评判也必须以标准为依据。因此，园艺产业的现代化和国际化，现代园艺优质、高产、高效、安全和可持续发展，依赖于现代园艺标准的制定和实施。

（二）标准化是现代农业科技成果转化的桥梁和纽带

农业标准化既源于农业科技创新，又是农业科技成果转化成现实生产力的重要载体。先进的园艺生产技术和产品质量标准，可以通过不同渠道和不同环节，被广大生产者、管理者和消费者所接受和应用，迅速得到大规模推广。因此，加强农业标准化工作，建立健全统一、权威的农业质量标准体系、检验检测体系、认证认可体系、组织保障体系和监管检测体系，对加快应用和推广先进实用的园艺技术，提高园艺产品质量、产量和安全性有着重要意义。

（三）标准化是园艺产业可持续发展的重要途径

标准化工作是在简化、统一、协调、优化原理的指导下，把复杂的技术和纷繁的质量要求变成可操作性强、易于理解和掌握的标准，把园艺产业的产前、产中和产后各环节有机联系起来，确立共同的准则，使农业生产协调有序地进行。颁布和实施各类园艺产业的相关标准，把先进的技术、成熟的经验、产品质量要求、环境保护等技术和要求规范化、程序化、工艺化和法规化，从而实现园艺产业的优质、高产、高效、安全和可持续发展。

（四）标准化有利于合理利用资源、保持生态平衡、保障人类身体健康

农业标准化的实施，可以规范生产与消费行为，合理利用与高效配置自然资源，保护生态环境和生物多样性，依靠科技减少有害农业产品，减少和杜绝农业废弃物污染，推动无公害、绿色和有机园艺产品的种植，实现低投入、高产出、生态化园艺生产。

二、园艺业的产业化

园艺产业化是农业产业化的组成部分，也是农业产业化实施比较广泛、成果比较显著的领域。所谓农业产业化，是以市场为导向，以龙头企业为依托，以经济效益为中心，以系列化服务为手段，通过实施种养、产供销、农工商一体化经

营，将农业生产过程中的产前、产中、产后诸环节联系起来，形成一个完整产业系统，即产业链的经营模式。农业产业化是我国农村继实施联产承包获得成功后，发展农村经济、提高农民收入的又一重大举措。

农业产业化的基本形式是："市场牵龙头，龙头牵基地，基地带农户"，即"公司+基地+农业"。在这一基本形式的基础上又形成一些类型，如"公司+基地+农业工厂""公司+基地+农民组织""市场+基地+农户""农民合作组织（专业协会、专业合作化、股份制合作化）+基地+农户""经纪人组织+基地+农户"等。

农业产业化的基本特征可以概括为通过推进农业的市场化进程、农业的工业化进程和农业资源的优化配置进程，实现农业产业的高效运行和可持续发展。

通过农业产业化经营，把分散的农户集中起来，以解决小生产与大市场、大流通的矛盾，而将农业产业中的种养环节纳入加工和流通的产业链中，则更利于农业产业的市场化。因此，农业产业化经营不仅能解决我国农业生产中的深层次矛盾，更有利于我国农业现代化和国际化。

园艺产业是农业中最具活力的产业，其因效益较高，成为各地农业产业结构调整中优先发展的产业，也是农产品国际贸易中具有竞争优势的产业。因此，农业产业化在园艺产业中的发展较为迅速，效果较为明显。

在园艺产业中，既有以蔬菜出口加工企业为龙头的产业化模式，也有以大型果品、蔬菜、花卉批发市场为龙头带动的产业化模式，还有以园艺产业协会股份制合作组织、农产品经济人组织为带动的模式，如各地以蔬菜加工出口为主的大型企业、产地或销地的大型产业或综合批发市场以及各地区农业主导产业的协会（果品、蔬菜和花卉产业协会）。

第三节 园艺产业的可持续发展

随着工业化的发展，化学合成物质在农业中的应用越来越广泛，最显著的标志是以大量消耗能源为标志的"石油农业"取代了传统农业。农药的使用有效地控制了有害农业生物，包括害虫、病原微生物和杂草，而化学物质的大量使用使农作物产量成倍增长。但是人们在享受化学物质给农业生产带来的益处之时，也正遭受着它们的危害。农药残留和土壤盐渍化使人类生存环境不断恶化，农产品化学污染成为食品安全的主要隐患。环境的污染，给社会和经济的发展带来了极其严重的挑战，这一切限制了农业产业的可持续发展。

园艺业的可持续发展问题，不只是应对污染的策略，还包括水土保持、有效肥源、节水、旱作、高效和节能等问题。当前最迫切的是节水、增肥和高效的问题。旱作农业不是简单的不浇水，而是在实施开源节流、土壤节水、植物节水、工程节水等一系列的措施后实现可以不灌溉或少灌溉的管理体系，是个系统工程。肥料短缺是整个农业产业的普遍问题，在园艺业也很严重，仍然靠圈肥和化肥来解决是不现实的；实行绿肥制、生草制或绿肥与农作物轮作制，是未来园艺业乃至整个农业解决肥源问题的根本途径。高效是园艺业面临的迫切问题。近年来，随着外出打工人员数量的急剧增加，农业生产第一线的劳动力越来越少，生产操作不能只靠劳动力密集来解决，在未来的园艺生产中机械化和简约化是提高劳动效率的必然趋势。

园艺生产属于高投入、高产出、高效益的产业，因此有“一亩园，十亩田”的说法。园艺生产的性质，导致园艺作物的农药、化肥使用量远远超过大田作物。设施园艺环境的特殊性，使农药残留和土壤盐渍化比露地园艺产品栽培还要严重。农药化肥的不合理使用，使农产品农药残留超标，硝酸盐和亚硝酸盐含量过高；而工业和生活废弃物污染，则导致了土壤中重金属超标和有害生物污染。所有这些，在使生态环境受到破坏的同时，还对消费者健康构成了威胁。园艺产品安全性差直接影响国际贸易，拉低了中国农产品在国际市场的竞争力。为了人类的健康，我们应进行无公害食品、绿色食品和有机食品的生产。

所谓无公害园艺产品，是指产地环境、生产过程、产品质量均符合国家、企业或其他无公害农产品标准，经过质量监督检查部门检查合格，使用无公害农产品标志出售的园艺产品，无公害已成为我国农产品生产的基本要求。

绿色园艺产品是遵循可持续发展原则，按照特定生产方式，经专门机构认定，允许使用绿色食品标志销售的无污染的安全、优质、营养的产品。

绿色园艺产品有三个显著特征：一是强调产品出自最佳生态环境；二是对产品实行全程质量监控；三是产品依法实行标志管理。

绿色食品标志是由中国绿色食品发展中心在国家工商行政管理局正式注册的质量证明商标，所有权归中国绿色食品发展中心，受《中华人民共和国商标法》保护。我国绿色食品生产逐步进入标准化、法制化阶段，而且范围还在不断扩大。

有机园艺产品是来自有机农业生产体系，根据国际有机农业生产要求和相应标准生产加工，并通过独立的有机食品认证机构认证的农产品。

我国传统农业也具备有机农业的思想，但比真正意义上的现代有机农业和有机食品的开发晚，始于 20 世纪 80 年代后期。我国最早获得有机食品认证并作为有机产品出口的园艺产品是茶叶。

经过几十年的发展，我国有机农业已有长足进步，经国内不同机构认证的有机农场和加工厂已有近千家，已有 2000 多种产品获得有机食品认证，其中大部分为蔬菜、果树、茶叶等园艺产品。

有机园艺生产禁止使用任何化学农药、化学肥料和其他化学试剂，尽量减少作物生产对外部物质的依赖，建立种养结合的相对封闭的作物营养循环系统。

有机园艺的重点和核心是培养建立健康肥沃的土壤，实现健康土壤 - 健康植物 - 健康作物 - 健康人类的循环过程。

有机园艺的特点是：①建立种养结合、循环再生的农业生产体系。②把系统内土壤、植物、动物和人类看作是相互联系的有机整体，应得到人类的同等尊重。③采用土地可以承受的方法进行耕作。④经济、社会和生态效益并重，实现农业可持续发展。有机农业的目标不仅仅是生产安全、优质、健康的有机食品，更重要的是建立和保持健康的农业生态系统，实现农业的可持续发展。

第九章

室内观赏植物装饰设计

第一节　居家植物装饰

一、居家植物装饰的必要性

居家植物布置装饰是提高生活质量的有效手段，也是环境文明的一种标志，是现代家庭装饰不可缺少的一部分。居家植物的主要装饰部位是客厅、卧室、书房、厨房和卫生间等。植物装饰要根据主人的文化修养、爱好和各空间环境的功能要求，选择适宜的插花或盆花植物，以营造一个清新悦目、温馨舒适、自然雅致的生活环境。

二、居家各部位植物装饰建议

1. 玄关

玄关是从室外到室内的过渡地带，是开门后给人第一印象的重要场所，也是平时家人出入的必经之地，不宜把插花、盆栽、盆花、观叶植物等并陈，以免阻塞通路。若门厅比较阔大，可在此配置一些观叶植物，但叶部要向高处发展，使之不阻碍视线和出入。摆放小巧玲珑的植物，会给人以一种明朗的感觉，如果利用壁面和门背后的柜面放置数盆观叶植物，或利用天花板悬吊黄金葛、吊兰、羊齿类植物、鸭跖草等，也是较好的构思。

2. 客厅

客厅是家人聚集的场所，其植物装饰风格应力求明快大方、美观庄重、典雅自然，尽可能营造出温馨和谐、盛情好客的感觉和美满欢快的气氛。客厅植物主要用来装饰家具，以高低错落的植物形态来协调家居单调的直线状态。配置植物，首先应着眼于装饰美，数量不宜多，太多不仅杂乱，而且生长不好。植物比

例平衡极为重要，而对比的应用也不容忽视，可以用叶形大而简单的植物增强客厅富丽堂皇的装潢，而形态复杂、色彩多变的观叶植物可以使单调的房间变得丰富，有利于营造客厅宽阔、舒畅的感觉。

客厅的装饰风格直接反映主人的生活品位和形象，因而最有视觉效果。最昂贵的植物都应该放置在客厅，一般建议选择枝叶舒展、姿态潇洒的大型观叶植物，如橡皮树、荷兰铁、富贵竹笼、绿萝、发财树、巴西铁蝴蝶兰等，放于墙角或沙发旁，给人以四季常青、犹如置身于大自然的怀抱之中的感觉。同时，选用一些吊挂植物，如绿萝、吊兰、常春藤、天门冬会使房间显得明快，富有自然气息。茶几和桌面上可放 1 ～ 2 盆小型盆栽植物，以欣赏植物的自然美。

不同类型的植物可以体现主人的不同性格特征：蕨类植物的羽状叶给人亲切感；铁海棠展现出刚硬多刺的茎干，使人敬而远之；竹造型体现坚韧不拔的性格；兰花体现居静芳香、风雅脱俗的性格。植物的气质应与主人的性格和室内气氛相协调。

3. 卧室

卧室追求雅洁、宁静舒适的气氛，内部放置植物，有助于提高休息与睡眠的质量。一般而言，早春以生机为主，配以青叶类；卧室宜配置兔子花、瓜叶菊、大岩酮等色彩艳丽的盆花。盛夏以清凉为主，可配以绿色盆景，如文竹、彩叶芋、冷水花等充满凉意的盆花；金秋则以果实为主，可配以花叶类，如秋菊、金橘、珊瑚豆等；寒冬以常青为主，可配以花果类，如山茶、梅花等，能令人感觉春常在。

有些家庭的卧室面积不大，可选择小型盆花点缀，如常春藤、吊兰、天门冬等呈下垂姿态的蔓性、匍匐性花卉，以加强立体感，突破家具的单调构图，营造新颖、活泼的气氛。

如果卧室较宽敞，可选择一些较大的盆花点缀，如在墙角空间安放一盆轻枝绿叶的文竹，茶几上配一盆旱伞草或一盆蒲葵，床头柜上置一小型瓶插，这样，卧室就会显得既有活力又有意境。

4. 书房

书房是读书写字、研究学问之处，选择植物不宜过多，且以观叶植物或清秀文雅、颜色较浅的观花植物为宜，如发财树、文竹、天门冬、铁线蕨、小型盆景、水培绿萝等；观花植物则可选择兰花、水仙、茉莉等，既可提神健脑，又能增添书房内的幽雅气氛。

在植物摆放时，若房间面积较小，则宜选择娇小玲珑、姿态优美的小型观叶植物或艺术插花、盆景，或置于案头，或置于窗前；而在书架上方靠墙处或书橱上放置一盆悬吊植物，能使整个书房显得文雅清新。

5. 餐厅

餐厅是家人团聚、进餐交流的场所，应创造一种温馨、柔和的环境气氛，让家人心情放松、愉快进餐。餐厅在进行植物配置时以淡雅、清爽、明快的色调为佳，如秋海棠、圣诞花、仙客来之类，可以增添欢快的气氛；或将富于色彩变化的吊盆植物置于木制的分隔柜上，把餐厅与其他功能区域分开。

此外，餐厅植物摆放时还要注意：

（1）植物的生长状况应良好，形态必须低矮，不超过 25cm，以免妨碍相对而坐的人进行交流、谈话。

（2）现代人很注重用餐区的清洁，因此，餐厅植物最好用无菌的培养土来种植。

6. 厨房和卫生间

由于厨房的空间和环境具有特殊性，在选择植物时要综合考虑。一般而言，厨房空间较小，多位于居室北侧，光照弱、油腻重、相对湿度大，在植物配置时应选择喜阴、耐湿、不易沾污、有净化空气功能的植物。由于空间有限，最适宜厨房配置的植物是吊挂盆栽，如吊兰、蕨类、常春藤等，也可选择水培植物做点缀。

由于卫生间湿气大、冷暖温差大，养植具有耐湿性的观赏绿色植物，可以净化空气，适合使用蕨类植物、垂榕、黄金葛等。如果卫生间既宽敞又明亮且有空调，则可以培植观叶凤梨、竹芋、蕙兰等较艳丽的植物，把卫生间装点得如同迷你花园，让人乐在其中。

7. 阳台

阳台养花，需要根据阳台特点选择适宜生长的花卉种类，并合理布局，巧用空间，以起到好的装饰效果。

（1）需要根据阳台类型选择适宜在阳台上生长的花卉。目前我国居民楼的阳台从形式上看主要有三种类型，即凸式阳台、凹式阳台和廊式阳台，但以凸式阳台居多。朝南向的凸式阳台，阳光充足，光照时间长，宜选择喜光照的花卉，如米兰、茉莉、白兰、月季、扶桑、菊花、太阳花、代代花、石榴、金橘、葡萄、仙人掌、仙人球以及耐热、耐旱的多肉植物等。朝北向的阳台，宜养喜阴或耐阴的观叶花卉，如观赏蕨、绿萝、蔓绿绒、万年青、龟背竹、文竹、棕竹、玉簪、橡皮树等。朝东向的阳台，一般每天上午可以接受 3 ～ 4 小时光照，下午只能接受一些散射光，因此宜养短日照花卉和喜半阴的花卉，如蟹爪兰、山茶、杜鹃、君子兰等。朝西向的阳台，上午较为荫蔽，中午以后光照强度较大，因此宜养耐半阴耐热的藤本花木，如络石、爬墙虎、凌霄、扶芳藤等，使之形成一片“绿色屏障”，夏季还可起到防西晒的作用。

（2）需要充分利用阳台空间进行合理布局。一个布局合理的阳台绿化装饰，从室内往外观望时，整个阳台类似自然界中的一个小框景；由外往里观望时，又好似一座花卉展览的小橱窗。阳台绿化的具体布局没有固定的模式，因阳台位置、大小及个人爱好来确定。一般来讲，既要注意整齐美观，避免杂乱无章，又要注意高低有序，错落有致，层次分明，还应注意留有相当空间，避免产生拥塞感。例如，对一个宽 1 ～ 1.2m、长 3m 的向阳阳台进行绿化装饰时，可在阳台外侧较宽的水泥栏杆上面摆放 2 ～ 3 盆中性喜光盆花，在阳台的东侧设个 3 ～ 5 层木制或金属制作的小的梯形框架，依花卉习性由下而上分别摆放中、小型应时盆花数盆；在阳台西侧地面上设一个小型种植槽，栽种爬墙虎、木香、香豌豆、小芦葫等攀缘性或蔓生性花木。为了充分利用空间，可在阳台台板处或檐口处嵌镶吊钩，悬挂吊盆花卉。吊盆内种什么花，要视吊钩所处的位置而定：处在阳光充足处的，宜种喜光花卉；处在阴凉处的，宜种较耐阴花卉。吊盆内最好栽种枝叶下垂、轻巧碧绿、随风摇动、清秀潇洒的花卉，使人观之别有一番韵味。此外，在阳台上养花必须注意安全，严防花盆坠落伤人。

第二节　写字楼办公区域植物装饰

一、写字楼办公区域环境特点

（1）写字楼办公环境的温度通常白天保持在 25 左右，夜晚温度也在 15° 左右，昼夜温差较小，温度环境适宜植物生长。

（2）室内通风条件通常不太好，室内二氧化碳浓度较室外略高。

（3）室内空气较干燥，湿度较室外低。

（4）除靠窗的位置外，其余地方光照条件较差，灯光是主要光照来源。

（5）空间比较拥挤，通常没有专门的绿化空间，摆放花卉要见缝插针。

（6）电脑多，显示器的辐射比较严重。

二、写字楼办公区域注意事项

（1）办公室植物装饰，在植物选择上首先要考虑能吸收有害气体，吸收辐射，净化空气，可摆放黄金葛、金琥等。

（2）室内植物装饰要考虑办公室光照、通风不好的特点，选择对光照和通风要求不高的室内植物，如榕树等摆在室内则易落叶。

（3）植物装饰尽量利用有限的空间，在墙角、办公桌上等处寻找空间进行立体绿化。

（4）前台、总裁办公室等处要注意绿化档次，提升公司整体形象。

三、办公空间不同区域的植物装饰建议

1. 入口门厅

公司的入口或门厅是企业形象的门面，可运用植物特性来表现稳重踏实、友善体贴和欣荣旺盛的企业形象。如果门厅空间宽敞明亮，适合选择绿意盎然且枝干健壮、形态稳重的中、大型盆栽，如棕竹、鹅掌柴、竹骨木、龙血树等，以显示大家风范。如果门厅空间较小，适合用精致的中小型盆栽和盆器搭配，如大岩桐、卷柏、一帆风顺、袖珍椰子等。

2. 访客接待室

访客接待室需营造庄重、理性、和谐的洽谈公务环境，适合选择中、小型盆栽或插花装点，如新几内亚凤仙、彩虹竹芋、金边百合竹等，以避免喧宾夺主，产生压迫感。盆栽宜选角落位置摆放，插花瓶器可摆放在桌面，但不宜遮挡洽谈人的视线与桌面作业。

3. 办公室

办公室内由于电脑、复印机、打印机等办公室设备较多，辐射较重，办公人员较密集，需营造轻松、愉快的工作氛围。改造办公室空气环境是办公室植物布置的首要出发点，可净化空气的绿色盆栽成为办公室植物装饰的首选，如绿萝、吊兰、常春藤、龙血树、万年青、金琥、仙人掌、虎皮兰等。

4. 会议室

会议室布置需要简洁利落，应营造出公司同事研讨业务的平静气氛。可依会议室空间大小和用品摆设位置确定盆栽尺寸与数量。布置上多选用绿色系观叶植物，如一帆风顺、棕竹、绿萝等，以提高与会人员的思考能力；若组织庆祝、联谊等集会，可采用色彩较鲜亮缤纷的盆栽或插花，如鹤望兰、蝴蝶兰、唐菖蒲等。

第三节　酒店植物装饰

一、酒店环境特点

（1）环境温度适宜，昼夜都在25℃左右

（2）通风条件、空气质量一般。

（3）光照条件一般，常年无阳光直射。

（4）大堂和电梯间是酒店主要绿化空间，摆放空间较大；其余就是走廊通道、餐厅、娱乐中心和总统套房之类，这些位置相对光线更暗，空间相对也较小。

二、酒店植物装饰要点

（1）选择植物首先要考虑整体环境，摆放要气派、典雅。

（2）要室外绿化和室内绿化兼顾，注重整体环境协调。

（3）选择植物要考虑光照、通风特点，选择适宜在室内生长的花卉绿植。

（4）选择植物要考虑能净化空气，吸收有害气体，创造爽心悦目的绿色环境。

三、酒店常用植物装饰

（1）适宜室内生长的植物基本都可使用，但应尽量使用高大、以观叶为主的植物。

（2）中大型植物，如垂叶榕、绿萝、散尾葵、鱼尾葵、国王椰子、发财树、棕竹、夏威夷椰子、橡皮树、针葵等，适宜酒店植物装饰。

（3）小型植物，如常春藤、银边铁、金边铁、万年青、白掌、袖珍椰子、金琥、黑美人、银皇后、虎皮兰等，适宜酒店植物装饰。

第四节　会场植物装饰

会场植物装饰包括圣诞、国庆、中秋、公司员工大会、欢迎外宾、年会会场等植物装饰。不同的场合对于会场布置的要求不尽相同，良好的会场布置会让整个会议拥有非常好的气氛，可以使人们从踏入会场的一瞬间就融入会议的主题。

最常见的是非节日的普通布置，这类布置多采用鲜花和绿植的合理搭配，将一些高大植物摆在主席台的背后作为背景，如棕竹、散尾葵等，然后用些小盆植物或花卉放在主席台的下方做呼应，常用的植物有一叶兰、一品红、也门铁等。另外，在会场四周合理地摆放植物也是不错的选择，常用的植物有大叶伞、巴西木、绿萝等。因鲜花在会场布置里有画龙点睛的作用，可在会场入口放一盆较大的迎宾花卉，在主席桌和宾客的座位上摆放一盆插花，效果会非常好。

另外，结合会议的主题做会场布置也很关键。例如，圣诞时可以加上一棵高大的圣诞树和一些圣诞花，再配合一些精美的彩带和气球来渲染会场气氛。

第五节　商场植物装饰

一、商场环境特点

（1）商场的环境温度白天在25℃左右，夜晚温度会有所下降，但通常能保证花卉植物生存必需的温度。

（2）通风条件一般，人流量很大，环境复杂。

（3）光照条件较差，灯光是主要光源。

（4）通常没有专门设计的花卉摆放空间，但是整体上摆放空间充足。

二、商场植物装饰建议

由于环境混杂，商场的植物装饰只要能起到一定的点缀效果即可，通常没有很高的要求。植物装饰要尽量考虑能吸收有害气体，净化空气。植物选择要考虑商场内光照、通风不好的特点，选择对光照和通风要求不高的品种。由于人流量大，要尽量选择不易被摩擦碰撞损伤的植物，不要选择枝叶坚硬和花粉多的植物。

三、商场适宜植物

（1）中大型植物：绿萝、散尾葵、国王椰子、棕竹、夏威夷椰子、心叶藤、富贵竹笼、橡皮树等。

（2）小型植物：黄金葛、吊兰、常春藤、银边铁、金边铁、万年青、白掌、袖珍椰子、金琥、银皇后、虎皮兰等。

第六节　医院植物装饰

一、医院环境特点

（1）医院的环境温度白天在25℃左右，但冬天夜晚一般温度较低，昼夜有

一定温差，温度环境较适宜植物生长。

（2）人员流动多，空气质量较差。

（3）不同位置的光照差别较大，尤其是走廊光照少。

（4）医院植物通常摆放在走廊等公共区域，摆放空间较大。

二、医院植物摆放建议

在选择植物时，首先要考虑其吸收有害气体、净化空气的能力；其次选择对光照和通风要求不高的植物。医院植物选择应着重美化环境以改善病人心情，避免使用枝叶尖硬、花粉较多的植物。

三、医院适宜植物

（1）中大型植物：绿萝、巴西木、荷兰铁、散尾葵、棕竹、夏威夷椰子、肉桂、心叶藤、富贵竹笼、橡皮树等。

（2）小型植物：黄金葛、吊兰、常春藤、银边铁、金边铁、玛丽安、万年青、白掌、袖珍椰子、芦荟、虎皮兰等。

第七节　植物装饰及租赁服务

一、植物装饰及租赁服务流程

植物租摆设计→植物材料准备→包装运输→现场摆放→日常维护→定期检查→更换植物→信息反馈。

植物租摆设计包括：客户个性植物设计，植物摆放设计，环境要求下的植物设计，植物设计创意，制作效果图使方案直观易懂（视情况）。

植物材料准备：选择合适的花盆和套缸。选择株型美观、色泽较好、生长健壮的植物材料。花盆的装饰。修剪黄叶，擦拭叶片，使植物整体保持洁净。

包装运输：植物包装出库，装车，运送到指定地点。

现场摆放：按设计要求将植物摆放到位，呈现植物最佳观赏效果。

日常维护：浇水，修剪黄叶，保持叶面清洁，定期施肥，预防病虫害发生。

定期检查：检查植物的观赏状态、生长情况检查，养护人员的养护服务水平。

更换植物：按照植物的生长状况进行定期更换，按合同条款定期更换。

信息反馈：租摆主管与租摆单位及时沟通。研究植物变化机制，对换回的植物精心养护，提高植物养护人员水平，改善租摆植物绿化效果。

二、植物装饰及租赁服务承诺

（1）免费为客户提供租摆设计方案。

（2）负责花卉的挑选、运输，并摆放在指定地点。

（3）在租摆期间，派专业护花人员每周定期对花木进行管理，包括浇水、施肥、病虫害防治、修剪整形、清洁叶片等，不需要用花单位进行任何管理。

（4）保证植物造型美观，摆放合理，叶色自然。如因养护条件不当而造成花木枯死或长势不好，由专业护理人员及时更换，保证用花单位的观赏效果。

（5）清洁卫生，叶面无尘土，无枯枝落叶，无病虫害，盆土无异味。

（6）及时更换不符合租摆标准的植物。

（7）养护人员应认真负责按植物需要适时进行护理工作，遵守甲方（租摆单位，下同）规章制度，不妨碍甲方的正常工作与经营。

（8）定期进行质量服务检查，征求甲方意见，及时解决出现的问题。

（9）特殊优惠，每逢劳动节、国庆节、春节，可额外提供一定数量的免费花木给用花单位进行节日装饰，增添节日气氛。

第八节　常见室内植物的功效

发财树：能对抗烟草燃烧产生的废气。发财树四季常青，能通过光合作用吸收一氧化碳和二氧化碳，并释放氧气。

滴水观音：有清除空气灰尘的功效。滴水观音茎内的白色汁液有毒，滴下的水也是有毒的，误碰或误食其汁液，就会引起咽部和口部的不适，胃里有灼痛感。应当特别注意防止幼儿误食。但是滴水观音并不属于致癌植物。

万年青：以独特的空气净化能力著称。空气中污染物的浓度越高，越能发挥其净化能力，非常适合通风条件不佳的阴暗房间。

鹅掌柴：给吸烟家庭带来新鲜的空气。叶片可以从烟雾弥漫的空气中吸收尼古丁和其他有害物质，并通过光合作用将之转换为无害的植物自有的物质。另外，它能显著降低甲醛浓度。

铁线蕨：具有较强的甲醛吸收率，因此被认为是最有效的生物“净化器”。经常与油漆、涂料打交道者，或者身边有喜好吸烟的人，应该在工作场所放置一

盆蕨类植物。另外，它还可以抑制电脑显示器和打印机中释放的二甲苯和甲苯。

芦荟：可吸收甲醛、二氧化碳、二氧化硫、一氧化碳等有害物质。吸收甲醛的能力特别强，对净化居室环境有很大的作用。当室内有害空气过高时，芦荟的叶片就会出现斑点，这就是求援信号。

吊兰：能吸收空气中的一氧化碳和甲醛，以及苯乙烯、一氧化碳、二氧化碳等物质，还能分解苯，吸收香烟烟雾中的尼古丁等比较稳定的有害物质，并且能在微弱的光线下进行光合作用。

龟背竹：能在夜间吸收二氧化碳，改善空气质量。对清除空气中的甲醛的效果比较明显。

白掌：能抑制人体呼出的废气，如氨气和丙酮，同时也可以过滤空气中的苯、三氯乙烯和甲醛。其高蒸发速度可以防止鼻黏膜干燥，使患病的可能性大大降低。

常春藤：常春藤是目前吸收甲醛最有效的室内植物，同时还可以吸收苯，吸附微粒灰尘。$10m^2$ 的房间，只需要放上 2 ～ 3 盆常春藤就可以起到净化空气的作用。

文竹：文竹含有的植物芳香有抗菌成分可以清除空气中的细菌和病毒，具有保健功能；释放出的气味有杀菌、抑菌之效。此外，文竹还有很高的药用价值，肉质根和叶状枝均有止咳润肺凉血解毒之功效。

仙人掌：具有很强的消炎灭菌作用。在对付污染方面，仙人掌是减少电磁辐射的最佳植物。此外，仙人掌夜间吸收二氧化碳释放氧气，晚上居室内放有仙人掌，就可以补充氧气，利于睡眠。

棕竹：可消除重金属污染，并对二氧化硫污染有一定的抵抗作用，能够吸收多种有害气体，净化空气。其最大的特点就是具有一般植物所不及的消化二氧化碳并制造氧气的功能。

橡皮树：消除有害物质的多面手。对空气中的一氧化碳、二氧化碳、氟化氢等有害气体有一定抗性，还能消除可吸入颗粒物污染，对室内灰尘能起到有效的滞尘作用。

君子兰：释放氧气、吸收烟雾的清新剂。一株成年的君子兰，一昼夜能吸收 1 升空气，释放 80% 的氧气，在极其微弱的光线下也能发生光合作用。特别是北方寒冷的冬天，由于门窗紧闭，室内空气不流通，君子兰会起到很好的调节空气的作用，保持室内空气清新。

绿萝：改善空气质量，消除有害物质。绿萝的生命力很强，吸收有害物质的能力也很强，有助于不经常开窗通风的房间改善空气质量，还能消除甲醛等有害物质，其功能不亚于常春藤、吊兰。

富贵竹：适合卧室的健康植物。富贵竹可以帮助不经常开窗通风的房间改善空气质量，具有消毒功能，尤其适于卧室，富贵竹可以有效吸收废气，使卧室的私密环境得到改善。

第九节　室内装饰常用植物认知

一、室内装饰常用观叶植物

1. 具有自然美的室内观叶植物

有些植物具有自然野趣，在较讲究而豪华的环境中反而能表现出自然的美，如春羽、海芋、花叶艳山姜、棕竹、蕨类、巴西铁、荷兰铁等。

（1）春羽：又称春芋、羽裂喜林芋、喜树蕉、小天使蔓绿绒，为天南星科喜林芋属多年生常绿草本观叶植物。

春羽原产于南美巴西的热带雨林中，在林中附生在大树上，其褐色的气生根从空中垂至地面或者生在树干上。其性喜高温、多湿的环境，耐阴而怕强光直射。生长适温为15℃～28℃，耐寒力稍强，越冬温度为2℃左右。

春羽叶片巨大，呈粗大的羽状深裂，浓绿色，且富有光泽，叶柄长而粗壮，气生根极发达，株形优美，整体观赏效果好；耐阴，是极好的室内喜阴观叶植物。它适于布置在宾馆的大厅、室内花园、办公室及家庭的客厅、书房等处。在光线较强的室内可以放置数月之久，植株生长不会受太大影响；在较阴暗的房间中也可以观赏2～3周。它也常用作大型盆栽，陈设于厅堂中，显得十分壮观。

（2）花叶艳山姜：又称花叶良姜，为姜科山姜属多年生草本观叶植物。

花叶艳山姜原产于东南亚热带、亚热带地区。其性喜高温、高湿的环境，喜明亮的光照，但也耐半阴，生长适温为15℃～30℃，越冬温度为5℃左右。在疏松、排水良好的肥沃壤土中生长较好。

花叶艳山姜叶色艳丽，十分迷人；花姿优美，花香清纯，是很有观赏价值的室内观叶观花植物。它常以中小盆种植，摆放在客厅、办公室及厅堂过道等较明亮处，也可作为室内花园点缀植物。

（3）巴西铁：又称香龙血树，为百合科龙血树属多年生木本观叶植物。

巴西铁原产美洲的加那利群岛和非洲的几内亚等地，我国近年来已广泛引种栽培。其性喜高温、高湿及通风良好的环境，较喜光，也耐阴，怕烈日，忌干燥干旱，喜疏松、排水良好的砂质壤土。其生长适温为20℃～30℃，休眠温度为

13℃，越冬温度为5℃。

巴西铁株形整齐优美，叶片宽大，富有光泽，苍翠欲滴，是著名的新一代室内观叶植物。它可以中小盆点缀书房、客厅和卧室等，显得清雅别致；大中型植株布置于厅堂、会议室、办公室等处，可长期欣赏，颇具异国情调；尤其是高低错落种植的巴西铁，枝叶生长层次分明，还可给人以“步步高升”之寓意。

2．具有色彩美的室内观叶植物

有些植物的色彩很美，可以影响人的情绪的变化，或使人宁静，或使人振奋。大量的彩斑观叶植物和观花植物色彩丰富，均属于此类型。

（1）花叶芋图：又称彩叶芋，为天南星科花叶芋多年生草本观叶植物。

花叶芋原产于美洲的圭亚那、秘鲁以及亚马孙河流域。其性喜高温、多湿及明亮的光线，忌阳光直晒，生长适温为22℃～30℃，低于12℃时地上部叶片开始枯萎。

花叶芋叶形美丽，叶色及斑纹变化多样，丰富多彩，是理想的夏季栽培观赏的室内观叶植物，适于家庭居室、宾馆、饭店和办公室美化装饰，给人以清新、典雅、热烈之感。

（2）朱蕉：又称红叶铁树、朱竹，为百合科朱蕉届多年生木本观叶植物。

朱蕉性喜高温、多湿，冬季低温临界线为10℃，夏季要求半阴，忌碱性土壤。

朱蕉株态优雅，叶片有斑纹，色彩丰富，鲜艳明亮，十分绚丽迷人，是观叶植物中最具代表性的种类之一。它常以中小盆种植，于室内厅堂、过道、书房、窗台等处布置。它在室内布置形式灵活，可单盆摆放，也可多盆群体排列，还可与其他素色植物如垂枝椿、棕竹等配合布置，以体现群体布置效果，增添欢乐气氛。

3．具有图案性美的室内观叶植物

有些植物的叶片能呈某种整齐规则的排列形式，从而显出图案性的美，如伞树、马拉巴粟、美丽针葵、鸭脚木、观棠凤梨、龟背竹等。

（1）伞树：又称昆士兰伞木、昆士兰遮树、澳洲鸭脚木，俗称发财树，为五加科澳洲鸭脚木属木本观叶植物。

伞树原产于澳洲及太平洋中的一些小岛屿，我国南部热带地区亦有分布，适生于温暖、湿润及通风良好的环境，喜阳也耐阴，在疏松肥沃、排水良好的土壤中生长良好。

伞树叶片宽大，且柔软下垂，形似伞状；枝叶层层叠叠，株形优雅，姿态轻盈又不单薄，极富层次感，所以近年来我国各地区均有广泛栽培。伞树耐阴，管理养护方便，可在室内长时间连续摆放，是适于宾馆、会场、客厅、走廊过道等处摆设装饰的优良中大型观叶植物，也是相当理想的家庭客厅、书房、卧室转角等处的点缀植物。

（2）美丽针葵：又称软叶刺葵，为棕榈科枣属观叶植物。

美丽针葵原产于中南半岛，我国南方各省区栽培甚多，同属植物约有17种，主要产于亚洲和非洲的热带亚热带地区。其性喜高温、高湿的热带气候，喜光也耐阴，耐旱，耐瘠，喜排水性良好、肥沃的砂质壤土。有较强的耐寒性，冬季在0℃左右可安全越冬。

美丽针葵枝叶拱垂似伞形，叶片分布均匀且青翠亮泽，是优良的盆栽观叶植物。用它来布置室内，具有热带情调。一般中小盆适于客厅、书房等处，显得雅观大方；大型植株盆栽常用于布置会场、大厅等，显得庄严伟岸。

（3）彩苞凤梨：又称火炬凤梨，为凤梨科丽穗凤梨梨属观叶观花植物。

彩苞凤梨原产于中南美洲及西印度群岛，其性喜温热、湿润及明亮的光照。生长适温为20℃～27℃，越冬温度为10℃，每天最好有3～4小时直射阳光，以利于开花。

彩苞凤梨及其同属的虎纹凤梨等的花和叶为凤梨科中最美丽的，其美丽的花穗高出叶丛，亭亭玉立，颇有气派，并且花期长达数月之久，是理想的室内观叶观花植物。其一般适于客厅、会议室、办公室等处摆设。如果将几株拼种于一盆，布置在热闹场所，可增加热情喜庆气氛。

4. 具有形状美的室内观叶植物

有些植物具有某种优美的形态或奇特的形状，别具美感，得到人们的青睐，如琴叶喜林芋、散尾葵、丛生钱尾葵、龟背竹、麒麟尾、变叶木等。

（1）绿帝王喜林芋：又称绿帝王蔓绿绒、绿帝王，为天南星科喜林芋属常绿木质攀缘观叶植物。

绿帝王喜林芋是杂交种，优良无性系，其原种原产哥斯达黎加、墨西哥、巴拿马等南美热带地区。其性喜温暖、湿润的环境，喜明亮的散射光，忌直射阳光，生长适温为20℃～30℃，越冬温度为10℃。

绿帝王喜林芋是近年来新引进的优良室内盆栽观叶植物，株形优美，叶片宽厚，朴素端庄，气势不俗，十分受人青睐；同时，其耐阴性强，在国内成为室内观叶植物新秀。它尤其适合布置于较大客厅、大堂、会议室等处。

（2）麒麟叶：又称麒麟尾、上树龙、飞天蜈蚣，为天南星科麒麟叶属多年生常绿藤本观叶植物。

麒麟叶原产于我国南部的广东、广西、海南、台湾诸省区及印度、马来西亚等国，其性喜温暖、湿润和阴凉环境，稍耐旱，畏烈日，稍耐寒，对土壤要求不严，喜排水良好的肥沃壤土。

麒麟叶茎干粗壮，叶片宽大且深裂奇特，叶色浓绿并富光泽，是相当优雅的观叶植物。由于其耐阴性强，吸根攀附性强，生长较快，故适合作为垂直绿化材料，颇有欣赏价值。

（3）变叶木：又称洒金榕，为大戟科变叶木属观叶植物。

变叶木原产于印度尼西亚、澳洲及印度等热带地区。其性喜高温、高湿，夏天可适应 30℃以上高温，对光照适应范围较宽，不耐寒，怕干旱；冬天气温要求保持 15℃以上，低于 10℃容易发生脱叶现象；对土壤要求不甚严格，以稍黏质、排水良好的土壤栽培为佳。

变叶木是一种珍贵的热带观叶植物，其奇特的形态、绚丽斑斓的色彩招人喜爱，是良好的盆栽观叶植物，可用以美化房间、过道、厅堂和会场，美化装饰效果良好，可体现热带情调。但它不甚耐阴，一般在室内有较强散射光处摆设较宜。

5. 具有垂性美的室内观叶植物

有些植物以其茎叶垂悬、自然潇洒而显出优美姿态和线条变化的美，如吊兰、吊竹梅、常春藤、白粉藤、文竹等。

（1）吊竹梅：又称吊竹草、甲由草，为鸭趾草科吊竹梅属多年生常绿草本观叶植物。

吊竹梅原产于南美洲；性喜温暖、湿润气候，较耐阴；对土壤要求不高，适应性较强，适于肥沃、疏松的土壤；生长适温为 15℃～25℃，越冬温度为 0℃。

吊竹梅枝条自然飘曳，独具风姿；叶面斑纹明快，叶色美丽别致，深受人们的喜爱。它植株小巧玲珑，又比较耐阴，适于美化卧室、书房、客厅等处，可放在花架、橱顶，或吊在窗前自然悬垂，观赏效果极佳。此外，它还是室内外绿化装饰不可多得的地被植物。

（2）文竹：又称云片松、刺天冬、云竹，为百合科天门冬属多年生常绿藤本观叶植物。

文竹原产于南非，现世界各地多有栽培；其性喜温暖、湿润和半阴环境，不耐严寒，不耐干旱，忌阳光直射；适生于排水良好、富含腐殖质的砂质壤土；生长适温为 15℃～25℃，越冬温度为 5℃。

文竹是“文雅之竹”的意思。其实它不是竹，只因其叶片轻柔，常年翠绿，枝干有节似竹，且姿态文雅潇洒，故名文竹。它叶片纤细秀丽，密生如羽毛状，翠云层层，株形优雅，独具风韵，深受人们的喜爱，是著名的室内观叶花卉。文竹的最佳观赏树龄是 1～3 年，此期间的植株枝叶繁茂，姿态完好。即使是只生长数月的小植株，其数片错落生长的枝叶，亦可形成一组十分理想的构图，形态亦十分优美。文竹可配以精致小型盆钵，置于茶几、书桌，或与山石相配，制成

盆景。

6. 具有攀附性美的室内观叶植物

有些植物能依靠其气生根或卷须和吸盘等，缠绕吸附在装饰物上，与被吸附物巧妙地结合，形成形态各异的整体，如黄金葛、心叶喜林芋、常春藤、鹿角蕨等。

（1）绿宝石喜林芋：又称长心叶蔓绿绒、绿宝石，为天南星科喜林芋属多年生常绿藤本观叶植物。

绿宝石喜林芋等大多原产于美洲的热带和亚热带地区，攀缘生长在树干和岩石上。性喜温暖、湿润和半阴环境。生长适温为20℃～28℃，越冬温度为5℃。

绿宝石喜林芋叶片宽大浓绿，攀附栽培可形成一绿色圆柱，株形规整雄厚，富有热带气派。它耐阴性强，极适合室内装饰栽培，常以大中型种植培养，摆设于厅堂、会议室、办公室等处，极为壮观。

（2）鹿角蕨：又称蝙蝠蕨、鹿角山草，为鹿角蕨科鹿角蕨属多年生常绿附生草本观叶植物。

鹿角蕨原产于热带、亚热带地区，多附生于树干分叉处或树皮开裂处，以吸收树表面的腐烂有机质，也可生于潮湿的薄被腐殖土的岩石上。其生态习性是喜高温、多湿与半日阴，但冬季也可在直射光下生长。

鹿角蕨株型奇特，大叶下垂，姿态优美，是珍奇的观赏蕨类，可作为室内及温室的悬挂植物；适用于点缀客厅、窗台、书房等处。悬吊于厅堂别具热带情趣，是少数适于室内悬挂的热带附生蕨之一，也是室内垂直绿化装饰的佼佼者。

二、室内装饰常用观花植物

（1）红掌：又名火鹤花、安祖花，原产于南美洲北部，喜高温、高湿，喜阴忌晒，要求排水良好的土壤；越冬温度不可低于15℃；能够吸收空气中对人体有害的甲醛、苯和甲苯等。

盆栽大型红掌多用来装饰客厅、卧室，小型红掌适合摆放在书桌、案几等处。

（2）蝴蝶兰：原产于潮湿的亚洲地区，性喜温暖、湿润环境，要求光照充足，忌阳光直射；夏季花芽分化期需冷凉条件；要求疏松、肥沃、富含腐殖质的微酸性土壤；生长适温为10℃～25℃；可有效吸收空气中的一氧化碳和甲醛，对空气具有净化作用。

小盆蝴蝶兰适合置于书桌、电脑台、窗台、案几之上观赏，大型盆栽蝴蝶兰可用于卧室及客厅装饰。

（3）月季：又名月月红，原产于我国的贵州、湖北、四川等地；喜阳光充

足的环境，耐寒、耐旱，喜排水良好、疏松肥沃的土壤。宜栽植在通风良好、光照充足地方的，但应防阳光直射。

月季能较多地吸收氯气、硫化氢、苯酚、乙醚、二氧化硫等有害气体，香气可降低新装修居室的异味，净化空气，其含有的挥发油成分能有效杀菌。

月季花色艳丽，品种繁多，盆栽可放于阳台、天台及窗台等阳光充足的地方。

（4）茉莉：原产于印度、巴基斯坦、伊朗等国；喜温暖、湿润，在通风良好、半阴的环境中生长最好；不耐寒、不耐旱、不耐湿和碱土。冬季气温低于3℃时，茉莉枝叶易遭受冻害。其分泌出的芳香挥发油含有杀菌素，对一些病原菌有较强的杀灭或抑制作用，花香会使人愉悦并降低室内异味。

盆栽茉莉可用来装饰卧室、书房、客厅及阳台等处，不可在过阴的地方养护。

（5）蟹爪兰：又名圣诞仙人掌、蟹爪莲和仙指花，原产于南美巴西；性喜半阴、湿润，夏季应避免烈日暴晒和雨淋，冬季要求温暖和光照充足；土壤需肥沃的腐叶土、泥炭、粗砂的混合土壤。蟹爪兰有吸收电磁辐射的作用，也是天然的空气清新器，还具有吸附尘土，净化空气的作用。其开花正逢圣诞节、元旦节，株型垂挂，花色鲜艳可爱，适合放在窗台、门庭入口处和展览大厅。

（6）虎刺梅：原产于非洲马达加斯加；喜温暖、湿润和阳光充足的环境，耐高温、不耐寒；以疏松、排水良好的腐叶土为最好，冬季温度不低于12℃；室内栽植对人体无害，还能美化环境。虎刺梅伤口分泌出的白色乳汁，对人的皮肤、黏膜有刺激作用，误食会引起恶心、呕吐、下泻、头晕等症状。家庭养植只要不随意折花给孩子玩，就不会造成危害。

虎刺梅花期长，花色鲜艳，形姿雅致，适合在卧室、案几、窗台、阳台及庭院栽植观赏。

（7）水仙：原产于中国；喜冷凉、湿润、通风良好的环境，怕冷、畏热；对硫化氢及一氧化碳有较强的吸收作用，对烟雾有一定的吸收能力。

水仙多水养栽培，可用来装饰客厅、卧室、书房等处，也可放置于案几等处；宜置于阳光充足的地方，忌过阴。

第十章

室外植物景观设计及应用

第一节　室外植物分类及应用

植物是室外景观营造的主要素材，室外景观能否达到美观的效果，在很大程度上取决于植物的选择和配置。

室外植物种类繁多，形式丰富，其叶、花、果也是绚丽多姿。同时，室外植物作为活体材料，在生长发育过程中还可以展现出鲜明的季相特色和繁茂、衰亡的自然规律，这种规律本身也是一种景观。植物按形态、习性可分为乔木、灌木、花卉、草坪和地被植物、藤本植物、水生植物。

一、乔木

1. 乔木的定义

乔木是指有明显主干，分枝点在2m以上，树高3m以上的植物。乔木是室外景观营造的骨干素材，形体高大，枝叶繁茂，生长年限长，景观效果突出，在植物造景中占有举足轻重的地位。

2. 乔木的主要类型及观赏特性

园林景观中的树木以观赏树木为主，根据观赏特性可把乔木分为常绿类、落叶类、观花类、观果类、观叶类、观枝干类、观树形类等。

3. 乔木的配置方式

“园林绿化，乔木当家”，乔木体量大，占据室外环境绿化的最大空间，因此，乔木树种的选择及其配置形式是室外植物景观营造最先考虑的因素。乔木的配置方式可分为孤植、对植、列植、丛植、群植和林植。

（1）孤植。孤植指在某一空间只种植一株乔木。孤植树在景观中通常有两种功能，一是作为室外环境空间的主景，展示树木的形态美；二是发挥遮阴纳凉

功能。从观赏功能来考虑，孤植树要求姿态优美，色彩鲜明；从遮阴角度来考虑，孤植树应冠大荫浓，枝叶茂盛。孤植树是景观构图中的主景，因而对栽植位置要求较高，往往是视觉焦点，四周空旷，便于树木向四周延伸，并有较适宜的观赏视距，不能有别的景物遮挡视线。

孤植的配置要注意以下几点：

①树种选择。孤植树主要表现乔木个体的特点，突出树木的个体美。孤植树木的形体特色应从以下几个方面来考虑：

A. 体形特别高大，能给人以雄伟浑厚的感觉，如榕树、香樟等；

B. 树形轮廓优美，姿态富于变化，枝叶线条突出，给人以龙飞凤舞、神采飞扬的艺术感染力，如柳树、合欢等；

C. 花朵繁多，色彩艳丽，给人绚烂缤纷的感受，如木棉、玉兰等；

D. 具有芳香气味的树种，如白兰、桂花等；

E. 变色叶树种，如枫香、银杏等。从遮阴的角度选择孤植树时，要选择分枝点高、树冠开展的树木，如香樟、悬铃木等。

②位置安排。在室外景观环境中，孤植树种植占的比例虽然不高，但常作构图中心的主景。其构图位置应该十分突出而引人注目，最好还要有天空、水面、草地等色彩既单纯又有丰富变化的景物环境做背景，以突出孤植树在形体、姿态、色彩等方面的特色。

③观赏条件。孤植树多作景观构图的主景，因而要有比较合适的观赏视距、观赏点和适宜的欣赏位置。一般距离为树高的 4 ～ 10 倍。

④风景艺术。孤植树作为景观构图的一部分，需要与周围环境和景物相协调，统一于整体景观构图之中。如果在开阔的草坪、山坡上或静水面的旁边栽种孤植树，要选择高大树种以使孤植树在姿态、体形、色彩上得到突出。

（2）对植和列植。对植是将数量大致相等的树木对称种植；列植是对植的延伸，指成行成列地种植树木。与孤植不同，对植和列植树木不是主景，而是对主景起衬托作用的配景，并引导视线。

①对植。

A. 对称种植多用在规则式园林景观中。如在景观的入口、建筑入口和道路两旁常将同一树种、同一规格的乔木依主体轴线对称布置。对称式种植一般采用树冠整齐的树种。

B. 非对称种植多用在自然式园林中，植物不对称，但左右均衡。如在自然式景观的入口两旁或桥头、蹬道的石阶两旁及建筑物的入口采用自然式的配置形式可陪衬主景。非对称种植时，可用同一树种，但大小和姿态必须不同，趋势要向中轴线对齐，大树要近，小树要远。自然式对植也可以采用株数不相同而树种

相同的配植方式，如左侧是一株大树，右侧为同一树种较小的两株小树。

②列植。列植即行列栽植，是指乔木沿一定方向，以直线或曲线按一定的株行距连续栽植的种植形式。它是规则式种植形式的一种。

列植是成行成列栽植，是对植的延伸。列植树木要保持两侧的对称性，当然这种对称可以不是绝对的对称。列植在景观中可作为主要景观的背景，种植密度较大的可以起到分割隔离的作用，形成树屏，使夹道中间形成较为隐秘的空间。

A. 树种选择。行列栽植宜选用树冠体形比较整齐的树种，如圆形、卵圆形、倒卵形、椭圆形、塔形、圆柱形等，而不应选枝叶稀疏、树冠不整形的树种。

B. 株行距。行列栽植的株行距，取决于树种的特点、苗木规格和园林主要用途等。一般乔木株行距采用 3 ～ 8m，甚至更大。

C. 栽植位置。行列栽植多用于规则式园林绿地中，如道路广场、工矿区、居住区、办公建筑四周绿化。在自然式绿地中，也可比较规整地布置于局部。

D. 要处理好与其他因素的矛盾。列植形式常用于建筑、道路上下管线较多的地段，要处理好与综合管线的关系。道路旁建筑前的列植树木，既应与道路配合形成夹景效果，同时应避免遮挡建筑主体立面的装饰部分。

（3）丛植。丛植是将几株至一二十株同种或相似的树种植在一起，使其林冠线彼此密接，形成一个清晰的整体轮廓线。

丛植形成的树丛有较强的整体感，个体也能在统一的构图中表现其个体美，所以丛植树种的选择条件与孤植树的相似，必须挑选在树形、树姿、色彩等方面突出的种类。

从观赏角度考虑，丛植须符合多样统一的原则，所选树种要相同或相似，但树的形态、姿态及配置的方式要多变化。丛植形成的树木既可作为主景，也可以作为配景。作为主景时四周要开阔，有足够的观赏空间和通透的视线，或栽植点位置较高，使树丛主景突出。

丛植配置方式，依树木株数组合分为下列几种：

①两株一丛。二株结合的树丛最好采用同一树种或相似树种。两株同种树木配植，最好在姿态、动势及大小上有显著差异。其栽植的距离应小于两树冠半径之和，使其形成一个整体，以免出现分离现象。

②三株一丛。

A. 三株配植最好采用姿态、大小有对比和差异的同一树种。

B. 栽植时三株忌在一直线上，也忌呈等边三角形栽植，三株的距离都不能相等，即所谓“三株一丛，则二株宜近，一株宜远”。

C. 最大株和最小株都不能单独为一组。最大一株和最小一株要靠近一些，使其成为一小组，中等的一株要远离一些，成为另一小组，形成 2：1 的组合。

D. 如果是两个不同树种，最好同为常绿树或同为落叶树，同为乔木或同为灌木，其中大的和中等的树为一种，小的为另一种。

（4）群植。群植即由多数乔木（一般在 20 ～ 30 株以上）混合成群栽植在一起的配置形式。

群植所成的群体称为树群，树群可由单一树种组成，也可由多种树种组成。

组成群植的树木种类或数量较多，且其整体美是主要考虑对象，对树种个体美的要求没有丛植的严格，因而树种选择的范围较广。从生态角度考虑，高大的乔木应分布于树群的中间，亚乔木和小乔木在外围。从景观营造角度考虑，要注意树群林冠线、林缘线的优美及色彩季相效果。一般常绿树在中央，可作背景，落叶树在外缘，叶色及花色艳丽的种类在更外围，并注意配置画面的生动活泼。

（5）林植——风景林。林植多用于大面积公园区域、风景游览区、休养或疗养区及卫生防护林带。

①风景林的设计。风景林的观赏价值和游憩价值主要取决于树种的组成及其在水平方向和垂直方向上的结构情况。由不同树种有机组成的和谐群体会呈现出多姿多彩的林相及季相变化，显得自然而生动活泼。水平结构上的疏密变化会带来相应的光影变化和空间形态上的开合变化。竖向的结构变化则取决于树种和树龄的变化。同属一个龄阶的纯林只形成一层林冠，其林冠线呈水平走向，因此表现为林相单调，缺少变化。异龄林、混交林则呈现为复层的林冠结构，不同的林冠层是高低错落的，林冠线表现为起伏变化，因而层次丰富，耐人欣赏，这正是此类风景林的魅力所在。在可以种植多种植物并位于一片丰富的沃野时，以不同树龄及不同种类的树木混合种植会形成一定规模的风景林。这种林地丰富多变，且易于同四周环境协调一致，但它们往往缺乏林分的显著特色，也不能取得大面积单树种所带来的气势。因此，在一定的区域内需营造单一树种或形态特征相似的几个树种组成的风景林，以显示出树木特有的美丽风姿。

②风景林的观赏特性。风景林地有两方面的观赏效果，其一是林区内部，在林冠层下漫步观赏；其二是林区外部，可以看到作为大园林一部分的森林外貌。除了处于深山峡谷的风景林外，一般风景林可从内部去欣赏它的景色，并使人们产生完全融入其内之感。在接近成熟、密集而高大的林冠之下，这种感觉尤为真切。通过在林内配植不同叶色、不同质感的植物，可以组成这种丰富的林内景观。

到了高大、郁闭的密林外部，视野豁然开朗，眼前是一片未经开垦的土地，间杂着一片片小树林，简直是一种无法比拟的美的享受。对风景林外的要求，应考虑到风景林坐落的位置、形状和林木组成。由于风景林在园林中是一个体现立体感的实体，因此它的种植形式必须与该地的地貌和周围环境的总风景格调相协

调。它们的色彩、结构和外形都取决于其景观外貌。

二、灌木

1. 灌木的定义

灌木指具有美丽芳香的花朵、色彩丰富的叶片或诱人可爱的果实等观赏性的灌木和观花小乔木。这类树木种类繁多，形态各异，在园林景观营造中占有重要地位。

2. 灌木观赏特性

根据灌木在景观中的造景功能，可将其分为观花类、观果类、观叶类、观枝干类。

灌木在生长发育过程中如果不加管理任其自然生长，不仅会杂乱无章，还会影响开花结果，降低观赏效果。进行整形修剪可以调节树体的营养分配，扩大树冠，并符合景观的需求。整形修剪还具有提早开花及延长花期的作用，例如，及时剪除月季、紫薇开后的残花，可以降低树体营养的消耗，延长开花期，并使新开的花硕大鲜艳；若不去除残花，紫薇的花期将显著缩短，月季等虽能连续开花，但花小色泽暗淡，观赏质量明显下降。整形修剪还能使树冠内通风透光，减轻病虫害，使树势强健，延长观赏年限。

3. 灌木在室外景观中的应用

灌木在园林植物群落中属于中间层，起着乔木与地面、建筑物与地面之间的连贯和过渡作用，其平均高度基本与人平视高度一致，极易形成视觉焦点。灌木在园林中的作用如下。

（1）构成景物图。灌木以其自身的观赏特点既可单株栽植，又可以群植形成整体景观效果。

（2）与其他园林植物配置。

①与乔木树种的配置。灌木与乔木树种配置能丰富园林景观的层次感，创造优美的林缘线，在配置时要注意乔、灌木树种的色彩搭配，突出观赏效果。乔木与灌木的配置也可以乔木为背景，前面栽植灌木以提高灌木的观赏效果。

②与草坪或地被植物的配置。以草坪、地被植物为背景，上面配置观花、观叶灌木，既能衬托地形的变化，丰富草坪的层次感，又能起到相互衬托的作用。

③配合、联系景物。灌木通过点缀、烘托，可以使主景的特色更加突出，假山、景石、雕塑都可以通过灌木的配置而显得更加生动。同时，景物与景物之间或景物与地面之间，由于形状、色彩、地位和功能上的差异，彼此孤立，缺乏联系，而灌木可使它们之间相互联系，对硬质空间起到软化作用。

④做基础种植或地被种植。低矮的灌木可以用于建筑物的散水、小品和雕塑

基底旁作为基础种植，既可遮挡建筑物墙基生硬的边界，又能对建筑物和小品雕塑起到美观和点缀的作用。在矮性灌木中，尤其是一些枝叶特别茂密、丛生性强，呈匍匐状、铺地速度快的植物，可作为优良的地被材料，如爬行卫茅、铺地柏等。另外，极耐修剪的六月雪、枸骨等，只要能控制其高度，也可作为地被应用。

⑤增添季节特色。灌木物候和季相变化明显，容易引起人们的注意并使景观在时间上形成韵律和节奏感。灌木的发芽、展叶、开花、结果、落叶与自然物候息息相关，使人直接感到时间的渐进，因此要选择一些季节感强的灌木种类，使园林景观在一年中形成显著的变化。

三、花卉

1. 花卉的定义

花卉是具有观赏价值的植物的总称，有草本和木本（前面提到的灌木）之分，通常是指草花。

2. 花卉的配置

花卉是园林绿化的重要植物材料，种类多，繁殖系数高，花色艳丽丰富，装饰效果强，常用来布置花坛、花境、花台、花丛等供人们观赏。

（1）花坛。花坛多设于广场和道路的中央分车带、两侧以及公园、机关单位、学校等观赏游憩地段和办公教育场所，主要采取规则式布置。配置花坛要图样简洁，轮廓鲜明，陪衬种类单一，花色协调，每种花色相同的花卉布置成一块，不能混种在一起，形成大杂烩。花坛中心宜用较高大而整齐的花卉材料。花坛的边缘常用矮小的灌木绿篱或常绿草本植物镶边，也可用草坪做镶边材料。

（2）花境。花境是由多种花卉组成的带状自然式布置，其根据花卉自然生长的规律，以艺术的造型应用于室外景观中。花境的长度与宽度应与庭园周围环境相协调，若很宽的花境布置在很短的步行道边，则肯定不协调。为了使花境日常养护方便，其宽度宜在 1 ～ 1.5，通常不宜超过其长度的 1/3. 在配置花境中的各种花卉时，既要考虑到同一季节中各花卉的色彩、姿态、体型、数量的调和与对比，又要考虑整体构图的完整性，还要考虑其在季相变化中呈现出的不同季相特征。

（3）花台。在 40 ～ 100cm 高的空心台座中填土，栽植观赏植物，称为花台。花台以观赏植物的体形、花色、芳香及花台造型等整体美为主，其形状多样，有几何形体，也有自然形体，一般在上面种植小巧玲珑、造型别致的松、竹、梅、丁香、天竺、铺地柏、枸骨、芍药、牡丹、月季等。在中国古典园林中常采用花台的形式，现代公园、花园、工厂、机关、学校、医院、商场等庭院中

也常见。花台可与假山、坐凳、墙基相结合作为大门旁、窗前、墙基、角隅的装饰，但在花台下面必须设有盲沟以利排水。

（4）基础栽植。在建筑物以及一些构筑物基础的周围通常用花卉做基础栽植。

①建筑物周围的花卉栽植。建筑物四周与道路之间常形成一狭长地带，在这一地带上栽植花卉能够丰富建筑的立面，使建筑物周围的环境得到美化，并对建筑物和路面起衔接作用。

②墙基处的花卉栽植。墙基处栽植花卉可以缓冲墙基、墙角与地面之间生硬的线条，对墙体和地面具有软化和装饰作用，特别是对丑陋难看的墙基具有遮挡作用。

③雕塑、喷泉、塑像基座的花卉栽植。在雕塑、喷泉、塑像及其他园林小品的基座附近，通常用花卉做基础种植，起到烘托主题、渲染气氛的作用，并能软化构筑线条，增加生气。

④园路用花卉镶边。在园路边种植花卉作镶边，有助于提高园路的景观效果。

花卉做基础栽植时，首先要注意背景和选用花卉色彩的搭配，如以墙体做背景，植物材料的色彩与墙面的颜色有对比才能产生良好的景观效果。同时，花卉材料的选择还要与建筑的风格及周围的环境相协调，如在建筑物周围和墙基多做整形式行列种植，落地式玻璃前则选用自然式栽植。

四、地被植物

1. 地被植物的定义

地被植物指覆盖在地表面的低矮植物，不仅包括多年生低矮草本植物，还包括一些适应性较强的低矮、匍匐型的灌木和藤本植物，其高度不超过15～30cm。

2. 地被植物的分类

（1）按生态环境区分

①阳性地被植物：在全日照的空旷地上生长的植物，如常夏石竹、半支莲、鸢尾、百里香、紫茉莉等。一般而言，它们只有在阳光充足的条件下才能正常生长，花叶茂盛；在半阴处则生长不良，在庇荫处种植，会自然死亡。

②阴性地被植物类：在建筑物密集的阴影处或郁闭度高的树丛下生长的植物，如虎耳草、车钱草、玉簪、金毛蕨、蛇莓、蝴蝶花、白芨、桃叶珊瑚、砂仁等。阴性地被植物在日照不足之处仍能正常生长，在全日照条件下，反而会叶色发黄，甚至叶的先端出现焦枯等不良现象。

③半阴性地被植物类：一般在稀疏的林下或林缘处，以及其他阳光不足之处生长的植物，如诸葛菜、蔓长春花、石蒜、细叶麦冬、八角金盘、常春藤等。半阴性地被植物在半阴处生长良好，在全日照条件下及阴影处均生长欠佳。

（2）按观赏特点区分

①常绿地被植物：四季常青的地被植物，如铺地柏、石菖蒲、麦冬、葱兰、常春藤等。这类植物无明显的休眠期，一般在春季交替换叶。

常绿地被植物主要栽培在黄河以南地区。我国北方冬季寒冷，一般阔叶类地被植物室外露地栽培的话，越冬十分困难。

②观叶地被植物类：有特殊的叶色与叶姿，可供人欣赏，如八角金盘、菲白竹、赤胫散、车钱草等。

③观花地被植物类：花期长，花色艳丽的低矮植物，在其开花期，以花取胜，如金鸡菊、诸葛菜、红花酢浆草、毛地黄、矮花美人蕉、菊花脑、红花韭兰、花毛茛、金苞花、石蒜等。

（3）按地被植物种类区分

①草本地被植物：在实际应用中最广泛，其中又以多年生宿根、球根类草本地被植物最受人们欢迎，如鸢尾、葱兰、麦冬、水仙、石蒜等。有些一二年生草本地被，如春播紫茉莉、秋播二月兰，因具有自播能力，连年萌生，持续不衰，因此，同样起到宿根草本地被的作用。

②藤本地被植物：一般多应用于垂直绿化，其中不少木质藤本或草质藤本也常被用作地被性质栽植，且效果甚佳，如铁线莲、常春藤、络石藤等。这些植物多数具有耐阴的特性，因此，在实际应用中很有发展前途。

③蕨类地被植物：大多数喜阴湿环境，是园林绿地林下的优良耐阴地被材料，如贯众、铁线蕨、凤尾蕨等，虽然目前应用尚不多见，但随着经济建设的发展，其应用将会更加广泛。

④矮竹地被植物：在千姿百态的竹类资源中，茎秆比较低矮，养护管理粗放的矮竹种类较多，其中少数品种类型已开始应用于绿地、假山园、岩石园中，常见的有菲白竹、倭竹、毛竹、凤尾竹、翠竹等。

⑤矮灌木地被植物：在矮性灌木中，尤其是一些枝叶特别茂密，丛生性强，有些甚至呈匍匐状，铺地速度快的植物，不失为优良的地被材料，如熊果栒子、爬行卫茅、铺地柏等；另一些是耐修剪的六月雪、枸骨等，只要能控制其高度，也可作为地被植物应用。

3．地被植物的选择标准

地被植物为多年生低矮植物，适应性强，包括匍匐型的灌木和藤本植物，具有观叶或观花及绿化和美化等功能，其选择标准如下：

（1）植株低矮：按株高分优良，一般区分为 30cm 以下、50cm 左右、70cm 左右几种，一般不超过 100cm。

（2）绿叶期较长：植丛能覆盖地面，具有一定的防护作用。

（3）生长迅速：繁殖容易，管理粗放。

（4）适应性强：抗干旱、抗病虫害、抗瘠薄，有利于粗放管理。

4. 地被植物配置

在地被植物的配置上，首先必须注重与周围环境的协调，也即把美的地方衬托得更美，形成“虽由人作，宛若天开”的优美景观。对有瑕疵或不足之处加以修饰，使其趋于完美。园林植物配置通常遵循以下程序进行，以高大乔木作为主体植物，灌木在主体植物下填补空间及增添色彩，将铺地植物作为灌木的封边补充，而地被植物或草坪则作为剩余空间的填充植物。这样，就形成了树木（指阔叶树种）—灌木—铺地植物—地被植物或草坪的立体垂直分配，经过合理选择，各类植物协调搭配种植后，色彩丰富而又具有空间立体层次感的植物景观便会出现在眼前。值得一提的是，配置地被植物应使群落层次分明，起衬托作用，绝不能主次不分或喧宾夺主。园林绿地包括各类公园绿地、街心绿地、风景游览绿地等专用绿地。按照其不同的性质，不仅乔灌木配置有所不同，地被植物的配置也应有所区别。

公园、广场等绿地布局，造景要求较高，既有开阔的草坪，又有高大的林带；既有规则的花坛，又有自然的花境，这就要求因景制宜，恰当地选用不同的地被植物。在规划式布局中，选择植株整齐一致、花序顶生或是耐修剪的品种；在自然式的环境中，选择一些植株高低错落、花色多样的品种，使群落呈现自然活泼的野趣。在假山、岩石园中配置地被竹、蕨类等地被植物，可以构成假山岩石小景，有了蕨类和地被竹等地被植物配置，既可柔化岩石、假山，又可衬托出清新、典雅的意境。

对于街心绿地、安全岛等处的植被，应选用矮生者，造型整齐者，色彩应避免太丰富，应以考虑交通安全、不遮挡视线为首选原则，可用修剪整齐的草坪代替。自然风景区、人工湿地等自然环境中，地被植物的配置应以自然式为主，尽量营造出天然的风貌。如耐水湿的地被可配置于山石、溪边，构成天然溪涧景观。在溪边、湖畔配置一些耐水湿的地被植物如石菖蒲、蝴蝶花、德国鸢尾、石蒜等，配上游鱼或叠水，溪中、湖边散置山石，再点缀二三台榭，别有一番情趣。因此，在地被植物的配置上，不可单纯地考虑美观因素或者追求新潮，因地制宜、合理配置才是关键；同时应立足本地，选择具有优良性状的乡土种类，适当引进外来种，这是作为园林人责无旁贷的职责。

5．地被的种植设计

（1）树坛中的地被。树坛一般处于半阴状态，适合大多数植物生长。如果树坛裸露地面积不大，应尽量采用单一的地被材料进行种植；若面积较大，可采用两种以上的地被材料混种或轮作，但不能采用过多种类种植，以免显得杂乱。树坛栽植耐阴、耐湿的蕨类植物，终年常绿，整齐茂密，生机盎然，且使杂草无法生长，大大减少了除草人工。

（2）林下和林缘的地被。林下往往郁闭度高，环境阴湿，必须选择耐阴性强的地被材料，如石蒜等。在一些郁闭度较高的树林下可种植吉祥草；在一些松林、樟树林和杂木林下，苍竹、箬竹、橐吾、细辛及蕨类植物生长良好，种后可自然繁衍，形成较稳定的群落。林缘地被植物也可由林下地被延伸种植，与草地或道路相接，使乔木与之自然过渡，充分体现景色的完整。

（3）路旁地被。随着季节的变化，路旁经常用蜀葵、秋葵、鸡冠等植物组成花境或花径，使原来比较单调、空旷的道路丰富起来。尽管这些花境或花径常用一些绿篱、绿墙、常绿树丛做背景，但也不可忽视地被植物的栽植。一些像葱兰、韭莲、鸢尾、萱草等花色艳丽的开花植物如能栽植其中，可使花径与道路、背景及周围的景物协调地衔接起来。所选用的路旁地被植物，一般以多年生宿根、球根植物为主；种植时，一定要成片使地面覆盖，同时要注意高矮和色彩的和谐。

五、藤本植物

1．藤本植物的定义

藤本植物是指自身不能直立生长，需要依附其他支持物或匍匐在地面上生长的木本或草本植物，根据其习性可分为缠绕类、卷攀类、吸附类和蔓生类。

（1）缠绕类：通过缠绕在其他支持物上生长，如牵牛、使君子、西番莲。

（2）卷攀类：依靠卷须攀缘到其他物体上，如葡萄、炮仗花和苦瓜、丝瓜等瓜类植物。

（3）吸附类：依靠气生根或吸盘的吸附作用攀缘的植物，如常春藤、凌霄、合果芋、龟背竹、爬墙虎、绿萝等。

（4）蔓生类。这类藤本植物没有特殊的攀缘器官，攀缘能力较弱，主要是因为其枝蔓木质化较弱，不够硬挺、下垂，如野蔷薇、天门冬、三角梅、软枝黄蝉、紫藤等。

2．藤本植物在室外景观中的应用

藤本植物在室外景观中主要用于垂直绿化，垂直绿化是在建筑或其他构件的竖向面做植物配置，增强空间立体感，破除竖向面的僵硬感，使之活跃、灵巧。

垂直绿化根据空间和构件分为以下几种。

（1）棚架式绿化：选择合适的材料和构件建造棚架，栽植藤本植物，以观花、观果为主要目的，兼具遮阴功能。棚架式绿化多布置于庭院、公园、机关、学校医院等场所，既可观赏，又给人们提供一个纳凉、休息的环境。可用于棚架的植物材料有葡萄紫藤、野蔷薇、炮仗花、三角梅、瓜类等。

（2）绿廊式绿化：选用攀缘植物种植于廊的两侧并设置相应的攀附物，使植物攀缘而上直至覆盖廊顶形成绿廊，也可在廊顶设置种植槽，选植攀缘或匍匐型植物，使枝蔓向下垂挂形成绿帘。绿廊式绿化的植栽、功能类似于棚架式绿化。

（3）墙面绿化：把藤本植物通过诱引和固定使其爬上混凝土或砖制墙面、石墙面，从而达到绿化和美化的效果。

（4）篱垣式绿化：主要用于篱笆、栏杆、铁丝网、矮墙等处的绿化，既具有围墙或屏障的功能，又有观赏和分割的作用，更能使篱笆或栏杆显得自然和谐、生机勃勃、色彩丰富。

（5）立柱式绿化：针对电线杆、灯柱、廊柱、高架公路立柱、立交桥立柱种植缠绕和吸附类藤本植物，在园林中还可对树干进行立柱式绿化。

（6）阳台、窗台及室内绿化：用藤本植物对阳台、窗台进行绿化时，常用绳索、木条、竹竿或金属线材料构成一定形式的网棚、支架，设置种植槽，使缠绕或攀卷类藤本植物攀附其上，悬垂于阳台或窗台之外，起到绿化美化的作用。室内也可选用耐阴性较强的植栽或放置于地面，或垂挂于室内，起到美化作用。

（7）山石、陡坡及裸露地面的绿化：用藤本植物攀附于假山、石头上，使山石更富自然情趣。

六、水生植物

1. 水生植物的定义

水生植物是指生长在水中、沼泽岸边潮湿地带的植物。水生植物按生态习性、适生环境和生长方式的不同，分为挺水植物、浮水植物、沉水植物及岸边耐湿植物。

（1）挺水植物：茎叶挺出水面的水生植物，如荷花、风车草、荸荠等。

（2）浮水植物：叶浮于水面的水生植物，如睡莲、水浮莲、红菱等。

（3）沉水植物：指整个植株全部没入水中，或仅有少许叶尖或花露出水面，如金鱼草。

（4）岸边耐湿植物：生长于岸边潮湿环境中的植物，有的甚至根系长期浸泡水中也能生长，如落羽松、水松、红树、萱草、柳树等。

2．水生植物的配置设计

（1）水面的植物配置。水面植物的配置要充分考虑水面的景观效果和水体周围的环境状况，对清澈明净的水面及岸边有园林建筑或植有树姿优美、色彩艳丽的观赏树木时，一定要注意水面的植物不能过分拥塞，一般不超过水面面积的1/3，以便人们观赏水面和水中优美的倒影。对污染严重、有臭味或观赏价值不高的水面则宜使水生植物布满水面，形成一片绿色植物景观。

（2）水体边缘的植物配置。水体边缘是水面和堤岸的分界线，水体边缘的植物配置既能对水面起装饰作用，又能实现从水面到堤岸的自然过渡。一般选用挺水植物，因为这些植物本身具有较高的观赏价值，对驳岸也有很好的装饰、遮挡作用。

（3）岸边的植物配置。园林中的水体驳岸有的线条显得生硬、枯燥，需要在岸边配置合适的植物，借其枝叶来遮挡，从而使线条变得柔和；若自然式驳岸线条和缓优美，在岸边点缀色彩和线条优美的植物，与自然岸边石头相配，能使得景色富于变化，但忌等距离种植。

3．水生植物的施工栽种

（1）不同的水位深度选择不同的植物类型及植物品种配置栽种。不同生长类型的植物有不同适宜生长的水深范围，但确定植物选择时，应把握两个准则，即“栽种后的平均水深不能淹没植株的第一分枝或心叶”和“一片新叶或一个新梢的出水时间不能超过 4 天”。这里说的出水时间是新叶或新梢从显芽到叶片完全长出水面的时间，尤其是在透明度低、水质较肥的环境里更应该注意。

（2）不同土壤环境条件下选择不同的植物品种栽种。养分含量高、保肥能力强的土壤栽种喜肥的植物类型，而贫瘠、沙化严重的土壤环境则选择那些耐贫瘠的植物类型。静水环境下选择浮叶、浮水植物，而流水环境下选择挺水类型植物。

（3）不同栽植季节选择不同的植物类型栽种。在设计时，应了解各种配置植物的生长旺季以及越冬时的苗情，防止在栽种后即出现因植株生长未恢复或越冬植物太弱而不能正常越冬的情况。因此，在进行植物配置选择时，应该先确定设计栽种的时间范围，再根据此时间范围和植物的生长特性来进行植物的设计与选择。

（4）不同的地域环境选择不同的植物进行配置。在进行植物配置时，应把握一条配置应用的主线，即“以乡土植物品种进行配置为主”。

第二节　室外植物在不同功能区的配置及应用

一、植物景观在城市居住区的配置及应用

植物配置是居住区环境建设的重要一环，这不仅表现为植物对改善生态环境的巨大作用，更表现为其对于美化生活空间所带来的巨大精神价值。植物景观的好坏已经成为居民选择住房的主要考虑因素，因此也成为住房价格高低的重要筹码。

1. 小区道路绿化

实用亲切、温馨愉悦是道路景观设计的出发点，沿小区道路两侧以速生阔叶树为先导，以常绿乔木为主导；在空间比较宽敞的位置，片植乔木、灌木和植物色带，形成景观色彩上的纵向与横向对比，达到变化与统一的配置原则；局部与楼房前后绿化融为一体，以点带线，以线连点，在适当的位置设置景点小品，融休息、景观、观景于一体，从而达到道路与楼房绿化的高度融合。遵循以乡土树种为主的多物种生态原则，设计时尽可能地布置多物种植物群落，以形成良好的生态群落环境。

2. 小区中心游园绿化

小区中心游园区的规划设计，应达到合自然之理，具自然之趣。“合理”，是指充分利用自然地势设置景点、布局植物，以求贵在自然、精在体宜。“具趣”，是指在环境布局手法上，多一点自然野趣和幽静，少一点人工做作，艺术地再现第二自然。在环境景观设计时，人化的第二自然中，应为人们趋向自然创造条件，将封闭的绿地进行开放，如草坪应让居民进入，在草地上散步、躺卧或嬉戏。小广场及园路周围种植阔叶乔木，如泡桐、合欢等，春可观花，夏可纳凉，冬季落叶后采光效果好。

3. 组团绿化

组团绿地是结合居住区不同建筑群的组成而形成的绿化空间，它的面积不是很大，但离居住区近，居民能就近方便使用，尤其是儿童和老人常去活动，绿化时要利用植物围合空间，尽可能地栽植草种花，达到“组乔灌，草敷地，俯仰咸宜”，终年保持丰富的绿貌，形成春花、夏绿、秋色、冬姿的绿化环境。

在儿童活动场地，要通过少量不同树种的变化，便于儿童记忆、辨认场地和道路。对于儿童活动场地来说，种植分枝点较低但又强壮的树木比较好，因为有

树木的地方是他们游戏的最佳环境，游乐区的遮阳也是必不可少的。但儿童的活动是激烈的，一些小树或枯树无法承受强烈的压力，不得不进行防范措施。在儿童活动区内，树种，树型要丰富，色彩要明快，一般采用生长健壮，少病虫害，树姿优美，无刺、无毒、无飞絮的树种。配置的方式要适合儿童的心理，色彩丰富、体态活泼，便于儿童记忆和辨认。

老人活动区应选择高大的乔木为老人休息处遮阳，为晨练、散步创造意境。对经常进行户外活动的人群，要通过用自然流畅的林缘线与丰富的大色块相结合的方式，取得良好的效果。

居住区是居民一年四季生活、憩息的环境。在植物的配置上应考虑季相变化，营造春则繁花吐艳、夏则绿荫清香、秋则霜叶似火、冬则翠绿常延的景观，使之同居民春夏秋冬的生活规律同步。建议选择一些具有强烈季相变化的植物，如玉兰、法桐、元宝枫、紫薇、女贞、大叶黄杨、柿树和应时花卉等，其萌芽、抽叶、开花、结果的时间相互交错，达到季相变化。还应乔、灌、花、草相结合，常绿与落叶相结合、速生与慢长相结合；同时考虑住宅的通风、采光；最后达到功能优先、注重景观、以绿为主、方便居民的目的。

4. 路口及转角处绿化

在小区通向各楼栋的路口侧面和转角处设置点石小景，点题立名，配以抽象、流畅、明快的低矮花灌木彩带，形成明显的标志。各楼栋间起伏变化的微地形、高差不宜超过 1m，但因其形式自然流畅，加上茵茵绿草，使居民如生活在大自然怀抱中，体现“回归自然”的理念。

5. 小区停车场绿化

在小区的停车场，应尽可能铺设能透气透水的植草砖，而减少全封闭的混凝土地面，既可种草，又可停车，并与周围的乔灌木协调统一起来，草与树木产生较强的生态互补作用，这样可增加绿容积量，景色也更美。不仅停车场如此，坡地也可铺植草砖，既可护坡，又可使其与草坪、树木协调地融为一体。21 世纪是人类回归自然、返璞归真的时代，随着社会的发展与进步，人们越来越注重生活质量。因此，应提供更具人性、环境景观优美、绿地率较高的环境空间。

二、植物景观在街道环境中的配置及应用

道路绿化是室外景观环境的重要组成部分，也是城市园林系统的重要组成要素。它直接体现了城市的面貌、道路空间的性格、市民的交往环境，为居民日常生活体验提供长期的视觉形态审美客体，乃至成为城市文化的组成部分。

目前，现代化的城市道路交通已是一个多层次、复杂的系统，从功能上有交通性、生活性、商业性和政治性的区分；从道路的种类又大体分为主干道、次干

道、滨河路和步行街等。为做到道路功能与性质相适应，配置道路绿化、规划时应根据道路的级别、性质、用地情况、道路宽度以及市政工程设施的不同要求和绿地定额等因素确定绿化的布局形式，选择采用规则式、自然式或综合式；道路断面绿带的种植采用对称式或不对称式。交通干道、快速路的用路者主要是司机或乘客，植物配置形式要简洁明快，注重整体的景观效果。

较窄的隔离带内可种植修剪整齐、具有丰富视觉韵律感的大色块模纹绿带，绿带中选择的植物品种不宜过多，重复频率不宜太高，一般可以根据分隔带宽度每隔 20 ～ 50m 距离重复一段，中间可以间植多种形态的开花或常绿植物，使景观富于变化。居住小区、公园绿地内各级道路的用路者主要是行人，道路植物配置无论从植物品种的选择上还是搭配形式（包括色彩、层次高低、大小面积比例等）上，都要比城市道路配置更加丰富多样，更加自由生动，达到步移景异的效果。比如居住区绿地植物配置，可以选择各种姿态优美的色叶树种、开花乔木和地被植物等，营造宁静祥和的气氛。

1. 城市环城快速路的植物配置

根据树木的间距、高度同司机视线高度与前大灯照射角度的关系种植，使道路亮度逐渐变化，并防止眩光。种植宽厚的低矮树丛做缓冲种植，可避免车体和驾驶员受到大的损伤，并且防止行人穿越。出入口可做指示性的种植，转弯处种植成行的乔木可以指引行车方向，使司机有安全感。在匝道和主次干道会合的顺行交叉处，不宜种植遮挡视线的树木。立体交叉中的大片绿地即绿岛，不允许种植过高的绿篱和大量的乔木，应以草坪为主，点缀常绿树和花灌木，适当种植宿根花卉。

2. 分车绿带的植物配置

分车绿带位于上下行机动车道之间、机动车道与非机动车道之间或同方向机动车道之间的两侧。分车绿带宽度因道路的不同而各有差异，窄者仅 1m，宽可 10m 余。在隔离绿带上的植物配植除考虑增添街景外，首先要满足交通安全的要求，以不妨碍司机及行人的视线为原则。一般窄的分隔绿带上仅种高度不超过 70cm 低矮的灌木及草皮，或枝下高较高的乔木。如低矮、修剪整齐的杜鹃花篱，早春开花如火如荼，衬在嫩绿的草坪上，既不妨碍视线，又增添景色。随着宽度的增加，分隔绿带上的植物配植形式多样，可规则，也可自然。利用植物不同的姿态、线条色彩，将常绿或落叶的乔、灌木花卉及草坪地被配植成高低错落的形式。北方宿根花卉丰富，如菊花类、鸢尾类等，孔雀草、波斯菊、二月兰等可点缀草地。秋色叶树种如紫叶李、银杏、紫叶小檗、栾树、五角枫、黄栌等，都可配植在分隔绿带上。

3. 行道树绿带的植物配置

在人行道与车行道之间种植行道树的绿带，其功能主要是为行人遮阳，并起到美化街道，降尘、降噪减少污染的作用。如今，行道树的配植已逐渐注意乔、灌、草结合，常绿与落叶、速生与慢长相结合，乔、灌、木与地被、草皮相结合，适当点缀草花，构成多层次的复合结构，形成当地有特色的植物群落景观，会大大提高环境效益。城市道路红线较窄及没有车行道隔离带的人行道绿带中，不宜配置树冠较大、高空容易郁闭的树种，不利于汽车尾气的扩散。

4. 路侧绿化的植物配置

路侧绿带也包括建筑物基础绿带。由于绿带宽度不一，植物配植形式各异。国内常见用地锦等藤本植物作墙面垂直绿化，直立的桧柏、珊瑚树或女贞等植于墙前作为分隔；若绿带较宽，可以此绿色屏障作为背景，前面配植花灌木、宿根花卉及草坪，但在外缘常用绿篱分隔，以防行人践踏破坏。如果绿带宽度超过10m，也可用规则的林带式配置或设计成花园式林荫道。

三、公园植物配置及应用

1. 公园绿化树种的选择

由于公园面积大，立地条件及生态环境复杂，活动项目多，所以选择绿化树种不仅要掌握一般规律，还要结合公园特殊要求因地制宜，以乡土树种为主，以外地珍贵的驯化后生长稳定的树种为辅；充分利用原有树木和苗木，适当密植；以速生树种为主，速生树种和长寿树种相结合。要选择既有观赏价值，又有较强抗逆性、病虫害少的树种，不得选用有浆果和招引害虫的树种，以便于管理。

2. 公园绿化种植布局

根据当地自然地理条件、城市特点、市民爱好等进行乔木、灌木、草坪的合理布局，创造优美的景观。既要做到充分绿化、遮阳、防风，又要满足游人对日光浴的需要。

（1）选用2～3种树，形成统一基调。一般来讲，北方常绿树占30%～50%，落叶树占70%～50%；南方常绿树占70%～90%。在出入口、建筑物四周、儿童活动区以及园中园的绿化应该富于变化。

（2）在娱乐区、儿童活动区，可选用红、橙、黄等暖色调的植物来营造热烈的气氛；在休息区或纪念区，可选用绿、紫、蓝等冷色调的植物来保证自然肃穆的气氛；在游览休闲区，要形成一年四季季相动态变化，春季观花、夏季浓荫、秋季观叶、冬季有绿色的景观效果，以吸引游客欣赏。

（3）公园近景环境绿化可选用强烈对比色，以求醒目；远景绿化可选用简洁的色彩，以求概括。

3．公园设施环境的绿化种植设计

（1）公园出入口的绿化种植设计。大门为公园主要出入口，大都面向主干道。绿化时应注意丰富街景，并与大门建筑相协调，同时还要突出公园特色。如果大门是规则式建筑，那么就应该用对称式布置绿化；如果大门是不对称式建筑，则应采用自然式布置绿化。大门前的停车场，四周可用乔、灌木绿化，以便夏季遮阳及隔离四周环境；在大门内部可用花池、花坛、灌木与雕塑或导游图相配合，也可铺设草坪或种植花、灌木，但不应有碍视线，且须便利交通和游人集散。

（2）园路的绿化种植设计。主要干道绿化可选用高大、浓荫的乔木和耐阳的花卉植物在两旁布置花境，但在配植上要有利于交通，还要根据地形、建筑、风景的需要而起伏、蜿蜒。小路深入公园的各个角落，其绿化更要丰富多彩，达到步移景异的目的。山水园的园路多依山面水，绿化应点缀风景而不碍视线。平地处的园路可用乔灌木树丛、绿篱、绿带来分隔空间，使园路高低起伏，时隐时现；山地则要根据其地形的起伏、环路等绿化需要而有疏有密；在有风景可观的山路外侧，宜种植矮小的花灌木及草花，以免影响景观；在无景可观的道路两旁，可以密植、丛植乔灌木，使山路隐在丛林间，形成林间小道。园路交叉口是游人视线的焦点，可用花灌木点缀。

（3）广场绿化种植设计。广场绿化既不能影响交通，又要形成景观。例如，休息广场四周可植乔木、灌木，中间布置草坪、花坛，形成宁静的气氛；停车铺装广场应留有树穴，种植落叶大乔木以利于夏季遮阳，但冠下分枝高应为4m，以便停车；如果与地形相结合种植花草、灌木、草坪，还可设计成山地、林间、临水之类的活动草坪广场。

（4）公园小品建筑周围的绿化种植设计。公园小品建筑附近可设置花台、花坛、花境等。建筑物室内可设置耐阴花木，门前可种植大冠的落叶大乔木或布置花坛等。沿墙可利用各种花卉，成丛布置花灌木。所有树木花草的布置都要和小品建筑相协调，与周围环境相呼应，四季色彩变化要丰富，给游人以愉快的感觉。

4．公园各功能分区的绿化种植设计

（1）公园管理区的绿化种植设计。要根据公园管理区的功能，因地制宜进行绿化，但要与全园的景观相协调。为了使公园与喧哗的城市环境隔离开，保持园内的安静，可在周围特别是靠近城市主要干道的一面及冬季主风向的一面布置不透式的防护林带。

（2）科普及文化娱乐区的绿化种植设计。科普及文化娱乐区地形要求平坦开阔，绿化要求以花坛、花境、草坪为主，便于游人集散。可适当点缀几株常绿

大乔木，不宜多种灌木，以免妨碍游人视线，影响交通。在室外铺装场地上应留出树穴，栽植大乔木。各种参观游览的室内，可布置一些耐阴或盆栽的花木。

（3）体育活动区的绿化种植设计。体育活动区绿化宜选择生长速度快、高大挺拔、冠大而整齐的树木，以利于夏季遮阳，但不宜用那些落花、落果、有絮状物的树种。球类场地四周的绿化要距场地 5 ～ 6m，树种的色调要求单纯，以便形成绿色的背景。不要选用树叶反光发亮的树种，以免刺激运动员的眼睛。在游泳池附近可设置花廊、花架，种植不带刺或不落果的花木。

（4）儿童活动区的绿化种植设计。该区可选用生长健壮、冠大繁茂的乔木来绿化，忌用有刺、有毒或有刺激性反应的植物，四周应栽植浓密的乔灌木，与其他区域隔离。活动场地中要适当疏植大乔木，供夏季遮阳。在出入口可设置雕塑、花坛、山石或小喷泉等，配以体型优美、色彩鲜艳的灌木和花卉，以增加儿童活动的兴趣。

（5）游览休息区的绿化种植设计。以生长健壮的树种为骨干，突出周围环境季相变化的特色。在植物配植上，根据地形的高低起伏变化和天际线的变化，采用自然式配植树木。在林间空地中可设置草坪、亭、廊、花架、坐凳等，在路边或转弯处可设置牡丹园、月季园等专类园，并设置适当的私密空间。

总之，公园园林植物的种植设计要遵循园林植物的配置原则，按照植物的生物学特性，从公园的功能、环境质量、游人活动、庇荫等要求出发来全面考虑，同时也要注意植物布局的艺术性；在景点建设时根据活动分区的不同，植物的配置要求也不相同。科学、合理的植物种植设计能够提高公园的整体景观艺术效果，给游人创造更加优美的观赏环境。

第十一章

园林景观植物在造园中的常用形式

第一节 花坛

花坛是园林景观中常用的形式，也是一种古老的花卉应用方式。花坛原始的含义是把花期相同的多种花卉或不同颜色的同种花卉种植在规则的几何形或不规则形轮廓的种植床内并组成图案的一种花卉布置方法。它以突出植物鲜艳的色彩或精美的图案来体现花坛的装饰效果。随着近年来东西文化的交流，成功的设计方式的互相渗透，花坛的形式也日渐丰富，由最初的平面地床或沉床发展到斜面花坛、立体及活动等多种类型。

一、花坛的类型

（一）按花坛的图案分类

按花坛的图案分类为：草花花坛、模纹花坛、造型花坛、造景花坛。

1. 草花花坛

草花花坛主要由观花草本花卉组成，表现盛花时期群植花卉的色彩美。可由同种花卉不同品系或不同花色的群体组成；也可由花色不同的多种花卉的群体组成。这种花坛在布置时不要求花卉种类繁多，而要求图案简洁鲜明、对比度强，常用植物有一串红、万寿菊、鸡冠花、三色堇、矮牵牛等等（一年生草花花坛）；景天、美人蕉、大丽菊、地被菊、鸢尾等（宿根花花坛）。

有时宿根花和草花同时应用在一组花坛中，间接呈现春季和秋季的不同景色，不过南方地区的草花一年要换两次才能延续繁花似锦的效果。

2. 模纹花坛

模纹花坛主要由低矮的观叶植物和观花的植物组成，以植物群体构成精美图

案或装饰纹样。主要包括地毯式花坛，浮雕式花坛和时钟式花坛等。地毯式花坛是由耐修剪的草本植物或矮小灌木组成一定的装饰性极强的图案，花坛表面被一个统一坡度进行平面修剪得十分平整，整个花坛纹样清晰且复杂，好像是一块华丽的地毯铺在地上。强调了植物色彩组成的线条美。浮雕花坛的表面是根据图案的不同要求，将植物修剪成凸出和凹陷的效果，整体具有浮雕的效果。时钟花坛是近年来才出现的有适用功能的图案式花坛，它是用植物组成时钟纹样，上面安装上可转动的时针，具有准确的报时功能，这种花坛经常被设计在城市公共绿地和公园的坡地上，具有广泛的时用性。这种形式的花坛是花坛形式的一个很大进步。

模纹花坛常用的植物材料有五色草、彩叶草、四季海棠、石莲花、火绒子、香雪球和一些耐修剪长势慢的灌木类。此类花坛在欧洲规则式花园中被广泛应用。近年来自然式园林中也有所借鉴，丰富了自然式园林的构图。

造型花坛：以动物、人物、实物等形象为花坛构图的主轴中心，通过骨架和各种植物材料组装成的花坛，主要用材以五色草及草花配料为骨干材料。这种花坛实际是平面模纹花坛与立体造型花坛的有机结合。例如：哈尔滨市园林管理处 1995 年赴香港参展的作品“万象更新”2000 年赴加拿大参展的作品“龙凤呈祥”等都是造型花坛的代表作。

3. 造景花坛

造景花坛又叫仿盆景式花坛。以自然界的景观作为花坛构图的内容，通过骨架和各种植物材料组装成山、水、亭、桥等小型山水园林或农家小院或江南园林等景观的花坛。这类花坛南方园林应用较多，以自然形状为主。

（二）按空间位置分类

依空间位置可分为平面花坛、斜面花坛、立体花坛。

1. 平面花坛

花坛表面与地面平行，主要观赏花坛的平面效果，其中包括沉床花坛和稍高出地面的花坛。花丛花坛多为平面花坛、模纹花坛，多数的平面花卉花坛也属平面花坛。

2. 斜面花坛

花坛设置在斜坡或阶地上，也就是与人的视线有个最佳平视角度，也可搭成架子摆放各种花卉，形成一个以斜面为主要的观赏面。一般五色草栽植的模纹花坛、文字花坛、肖像花坛多采用斜面花坛。

3. 立体花坛

花坛向空间伸展、可以四面观赏，常见的造型花坛，造景花坛是立体花坛。

（三）按花坛的布局和组合分类

按花坛的布局和组合可分为独立花坛、带状花坛、花坛群。

1．独立花坛

独立花坛即单体花坛，一般设在较小的环境中，既可布置为平面形式，也可布置为立体形式，小巧别致。往往在绿地环境中起中心景区的作用。

2．带状花坛

带状花坛一般指长短轴之比大于4：1的长形花坛，可作为主景或配景，常设于道路的中央或两旁，以及作为建筑物的基部装饰或草坪的边饰物，有时也作为连续风景中的独立构图。

3．花坛群

花坛群由两个以上的个体花坛组成的，在形式上可以相同也可以不同，但在构图及景观上具有统一性，多设置在较大的广场、草坪或大型的交通环岛上。

二、花坛的作用

从景观的角度来考虑，花坛具有美化环境的作用。从实用的方面来看，花坛则具有组织交通，划分空间的功能。

独立的花丛花坛可作主景应用，设立于广场中心、建筑物正前方、公园人口处、公共绿地中等。带状花坛通常作为配景。例如，在哈尔滨红旗大街转弯道的中心绿岛设计的“申奥花坛”，虽说此花坛只由申奥标和由草花、灌木、针叶树组成的有四季观赏价值的花坛，却把申办奥运的气氛渲染得淋漓尽致。这一有主题思想的花坛，还能起到公益性宣传的作用。

第二节　花坛的设计要点

花坛的作用灵活多样，既可作为主景，也可作为配景。鲜艳的色彩和形式的多样性决定了它在设计上有广泛的选择性。广场上布置花坛，一般不应超过广场面积的1/3，不小于广场面积的1/5. 花坛外轮廓在广场面积很小时，应尽可能与广场取得一致，但细部的变化也是非常必要的。当广场面积很大时，因要考虑交通及游人的行走路线，花坛外形常与广场不一致。但内部又不乏线条与色彩的变化，体现出艺术的美。在树池中布置花坛，应依树池的形状而设，朴素、简练，没有繁琐的线条。又如在开阔的草坪上，设置外形多变的花坛，内部花卉植株却

要求高矮一致，线条分明、以构成精美的图案。

花坛景观植物的选择有如下特点。

花坛景观植物的选择应根据花坛类型和观赏时期的不同而变化。盛花花坛应以草本观花的景观植物为主，而植物材料又宜选用矮生且花朵繁茂的品种。如用多种颜色的矮牵牛组成花坛，用土方找地势坡度，观赏效果极好。也可用花色丰富的小菊花组成各种形状的盛花花坛。

模纹花坛最好选择生长缓慢的多年生植物，同时要具有植株矮小、萌蘖性强、分枝密、叶小、耐修剪等特点。如法国凡乐赛宫附近市政厅的模纹花坛、由草坪、小叶红、绿草，矮雪轮等组成，图案清晰，具有地毯式的效果，提高了绿地的档次。

第三节 各类花坛的设计

一、盛花花坛设计

以观花草本为主，可以是一、二年生花卉，也可用多年生球根或宿根花卉。另外可适当选用少量常绿及观花小灌木作辅助材料。

以一、二年生花卉为组成花坛的主要材料，其种类繁多、色彩丰富、成本低廉。球根花卉也是盛花花坛的优良材料，开花整齐，但造价较高。花坛中的花卉应株从紧密、开花繁茂，在盛开时应达到只见花不见叶的效果，花期较长且一致，至少保持一个季节的观赏期。植物材料要移植容易，缓苗较快。不同种花卉群体配置时，要考虑到花色、质感、株形，株高等特性的和谐。

盛花花坛表现的主题是花卉群体的色彩美，因此在色彩设计上要精心选择不同花色的花卉巧妙搭配。

（一）盛花花坛常用的配色方法

1. 对比色应用

这种配色活泼而明快、红一绿、橙一蓝、黄一紫等，常见大面积出效果的花坛，多数是红色和绿色为主要色块构成盛花花坛。

2. 暖色调应用

以暖色调花卉搭配，这种配色鲜艳，热烈。如果色彩亮度不够时，可用纯白色的花予以调整。如英国伦敦摄政公园的一个花坛群，以红、黄两个暖色调为主，加上少量的白雏菊和银灰色的雪叶菊，使色彩和谐。

3．同色调应用

适用于小型花坛及花坛组，起装饰作用，一般不作为主景，如单纯的一串红或四季海棠形成的红色花坛非常醒目。

4．多色系应用

这是最常用的一种花坛布置形式，最能够表现山花烂漫的色彩美。如用几种颜色的花巧妙组合在一起，会形成华美锦缎般流光溢彩的景观效果。不同色彩的夜景效果是不一样的，其中黄色是最明亮的花色，在灯光下最醒目。

色彩设计中要注意几点：配色不宜过多，要围绕其所表达的主题以及环境协调统一，注意色彩对人的视觉影响。

（二）图案花坛的设计

将花坛的内、外部设计为一定的几何图形或几何图形的组合。花坛大小要根据周围环境设置尺寸。一般观赏轴线以 8 ～ 10m 为度。图案十分简单的花坛面积可以稍放大，内设图案要简洁、明了，不宜在有限的面积上设计过分繁琐的图案。

二、模纹花坛设计

模纹花坛是应用各种不同色彩的观叶植物或花、叶均美的植物，组成精致的图案纹样。模纹花坛要求图案清晰，有较长的稳定性。

（一）景观植物的选择

景观植物的高度和形状对模纹花坛的纹样表现有密切关系。低矮、细密的植物才能形成精美的图案。因而对用于模纹花坛的植物材料有一定的要求，生长缓慢、植株矮小、耐修剪、耐移植、萌蘖性强、扦插易成活、易栽培、缓苗快等。如果是观花植物，要花小而繁多。

常见的用做模纹花坛的植物有大叶红、小叶红、白草、黑草、绿草、火绒子、石莲花、矮黄杨、四季海棠、半边莲、苏铁等。

（二）色彩设计

模纹花坛的色彩设计应服从于图案，用植物色彩突出纹样，使之清晰而精美，用色块来组成不同形状。如英国的一些皇室花园常用各种颜色的多浆植物组成异常精美的模纹花坛，宛若做工精细的地毯。

（三）图案设计

因为模纹式花坛内部的纹样繁杂华丽，所以植床的外形轮廓应相对简单，以着重体现其内部的美。为了清晰地表现图案，纹样要有一定宽度，依具体的图案而定。

模纩花坛内部图案可选择的内容很多，典型的有：

1. 文字花坛

包括各种宣传口号、庆祝节日、企业或展览会的名称等，一般常用小叶红、绿草等组成精美的文字花坛。

2. 肖像花坛

古今中外、各朝代的名人肖像、国徽、国旗等，都可用作花坛的题材，但设计时必须严格符合比例尺寸、不能任意改动，这种花坛多布置在庄严的场所。

3. 象征图案花坛

具有一定的象征意义，图案可以是具象的动物、花草、乐器等实体，也可以是抽象的，图案可以任意设计。

第四节　花境

花境是模拟自然界中林地边缘地带多种野生花卉交错生长的状态，是园林中从规则式构图到自然式构图的一种过渡和半自然式的带状种植形式。它在设计形式上是沿着长轴方向融进的带状连续构图，是竖向和水平的综合景观。平面上看是各种花卉的块状混植，立面上看高低错落。花境的基本构图单位是一组花丛。每组花丛通常由 5 ～ 10 种花卉组成，一般同种花卉要集中栽植。花丛内一般应由主花材形成基调，次花材作为补充，由各种花卉共同形成季相景观。花境表现的是植物本身所特有的自然美，以及景观植物自然组合的群体美。在园林中，花境不仅增加自然景观，还有分隔空间和组织游览路线的作用。

一、花境的类型

（一）根据植物材料划分

1. 专类植物花境

由同一属不同种类或同一种不同品种植物为主要种植材料的花境。要求花卉的花色、花期、花型、株形等有较丰富的变化，从而充分体现花境的特点，如芍药花境、百合类花境、鸢尾类花境、菊花花境等。如英国威斯利花园仅用单子叶植物来做花境，景观很别致。

2. 宿根花卉花境

花境全部由可露地越冬的宿根花卉组成，管理相对较简便。常用的植物材料有蜀葵、风铃草、大花滨菊、瞿麦、宿根亚麻、桔梗、宿根福禄考、亮叶金光菊等。在欧洲国家花境极为盛行。宿根花境以暗淡的墙体为背景，突出了宿根花卉亮丽的色彩。

3. 混合式花境

景观植物材料以耐寒的宿根花卉为主，配置少量的花灌木、球根花卉或一、二年生草花。这种花境季相分明、色彩丰富、植物材料也易于寻找。园林中应用的多为此种形式。常用的花灌木有绣线菊类、紫叶小檗、鸡爪槭、杜鹃类、水腊、风尾兰等。球根花卉有风信子、郁金香、大丽花、美人蕉、唐菖蒲等。一、二年生草花有金鱼草、月月菊、矢车菊、毛地黄、月见草、波斯菊等。如英国威斯利花园的大型混合花境，主要由宿根花卉和一、二年生草花组成，地势高低起伏，与周围的景观自然和谐；而木本植物和宿根花卉组成的混合花境，表现出质感上的差异。

（二）根据观赏部位划分

1. 单面观赏花境

此类花境多临近道路设置，常以建筑物、围墙、绿篱、挡土墙等为背景。前面靠近道路一侧多为低矮的边缘植物，整体上前低后高，仅有一面供游人观赏，常用的景观植物有蔷薇、南蛇藤、葱、草本花卉等组成单面观赏花境里高外低，相互不遮挡视线，很好地装饰了建筑物的基础。

2. 两面观赏花境

多设置在疏林草坪上，道路间或树丛中，没有背景。景观植物的种植方式是中间高、四周低，供两面观赏。设置在草坪上的花境，一侧紧临道路，因为没有浓密的背景树将其遮挡起来，游人可以从多个角度观赏到花境的景致，既保持了一定的通透性，又不显得空洞无物。所选的景观植物有玉簪、鸢尾、萱草、百合等。

3. 对应式花境

在园路的两侧，草坪中央或建筑物周围设置相对应的两个花境，在设计上作为一组景观统一考虑。多采用了完全对称的手法，以求有节奏的变化。如在欧洲花园中经常能见到在带状草坪的两侧布置对应式的一组花境，它们在体量和高度上比较一致，但在植物种类和花色上又各有不同，两者既变化，又统一，成为和谐的一组景观。又如在英国的一些城堡，在充满乡野气息的花园小路两旁布置了

一组花境，一侧以整齐的花篱为背景，一侧则以爬满攀缘植物的墙壁为背景；一侧是绿叶茵茵，一侧是花团锦簇，相映成趣，其中的每一个单体都具有独立性和可观赏性。

二、花境的应用

花境的应用很广泛，它灵活的布置形式可设置在公园、风景区、街头绿地、居住小区、别墅及林荫路旁，由于它是一种带状布置的方式，所以可在小环境中充分利用边角、条带等地段零星点缀，营造出较大的空间氛围，在创造丰富景观的同时又节约了土地。花境之所以在园林造景中被广泛的利用，是因为它不拘一格的形式，适合于作为建筑物、道路、树墙、绿篱及两个不同性质功能区的自然过渡。

（一）建筑物墙基前

建筑物的基础前、挡土墙、围墙、游廊前等都是设置花境的良好位置，可软化建筑物的硬线条和墙体的冷色调，将它们和周围的自然景色融为一体，起到巧妙的连接作用，将围墙置于鲜花绿树丛中，显得不那么古板，在这里花境起到一种恰到好处的掩饰作用。

（二）装饰道路的两侧

在游览路线较长的道路两侧可以设置花境，这样可以避免游人在路线较长的路上行走，感到景观单一产生疲倦。体量适宜的花境可以起到很好的活跃气氛作用。当园路的尽头有喷泉，雕塑等园林小品时，可在园路的两侧设置对应式花境，烘托主题。花境材料的选择以低矮的植物为主，不影响人们观看雕塑的视线，色彩与周围的环境协调，用花境来划分和围合空间，引导游览路线。

（三）绿地中较长、较高的绿篱和树墙前

绿篱和绿墙这类人工景观有时显得过于呆板和单调，视觉上感到沉闷，如果以篱和墙为背景设置花境，则能够打破这种单调的格局，绿色的背景又能使花境的色彩充分显现出来。在英国爱丁堡植物园，以高达 7 ～ 8m 的绿墙为背景设置花境，显得蔚为壮观。绿墙下边设置随意的盛花组群可形成充满野趣的花境。但在纪念堂、墓地陵园等地方不宜设置艳丽的花境，否则对整体效果起到一种削减的作用。

（四）宽阔的草坪及树丛间

在这类地方最宜设置双面观赏的花境，以丰富景观、增加层次。在花境周围

设置游路，以便游人能近距离的观赏，又可划分空间，组织游览路线，特别是树丛间设置花境；起到疏林草地的效果，形成纯粹的自然空间。

（五）居住小区、别墅区

随着生活质量的提高，人们越采越注重居住环境质量，希望能将自然景观引人生活空间，花境便是一种最好的应用形式。在小的花园里花境可布置在周边，依具体的环境设计成单面观赏、双面观赏或对应式花境。如英国老式城堡，沿建筑物的周边和道路布置花境，四季花香不断，使园内充满了大自然的气息。

花境常用的植物有矮生黑心菊、白色的小白菊、紫色的薰衣草，它们为私家园林、居住小区的景观增加了田野风光。

第五节　花境的设计形式

一、植床设计

花境的植床多是带状的，单面花境的后缘线多为直线，前面的边缘线最好是曲线，如果临道路，应以直线为主。两面观赏花境的边缘线可以是直线，也可以是曲线，依具体地势而定。例如在英国牛津大学植物园，长条形的草坪与花境相间排列，四条边线都用笔直的直线界定，显示出植于其内的花草的柔美。

花境长轴的长短取决于具体的环境条件，对于过长的花境，可将植床分为几段，每段以不超过 20m 为宜。床内植物可采取段内变化、段间重复的方法，体现植物布置的韵律和节奏。在每段之间可以设座椅、园林小品等，从整体上看是一个连续的花境，但每段又各不相同。这样做，管理起来会比较方便。花境的朝向要求，对应式的要求长轴沿南北方向沿伸，以使左右两面花境受光均匀，景观效果一致。

花境的短轴宽度有一定要求，过窄不易体现群落景观，过宽超出视觉范围造成浪费，也不便于管理。一般而言，混合花境，双面观赏花境较宿根花境、单面观赏花境宽些。

依土壤条件及景观要求，种植床可设计成平床或高床，有 2% ～ 4% 的排水坡度。通常土质较好，排水力强的土壤，宜用平床，只将床后面稍微抬高，前缘与道路或草坪相齐。在排水差的土质或阶地挡土墙前的花境，可用 30 ～ 40cm 的高床，边缘可根据环境用石头、砖块、木条等镶边，若不想露出硬质的装饰

物，则可种植藤蔓植物将其覆盖。

二、背景设计

单面观赏花境需要背景。背景是花境的组成部分之一，按设计需要，可与花境有一定距离也可不留距离。花境的背景依设置场所的不同而不同，理想的背景是绿色的树墙或高篱。建筑物的墙基及各种棚栏也可作背景，以绿色或白色为宜。如果背景的颜色或质地不理想，也可在背景前选种高大的绿色观叶植物或攀缘植物，形成绿色屏障，再设置花境。

三、边缘设计

花境的边缘不仅确定了花境的种植范围，也便于前面的草坪修剪和园路清扫工作。高床边缘可用自然的石块、砖块、碎瓦、木条等垒砌而成。平床多用低矮植物镶边，以 15 ～ 20cm 高为宜。若花境前面为园路，边缘应用草坪带镶边，宽度至少 30cm 以上。若要求花境边缘整齐、分明，则可在花境边缘与环境分界处挖沟，填充金属或塑料条板，阻隔根系。

四、种植设计

种植设计是花境设计的关键。全面了解植物的生态习性并正确选择适宜的植物材料是种植设计成功的根本保证。选择植物应注意以下几个方面：以在当地露地越冬、不需要特殊管理的宿根花卉为主，兼顾一些小灌木及球根一、二年生花卉；花卉要有较长的花期，花期能分布于各个季节，花序有差异，花色丰富多彩，有较高的观赏价值，如花、叶兼美、观叶植物、芳香植物等。每种植物都有其独特的外型、质地和颜色，在这几个因素中，前两种更为重要。因为如果不充分考虑这些因素，任何种植设计都将成为一种没有特色的混杂体。

季相变化是花境的特征之一，利用花期、花色、叶色及各季节所具有的代表性植物可创造季相景观。

利用植物的株形、株高、花序及质地等观赏特性可创造出花境高低错落、层次分明的立面花境景观。

色彩的应用有两种基本的方法：直接对比法（常会由于夸大表现而取得比较活泼的景观效果），或者采用建立相关色调由浓到淡的系列变化布局的方法，取得鲜明的效果。并在其中偶尔采用对比的手法。最易掌握并比较可靠的方法是选择一个主色调，然后在这一主色调的基础上进行一系列的变化，并以中性色调的背景作为衬托。在小型花境中，这种安排效果最佳，也可将此法应用于大型花境中，其景致新颖而巧妙。当需采用多种色调搭配时，最好倾向于选用黄色色调或

蓝色色调为基调。虽然花色的变化几乎是无穷无尽的，但自然界中这两种花卉的颜色最为纯正。

要使花境设计取得满意的效果，参阅各种资料及图片，仔细研究大家喜爱的植物组合等都是十分重要的。同时更要充分了解在自然环境中优势植物及次要植物的分布比例，如在野生状态下植物群落的盛衰关系，掌握优势植物的更替、聚合、混交的演变规律。不同土壤状况对优势植物分布的影响及植物根系在土壤不同层次中的分布和生长状况等方面的知识，这样在花境设计时才可得心应手。

第六节 绿篱

一、绿篱的概念

绿篱有很长的种植历史，史料中有很多的记载。如《三国志蜀志先主传》："舍东南角篱上有桑树生高无丈余，遥望见童童如小车盖。"晋 · 陶渊明《饮酒》诗之五："采菊东篱下，悠然见南山。"唐 · 韩愈《题于宾客庄》诗："榆英车前盖地皮，蔷薇蘸水荀穿篱。"

绿篱是用植物密植而成的围墙。陈俊愉认为：以绿篱植物所栽的绿色篱垣状物则称绿篱。余树勋认为：绿篱（hedge）是栽种植物使之形成的墙垣，又称树篱、植篱、生篱。孙筱祥先生给出的定义：林带凡是有灌木或小乔木，以相等的株行距，单行或双行排列而构成的不透风结构，称为绿篱或绿墙。最早见于农村在院子四周密植分枝多或有刺的灌木充当院落或牲畜的围墙，中国南方农村喜欢用木槿、枸桔作为院篱。园林中人工修剪的绿篱是近百年自西方传人中国的。hedge 曾译为"生篱"，以用来区别木制或铁制围篱（fence）。西方古典园林用矮篱种植成图案形式，形成大型花坛称"图案花坛"（parterre）。经过修剪的绿篱被认为是活的建筑材料。自然式不修剪的花篱（flowerhedge）或用竹篱攀上一些蔓性植物（花栅）在我国古典园林及国画中有之。

二、绿篱的功能

（一）隔离和防护功能

绿篱是由乔灌木所构成的不透风、不透光的绿化带，多采用较密的种植方法，单行或多行栽植，具有相同的株行距，一般均为高篱或树墙的形式，可用刺

篱或在篱内设刺铁丝的围篱，一般不用整形。但观赏要求较高或进出口附近仍然应用整形式。因此绿篱防护和界定功能是绿篱最基本的功能。它可以作为一般机关、单位、公共园林及家庭小院的四周边界，起到一定的防护作用，并保护草皮和植物。用绿篱做成的围墙，比围墙、竹篱、栅栏或刺铁丝篱等防范性围界在造价上要经济得多；同时比较富于生机、美观，更重要的是使庭院富有生气，利于美化整个城市景观。同时绿篱可以组织游人的路线。不能通行的地段，如观赏草坪、基础种植、果树区、规则观赏种植区等用绿篱加以围护、界定，通行部分则留出路线。

（二）规则式园林的装饰性线条和区划线

规则式园林以中篱作为分区界限，以绿篱作为花境的镶边。花坛和观赏草坪的图案花纹、色带一般用黄杨、冬青、九里香、大叶黄杨、桧柏、日本花柏，尤以雀舌黄杨、欧洲紫杉最为理想。较粗放的纹样也可用常春藤。但是作为色带，要注意纹样宽度不要过大，要利于修剪操作，设计时注意留出工作小道。北京最为成功的模纹组合为金叶女贞、紫叶小檗和小叶黄杨。

（三）阻隔和分隔空间

用树墙代替建筑中的照壁墙、屏风墙和围墙，最好用常绿树种组成高于视线的绿墙形式，以分割功能区、屏障视线、隔绝噪音、减少相互间的干扰。一般常用绿篱去分隔或表示不同功能的园林空间或局部空间的划分，如综合性公园中的儿童游乐区、安静休息区、体育运动区等区与区之间，或单个区的四周。另外，绿篱在组织游览路线上也常起着很大作用，多见于道路两旁，有时也有用乔木组成绿墙去遮挡游人视线，把游人引向视野开阔的空间。

（四）遮挡作用

绿篱可以用来遮掩园林中不雅观的建筑物或起到围墙、挡土墙等遮蔽功能，并调节日照和通风。一般多用较高的绿墙，并在绿墙下点缀花境、花坛，构成美丽的园林景观。有一些单位的砖砌围墙呆板生硬，如果用植物绿篱遮挡立即会变得生动起来。爬山虎攀爬的围墙，春夏浓绿减少墙壁反光，秋季绿色草坪映衬着的红叶艳丽动人。为避免构图过于规整、拘谨和植物单一，可在墙前点缀树木，打破立面直线。

（五）可作花境、雕像的背景效果，增进美观，强调造园的构图美

作为屏障和组织空间，用树墙代替建筑中的照壁墙、屏风墙和围墙。最好用

常绿树种组成高于视线的绿墙形式，以分割功能区、屏障视线、隔绝噪音、减少相互间的干扰。作为花境、喷泉、雕像的背景、西方古典园林中常用欧洲紫杉、月桂树等常绿树修剪成各种形式的绿墙，作为喷泉和雕像的背景，其高度一般要与喷泉或雕像的高度比例协调。色彩以选用没有反光的暗绿色树种为宜。一般均为常绿的高篱及中篱。例如南京雨花台烈士群雕就是用柏树作背景。

（六）美化挡土墙

在规则式园林中，不同高程的两块台地之间的挡土墙前，为避免在立面上的单调枯燥，常在其前方植篱。如金叶女贞、大叶黄杨等修剪成的中篱，可使挡土墙上面的植物与绿篱连为一体，避免硬质的墙面影响园林景观。

三、绿篱的类型

根据整形修剪的程度不同，绿篱分为规则式绿篱和自然式绿篱。规则式绿篱是指经过长期不断的修剪，而形成的具有一定规则几何形体的绿篱；自然式绿篱是仅对绿篱的顶部适量修剪，其下部枝叶则保持自然生长。

根据高度的不同，又可分为矮绿篱、中绿篱、高绿篱、绿墙（树墙）四种。矮绿篱的高度在 50cm 以下；中绿篱的高度在 50 ～ 120cm 之间；高绿篱的高度在 120 ～ 160cm 之间，只允许通过人的视线；绿墙是一类特殊形式的绿篱，一般由乔木经修剪而成，高度在 160cm 以上，一般要高于眼高。根据在园林景观营造中的要求不同，可分为常绿绿篱、落叶篱、彩叶篱、刺篱、编篱、花篱、果篱、蔓篱等 8 种类型。

（一）常绿篱

由常绿针叶或常绿阔叶植物组成，一般都修剪成规则式，是园林应用最常用的一种绿篱。在北方主要利用其常绿的枝叶，丰富冬季植物景观。常绿篱的植物选择要求：枝叶繁密，生长速度较慢，有一定的耐荫性，不会产生枝叶下部干枯现象。常用树种有桧柏、圆柏、球松、侧柏、红豆杉、罗汉松、矮紫杉、雀舌黄杨、大叶黄杨、女贞、冬青、海桐、小叶女贞、茶树、水腊、加州水腊、朝鲜黄杨、月桂、珊瑚树、冬树、凤尾竹、观音竹、常春藤等。

（二）落叶篱

落叶篱主要用在冬季气候严寒的地区，如我国的东北、华北地区，常选用春季萌发较早或荫芽力较强的树种，主要有榆树、水腊、柽柳、雪柳、小檗、紫穗槐、鼠李、沙棘、胡颓子、沙枣等。

（三）彩叶篱

彩叶篱以它的彩叶为主要特点，由红叶或斑叶的树木组成，能显著改善园林景观，在少花的秋冬季节尤为突出，因此在园林中应用越来越多。

1. 叶黄色或具有黄色：

金叶侧柏、黄金球柏、金心女贞、金叶女贞、金边女贞、金边大叶黄杨、白桦、金心大叶黄杨、金斑冬树、黄脉金银花、金叶小檗、金边桑。

2. 叶红色或以紫色为主

紫叶小檗、朝鲜小檗、红桑、红叶五彩变叶木、紫叶矮樱等。

（四）刺篱

有些植物具有叶刺、枝刺或皮刺，这些刺不仅具有较好的防护效果，而且本身也可作为观赏材料。在一般情况下，通常把它们修剪成绿篱。常见的植物有橘、花椒、蔷薇、胡颓子、十大功劳、阔叶十大功劳、桧柏、小檗、刺柏、黄刺玫、蒙古栎等。

（五）编篱

园林中常把一些枝条柔软的植物编织在一起，从外观上形成紧密一致的感觉，这种形式的绿篱称为编篱。常可选用的植物有紫薇、杞柳、木槿、毛樱桃、雪柳、连翘、金钟、柳等。

（六）花篱

花篱主要选开花大、花期一致、花色美丽的种类，常见的有：

①常绿芳香类有桂花、栀子花、雀舌花、九里香、米兰。

②常绿类有宝巾（三角花）、六月雪、凌霄、山茶花。

③落叶类有小花溲疏、溲疏、锦带花、木槿、郁李、黄刺玫、珍珠花、麻叶绣球、十姊妹、藤本月季、蔷薇属、锦带花、映山红、贴梗海棠、棣棠、珍珠梅、绣线菊类、欧李、毛樱桃等。

（七）蔓篱

为了迅速达到防范或区划空间的作用，常建立竹篱、木栅围墙或铁丝网篱，同时栽植藤本植物，攀缘于篱栅之上，主要植物有十姊妹、藤本月季、金银花、凌霄、常春藤、山荞麦、茑萝、牵牛花等。

四、绿篱的设计

（一）选择绿篱所应具备的条件

绿篱具有萌蘖性、再生性强，耐修剪；上下枝叶茂密，并长久保存；抗病虫害、尘埃、煤烟等。常绿性，且有较为稳定的季相美感。叶小而密，花小而密，果小而多，繁殖移栽容易。生长速度不宜过快。抗逆性强，病虫害少。

（二）绿篱的配置

园林中应用绿篱时，需要考虑绿篱与周围环境之间的合理搭配和绿篱在整个景观中所起的作用。

1. 作为装饰性图案，直接构成园林景观

园林中经常用规整式的绿篱构成一定的线条图案，或是用几种色彩不同的绿篱组成一定的色带，突出整体的美。如欧洲规则式的花园中，常用针叶植物修剪成整洁的图案、模纹花坛或用彩叶篱构成色彩鲜明的大色块或大色带。

2. 作为背景植物衬托主景

园林中多用常绿树篱作为某些花坛、花境、雕塑、喷泉及其他园林小品的背景，以烘托出一种特定的气氛。如在一些纪念性雕塑旁常配置整齐的绿篱，给人庄严肃穆之感。

3. 作为构成夹景的理想材料

园林中常在一条较长的直线尽端布置主景，以构成夹景效果。绿墙以它高大、整齐的特点，最适宜布置两侧，以引导游人向远端眺望，去欣赏远处的景点。

4. 用绿墙构成透景效果

透景是园林中常用的一种造景方式，它多用于以高大的乔木构成的密林中，其中特意开辟出一条透景线，以使对景能相互透视。也可用绿墙下面的空间组成透景线，从而构成一种半通透的景观，既能克服绿墙下部枝叶空荡的缺点，又给人以“犹抱琵琶半遮面”的效果。

5. 突出水池或建筑物的外轮廓线

园林中有些水池或建筑群具有丰富的外轮廓线，可用绿篱沿线配置，强调线条的美感。

（三）绿篱修剪

1. 依植物的生长发育习性进行修剪

先开花后发叶的树种可在春季开花后修剪，对一些老枝、病枯枝可适当修

剪。花开于当年新梢的树种可在冬季或早春修剪。如山梅花等可进行重剪使新梢强健；月季等花期较长的，除早春重剪老枝外，还应在花后将新梢修剪，以利多次开花。萌芽力极强或冬季易干梢的树种可在冬季重剪，春季加大肥水管理，促使新梢早发。

2．依植物的需光性，把绿篱修剪成梯形

使下部枝叶能见到充足的阳光而生长茂密，不易发生下部干枯的空裸现象。任何形式的绿篱都要保证阳光能够透射到植物基部，使植物基部的分枝茂密，因而在整形修剪时，绿篱的断面必须保持上小下大的梯形，或上下垂直。上大下小则下枝照不到阳光，下部即枯死；如主枝不剪，成尖塔形，则主枝不断向上生长，下部亦容易自然枯死。一般中、矮篱选用速生树种，如女贞、水腊，可用2～3年生苗木于栽植时离地面10cm处剪去，促其分枝。应用针叶树等慢长树，如桧柏、云杉等，则须在苗圃先育出大苗；高篱及树篱，最好应用较大的预先按绿篱要求修剪的树苗为宜。规则式园林的树木整形有时是建筑的一部分，有时则代替雕塑，可以是几何体整形、动物整形、建筑体整形等。

3．与平面栽植的形式相统一

在绿篱修剪时，立面的形体要与平面的栽植形式相和谐。如在自然式的林地旁，可把绿篱修剪成高低起伏的形式；在规则式的园路边，则将它修剪成笔直的线条，绿篱的起点和终点应做尽端处理，从侧面看比较厚实美观。

第七节　垂直绿化

垂直绿化是指利用攀缘植物绿化墙壁、栏杆、棚架、杆柱及陡直的山石等。

一、垂直绿化的特点及功能

（一）垂直绿化的特点

垂直绿化是通过攀缘植物去实现的，攀缘植物本身具有柔软的攀缘茎，能随攀缘物的形状以缠绕、攀缘、勾附、吸附等方式依附其上。

1．垂直绿化在外观上具有多变性

攀缘植物依附于所攀缘的物体之外，表现的是物体本身的外部形状，它随物体的外形而变化。这种特点，为其他乔木、灌木、花卉所不具备。

2．垂直绿化，能充分利用空间，达到绿化、美化的目的

在一些地面空间狭小，不能栽植乔木、灌木的地方，可种植攀缘植物。攀缘植物除了根系需要从土壤中汲取营养，占用少量地表面积外，其枝叶可沿墙而上，向上争夺空间。

3．垂直绿化在短期内能取得良好的效果

攀缘植物一般都生长迅速，管理粗放，且易于繁殖。在进行垂直绿化时可以用加大种植密度的方法，使之在短期内见效。

4．攀缘植物

攀缘植物必须依附他物生长本身不能直立生长，只有通过它的特殊器官如吸盘、钩刺、卷须、缠绕茎、气生根等，依附于支撑物如墙壁、栏杆、花架上才能生长。在没有支撑物或支撑物本身质地不适于植物攀缘的情况下，它们只能匍匐或垂挂伸展，因此垂直绿化有时需要用人工的方法把植物依附在攀缘物上。

（二）垂直绿化的功能

垂直绿化作为一种特殊的绿化形式，在许多国家已得到普遍应用，其主要功能有以下几方面。

1．美化街景

攀缘植物可以借助城市建筑物的高低层次，构成多层次、错落有致的绿化景观。

2．降低室内温度

攀缘植物可以通过叶表面的蒸腾作用，增加空气湿度，形成局部小环境，降低墙面温度。另一方面，植物本身的枝叶还可以遮挡阳光，吸收辐射热，有直接降低室内温度的功效。

3．遮荫纳凉

垂直绿化的花架、花廊、花亭等，是人们夏季遮荫纳凉的理想场所，是老人对弈、儿童嬉戏的好去处。

4．遮掩建筑设施

有围墙及屏障功能，又有分割空间及观赏的作用。城市中有些建筑物或公共设施，如公共厕所、垃圾筒等，可用攀缘植物遮掩，以美化市容。

5．生产植物产品

攀缘植物除具有社会效益、环境效益外，有些还能带来直接经济效益。如葡萄、山葡萄、猕猴桃的果实可食用，金银花的花、何首乌的根、牵牛的种子可以入药等。

二、攀缘植物分类

（一）攀缘植物的种类

按攀缘方式攀缘植物可分为以下几类。

1. 缠绕类

自身缠绕植物不具有特殊的攀缘器官，依靠自身的主茎缠绕于它物向上生长，这种茎称为缠绕茎。其缠绕的方向，有向右旋的，如啤酒花等；有向左旋的，如紫藤、牵牛花等；还有左右旋的，缠绕方向不断变化的植物。

2. 攀缘类

依靠茎或叶形成的卷须或其他器官攀缘植物生长，用这些攀缘器官把自身固定在支持物上向上方或侧方生长。常见的攀缘器官有卷须、吸附根、倒钩刺等，形成卷须的器官不同，有茎（枝）卷须，如葡萄；有叶卷须，如豌豆、铁线莲等。

①吸附类：依靠气生根或吸盘的吸附作用进行攀缘生长。由枝先端变态形成的吸附器官，其顶端变成吸盘，如爬山虎。

②吸附根：节上长出许多能分泌胶状物质的气生不定根吸附在其他物体上，如常春藤。

③倒钩刺：生长在植物体表面的向下弯曲的镰刀状逆刺，将植株体钩附在其他物体上向上攀缘，如藤本月季、棒草等。

3. 复式攀缘类

具有两种以上攀缘方式的植物，称为复式攀缘植物，如既有缠绕茎又有攀缘器官的葎草。

4. 蔓生类

无特殊攀缘器官，攀缘能力较弱。

（二）几种常见攀缘植物简介

1. 中华常春藤

四季常青，耐荫性强，也是很好的室内观叶植物。喜温暖，能耐短暂 −5 至 −7℃低温，既喜阳也极耐荫，与其同属的还有加那利常春藤和洋常春藤。

2. 常春油麻藤

四季常绿，每年 4 月在老枝上绽放出串串紫色花朵。八、九月，一根根长条状的荚果悬挂老枝上，随风摇摆，甚是壮观。

3. 紫藤

四、五月开淡紫色花，夏末秋初常再度开花。

4. 凌霄

花期 7 ～ 8 月，花漏斗形，橙红色。茎上有气生根并有卷须，攀缘生长可高达 10 余 m。在立柱上缠绕生长宛若绿龙，柔条纤蔓，随风摇曳，煞是美观。

5. 爬山虎

落叶攀缘植物，覆盖面积大，生存能力强。在墙角种植，靠气根吸墙而上，一两年便能形成一道绿屏，是绝好的垂直绿化材料。

6. 茑萝

一年生草本，7 ～ 9 月开花。将其植于棚架、篱笆、球形或其他造型支架下，缠绕其上，分外美丽。

三、垂直绿化的形式及景观植物的选择和设计

垂直绿化依据应用方式不同，可大致为以下五类。

（一）室外墙面绿化

利用攀缘植物对建筑物墙面进行装饰的一种形式，尤其适于人口密集的城市中。有着广阔的应用前景。植物设计时应考虑的因素如下。

1. 墙面质地

目前国内外常见的墙面主要有清水砖墙面、水泥粉墙、水刷石、水泥搭毛墙、石灰粉墙面、马赛克、玻璃幕墙、黄沙水泥砂浆、水泥混合砂浆等。前四类墙面表层结构粗糙，易于攀缘植物附着，配置有吸盘与气生根器官的地锦、常春藤等攀缘植物较适宜，其中水泥搭毛墙面还能使带钩刺的植物沿墙攀缘。石灰粉墙的强度低，且抗水性差，表层易于脱落，不利于具有吸盘的爬山虎等吸附，这些墙体的绿化一般需要人工固定。马赛克与玻璃墙的表面十分光滑，植物几乎无法攀缘，这类墙体绿化最好在靠墙处搭成垂直的绿化格架，使植物攀附于格架之上，既起到绿化作用，又利于控制攀缘植物的生长高度，取得整齐一致的效果。

2. 墙面朝向

一般而言，南向、东南向的墙面，光照较充足，光线较强；而北向、西北向的墙面光照时间短，光线较弱。因此，要根据植物的生态习性去绿化不同朝向的墙面。喜阳性植物如凌霄、爬山虎、紫藤、木香、藤本月季等应植于南向和东南向墙体下；而耐荫植物如常春藤、薜荔、扶芳藤等可植于北向墙体下。

3．墙面高度

墙面绿化时，应根据植物攀缘能力的不同，种植于不同高度的墙面下。高大的建筑物，可爬上三叶地锦、爬山虎、青龙藤等生长能力强的种类；较低矮的建筑物，可种植胶东卫矛、常春藤，、扶芳藤、薜荔、凌霄、美国凌霄等。适于墙面绿化的材料十分丰富，如蔷薇，枝叶茂盛，花期长；又如紫藤，种植在低矮建筑墙面、门前，使建筑焕然一新。

4．墙体形式与色彩

在古建筑墙体上，一般配扭曲的紫藤、美国凌霄等，可增加建筑物的凝重感。在现代风格的建筑墙体上，选用常春藤等，并加以修剪整形，可突出建筑物的明快、整洁。另外，建筑墙面都有一定的色彩，在进行植物选配时必须充分考虑。红色的墙体配植开黄色花的攀缘植物，灰白的墙面嵌上开红花的美国凌霄，都能使环境色彩变亮。

5．植物季相

攀缘植物有些具有一定的季相变化，刚萌发的紫藤春季露出淡绿的嫩叶，夏季叶色又变为浓绿。深秋的五叶地锦一改春夏的绿色面容，鲜红的叶子使秋色更加绚丽。因此，在进行垂直绿化时，需要考虑植物季相的变化，并利用这些季相变化去合理搭配植物，充分发挥植物群体的美、变化的美。如在一个淡黄色的墙体上，可种植常春藤、爬山虎、山荞麦混合。常春藤碧翠的枝叶配置于墙下较低矮处，可作整幅图的基础，山荞麦初秋繁密的白花可装点淡黄的墙面，爬山虎深秋的红叶又与山荞麦和常春藤的绿叶相得益彰。只有充分考虑到植物的季相变化，才能丰富建筑物的景观和色彩。攀缘植物的季相变化非常明显，故不同建筑墙面应合理搭配不同植物。考虑到不同的季相景观效果，必要时亦可增加其他方式以弥补景观的不佳。另外，墙体绿化设计除考虑空间大小外，还要顾及与建筑物色彩和周围环境色彩相协调。

（二）墙面绿化的固定和种植形式

有些墙面需用一定的技术手段才能使植物攀缘其上。常用的固定方法有以下几种。

1．钉桩拉线法

在砖墙上打孔，钉入25cm的铁钉或木钉，并将铁丝缠绕其上，拉成50cm×50cm的方格网。一些攀缘能力不很强的植物如圆叶牵牛、茑萝、观赏南瓜等就可以附之而上，形成绿墙。国外也有直接用乔木通过钉桩拉线做成绿墙的形式。

2．墙面支架法

在距墙 15cm 之外安装网状或条状支架，供藤本植物攀缘形成绿色屏障。支架的色彩要与墙面色彩一致，网格的间距一般不过 100cm×100cm。

3．附壁斜架法

在围墙上斜搭木条、竹竿、铁丝之类，一般主要起牵引作用，待植物爬上墙顶后便会依附在墙顶上，下垂的枝叶形成另一番景象。

4．墙体筑槽法

修建围墙时，选适宜位置砌筑栽培槽，在槽内种植攀缘植物，可解决高层建筑墙面的绿化问题。

（三）植物的种植方法

1．地栽

墙面绿化种植多采用地栽，地栽有利于植物生长，便于养护管理。一般沿墙种植，种植带宽度 0.5 ～ 1m，土层厚为 0.5m。种植时，植物根部离墙 15cm 左右。为了较快地形成绿化效果，种植株距为 0.5 ～ 1m。如果管理得当，当年就可见效果。

2．容器种植

在不适宜地栽的条件下，砌种植槽，一般高 0.6m，宽 0.5m。根据具体要求决定种植池的尺寸，不到半立方米的土壤即可种植一株爬山虎。容器需留排水孔，种植土壤要求有机质含量高、保水保肥、通气性能好的人造土或培养土。在容器中种植能达到地栽同样的绿化效果，欧美国家应用容器种植绿化墙面，形式多样。

3．堆砌花盆

国外应用预制的建筑构件如堆砌花盆。在这种构件中可种植非藤本的各种花卉与观赏植物，使墙面构成五彩缤纷的植物群体。在市场上可以选购到各色各样的构件，砌成有趣的墙体表面，让植物茂密生长构成立体花坛，为建筑开拓新的空间。

随着技术的发展，居住环境质量要求不断提高。建筑技术与观赏园艺的有机结合为墙面绿化提供了新技术设备。

常见的适于墙体绿化的攀缘植物有爬山虎、粉叶爬山虎、异叶爬山虎、英国常春藤、中华常春藤、美国凌霄、大花凌霄、胶东卫矛、扶芳藤、冠盖藤、薜荔、爬藤、九重葛、毛宝巾、地锦、青龙藤。上述材料均适于山石和柱形物的攀缘植物。除此之外，还有啤酒花、金银花、淡红忍冬、忍冬、大花忍冬、苦皮藤、打碗花、田旋花、蝙蝠葛等。

四、花架、绿廊、拱门、凉亭的绿化

植物选择应依建筑物的材料、形状、质地而定，以观花、赏果为主要目的，兼有遮荫功能。建筑形式古朴、浑厚的，宜选用粗壮的藤本植物；建筑形式轻盈的，宜选用茎干细柔的植物。

适于这类绿化的植物有山葡萄、葡萄、五味子、冬红花、蛇白蔹、大血藤、南五味子、香花崖豆藤、葛藤、碧玉藤、毛茉莉、多花素馨、豆花藤、大观藤、木通、五叶瓜藤、龙须藤、云南羊蹄甲、中华猕猴桃、紫藤、凌霄、木香、藤本月季。

五、栅栏、篱笆、矮花墙等低矮且具通透性的分隔物的绿化

宜选用花大、色美，或花朵密集、花期较长的攀缘植物，常用的植物有马兜铃、党参、月光花、大花牵牛、圆叶牵牛、七叶莲、三叶木通、何首乌、金银花、油麻藤、三叶地锦、五叶地锦、茑萝、大瓣铁线莲、单叶铁线莲、毛蕊铁线莲、长花铁线莲、木香、金樱子、多花蔷薇、藤本月季、白花悬钩子等。

六、庭院中小型荫棚＼凉棚的绿化

宜选用有一定经济价值的攀缘植物。常用的植物有葡萄、西葫芦、蛇瓜、绞股篮、扁豆、豇豆、狗枣猕猴桃、观赏南瓜等，形成美丽的瓜廊。

七、阳台绿化

阳台和窗户是建筑立面上的重要装饰部位，具有普遍性，绝大多数为独家占有的私有空间，用各种花卉、盆景装饰绿化阳台，在美化建筑物的同时也可美化城市。往往起到画龙点睛的作用。

第八节　风景林

许多国家政府都建立了一些风景名胜区或国家公园，目的是保护本国的自然风景资源和人文景观资源，让全世界人们有机会欣赏到大自然的美景和辉煌的历史古迹，风景林是这些风景绿地的重要组成部分，它由不同类型的森林植物群落组成，是森林资源的一个特殊类型，一般保护较好，不能随意采伐，主要以发挥森林游憩、欣赏和疗养为经营目的。风景林具有调节气候、保持水土、改善

环境、蕴藏物种资源等综合的生态效益，对恢复大自然的生态平衡起着重要的作用。

风景林按景观植物的树种组成可分为以下几种类型。

一、针叶树风景林

（一）常绿针叶树风景林

树种组成以常绿针叶树为主，根据不同的物候条件，组成有本地区特色，反映一定区城的植物特点，如天目山大片的柳杉林；黄山十大名松如迎客松，送客松、卧龙松、黑虎松等。均为黄山松各具奇特姿态的景观。长江以南地区的杉木林，马尾松树等都属于典型的常绿针叶风景林。

（二）落叶针叶树风景林

主要树种为落叶松，在我国主要分布于东北地区，如黑龙江省小兴安岭地区的落叶松林，在东北地区的生态园中常见落叶松风景林，江南的金钱松林以及水杉、落羽杉林的分布较广泛，形成了山岳、平川的自然美景。

二、阔叶树风景林

（一）落叶阔叶树风景林

由落叶阔叶树构成风景林的主要树种，在我国主要分布在北方地区，这类风景林季相景观色彩变化丰富，夏季绿荫蔽日，冬季则呈白雪空中舞枝干景色。常见的落叶阔叶林有槭树林、榆树林、白桦林、银杏林、槐树林、枫树林等各具特点。

（二）常绿阔叶树风景林

常绿阔叶树风景林主要由常绿阔叶树组成，特点是四季常绿，郁密性极好，花果期有丰富的色彩变化，这类风景林主要分布于我国南方，如竹林、楠木林、花榈木林，青桐栎林等。

（三）灌木类风景林

在山林植被景观中，不同季节的灌木点缀林地，令人赏心悦目。如映山红，春天盛花期，满山红遍、层林尽染。此外，还有梅花山、桃花谷、山茶坡、杏花沟，每至花期，一片烂漫景色。

参考文献

[1] 崔兴林，陈全胜，陈学红 . 设施园艺技术［M］. 成都：西南交通大学出版社，2013.

[2] 何志华 . 园艺学概论［M］. 重庆：重庆大学出版社，2014.

[3] 贾俊英 . 设施园艺作物栽培新技术［M］. 赤峰：内蒙古科学技术出版社，2016.

[4] 陈全胜，姚恩青 . 设施园艺［M］. 武汉：华中师范大学出版社，2010.

[5] 王宇欣，段红平 . 设施园艺工程与栽培技术［M］. 北京：化学工业出版社，2008.

[6] 王振平，王文举 . 设施果树环境调控理论与优质高效栽培技术［M］. 银川：阳光出版社，2017.

[7] 王建书，卢彦琪 . 花卉设施栽培［M］. 北京：中国社会出版社，2009.

[8] 张庆霞 . 休闲园艺与现代农业［M］. 成都：四川大学出版社，2019.

[9] 王丹菲 . 观赏植物装饰与应用［M］. 北京：北京理工大学出版社，2013.

[10] 胡守荣 . 景观植物在造园设计中的应用［M］. 哈尔滨：东北林业大学出版社，2016.

[11] 段海涛，马瑞 . 宁夏永宁县设施园艺发展现状及典型模式推广［J］. 现代园艺，2022（21）：55 ～ 57.

[12] 姜姗 . 我国设施园艺发展现状与趋势分析［J］. 智慧农业导刊，2021（12）：5 ～ 8.

[13] 赵玉红，孙涛，朱柯钰，张琪，高子星，胡晓辉 . 陕北基质栽培樱桃番茄品种的筛选［J］. 西北农林科技大学学报（自然科学版），2021（10）：73 ～ 82.

[14] 郑锦荣，李艳红，聂俊，谭德龙，谢玉明，张长远 . 设施樱桃番茄产业概况及研究进展［J］. 广东农业科学，2020（12）：212 ～ 220.

[15] 孙亚萍 . 设施园艺土壤消毒技术措施探讨［J］. 现代农机，2020（06）：52 ～ 53.

[16] 怀永恒 . 设施园艺果树的种植技术分析［J］. 种子科技，2020（18）：86 ～ 87.

[17] 荷尼古丽·阿不都克热木 . 设施园艺在观光农业园规划设计中的应用［J］. 现代园艺，2020（16）：152 ～ 153.

[18] 王孝娣，王莹莹，郑晓翠，宋杨，张震东，王海波 . 人工补光对设施园艺作物生长发育影响的研究进展［J］. 北方园艺，2019（20）：117 ～ 124.

[19] 安霞，李苹芳，骆霞虹，陈常理，李文略，朱关林，金关荣 . 麻地膜覆盖对不同瓜类栽培效果比较［J］. 浙江农业科学，2019（10）：1807 ～ 1808.

[20] 邹平，肖林刚，王瑞，姜鲁艳 . 温室拱棚覆盖薄膜和地膜选择与应用技术［J］. 江西农业，2019（18）：129 ～ 130.

[21] 祁兴华，韩琳 . 设施园艺的现状分析与解决对策［J］. 农家参谋，2019（10）：142.

[22] 孙锦，高洪波，田婧，王军伟，杜长霞，郭世荣 . 我国设施园艺发展现状与趋势［J］. 南京农业大学学报，2019（04）：594 ～ 604.

[23] 周文娟 . 现代设施园艺育苗方式的探讨［J］. 四川农业科技，2019（03）：68 ～ 69.

[24] 辜松 . 我国设施园艺生产作业装备发展浅析［J］. 现代农业装备，2019（01）：4 ～ 11.

[25] 刘建平 . 浅析我国设施园艺发展前景［J］. 现代园艺，2019（03）：48 ～ 49.

［26］郭振．设施园艺中的土壤生态问题与对策探讨［J］．现代园艺，2018（24）：160.
［27］曹玮．基于农业旅游背景下的设施园艺景观设计研究［J］．山西农经，2018（22）：51.
［28］吴俊晖．设施园艺过度种植的危害及其对策探析［J］．南方农业，2018（33）：55.
［29］杨惠．设施园艺持续健康发展的着力点探究［J］．南方农业，2018（26）：55.
［30］杨惠．设施园艺发展现状及对策［J］．乡村科技，2018（19）：46～47.
［31］张乐凤．设施园艺中番茄节水灌溉的研究进展［J］．农技服务，2017（24）：64.
［32］胡彩霞．新时代蔬菜设施园艺的环境条件与综合调控探析［J］．农家参谋，2017（24）：53.
［33］许昌红．设施园艺滴灌技术推广中存在的问题及改进措施［J］．农业科技与信息，2017（15）：84.
［34］胡克玲，王冬良，张玲，王华，陈友根，甘德芳．设施园艺发展节水灌溉的意义与对策［J］．现代农业科技，2016（07）：189.
［35］严斌，丁小明，魏晓明．我国设施园艺发展模式研究［J］．中国农业资源与区划，2016（01）：196～201.
［36］丁知青．探究设施园艺中的土壤生态问题及其清洁生产［J］．现代园艺，2016（01）：112～113.
［37］郭永焕，李艳，赵红星，胡应北，陈书强．我国设施园艺覆盖材料的应用及展望［J］．农业科技通讯，2014（11）：16～19.
［38］虞利俊，徐磊，唐玉邦，郑洪倩，李文秀，周宁琳．设施园艺棚膜研究进展及应用展望（英文）［J］.2014（03）：515～517.
［39］王军，唐义军，谷纬，朱芙蓉．基于环境调控技术的设施园艺研究［J］．农业网络信息，2014（02）：39～42.
［40］邹雪梅．浅析现代设施园艺育苗方式［J］．生物技术世界，2014（02）：22.
［41］关巨英．日光温室围护墙体的类型、保温性能及经济性研究［J］．农业开发与装备，2013（11）：62～63.
［42］李红．设施园艺病虫害的防治措施［J］．北京农业，2013（12）：92.
［43］张卫东．我国温室发展的现状及发展建议［J］．科技信息，2013（10）：439.
［44］董柯．基于温室探讨设施园艺的相关问题［J］．现代园艺，2013（06）：123.
［45］沈俊明，吴永康，陈惠，宋益民，冒宇翔，秦建辉．大棚设施西瓜/甜瓜工厂化育苗标准化生产技术规程［J］．江苏农业科学，2012（10）：170～171.
［46］刘景波，刘润秋．北方设施园艺生产中存在的问题及对策［J］．吉林农业，2012（10）：121.
［47］郭飞，周志疆，刘士辉，姚永康．设施园艺灌溉水处理方法［J］．安徽农学通报（上半月刊），2011（19）：77～79.
［48］吴晓蕾，赵慧琴，张媛．环境控制对设施花卉花期调控影响的研究［J］．内蒙古农业大学学报（自然科学版），2007（03）：302～305.
［49］李新举，张志国，米庆华．花卉育苗基质的研究［J］．农业工程技术（温室园艺），2006（06）：36～37.
［50］陈静华．现代设施园艺育苗方式及特点剖析［J］．农机化研究，2006（01）：90～91.